普通高等教育农业农村部“十三五”规划教材
全国高等农林院校“十三五”规划教材

# Visual Basic.NET 程序设计教程

梁敬东　谢元澄　主编

中国农业出版社
北　京

# 内容简介

本书以 Windows 可视化程序设计为背景、计算思维为导引、解决具体问题为驱动，介绍了 Visual Basic 的基本词法、语法规则以及编程技巧。帮助读者初步理解计算思维相关理念，从对编程知识和技能的学习逐步提升为对编程思维的理解与掌握。

理论与实践相结合，通过大量实例与代码的讲解，由浅入深、循序渐进地介绍了 Visual Studio 2017 可视化开发环境、控制台程序编写、程序设计与计算思维、可视化应用程序设计、程序设计语言基础和流程控制、数组与集合、过程、多模块程序设计、程序调试与错误处理、绘图、文件处理、结构化程序设计、面向对象程序设计等内容。叙述上力求详尽，相关知识的安排都围绕教学难点设计。本书适合作为高等院校各专业学生程序设计入门课程的教材，也可作为程序设计初学者的自学用书。

## 编写人员名单


**主　编**　梁敬东　谢元澄

**编　者**　谢元澄　梁敬东　严家兴
舒　欣　徐大华　黄　芬
郭小清

Visual Basic 经过 20 多年的发展，已经成为功能强大的流行语言。其易于入门、浅显易懂的特点使其一直以来都是编程初学者理想的入门语言之一，同时也是工程技术人员喜欢和广泛运用的开发语言。基于 Visual Basic.NET 学习这门语言，可以初步掌握结构化和面向对象的编程思想、事件驱动的编程机制、控制台程序设计、GDI+的图形设计方法以及 Windows 风格的可视化应用程序设计等，并掌握程序开发的基本方法和思想。为进一步学习其他语言如 C#、Python 等打下扎实基础。

随着近年来以计算思维能力为培养核心的大学计算机程序设计课程的不断改革，程序设计语言课程已经不单单作为一门工具课程来讲授，在讲授语法和编程技巧的同时，更多地将计算思维的要素渗透到教学内容中，突出计算思维的重要性。以程序设计课程教学为手段，培养学生逻辑思维、计算思维及其他科学思维的能力。

本书以计算思维为导引，以编程解决问题为驱动，通过大量实例讲解 VB.NET 的抽象概念，由浅入深，循序渐进，理论讲解与实践操作紧密结合，帮助读者快速理解和掌握编程思维。

本书由具有多年丰富教学经验的多位教师编写而成，梁敬东、谢元澄任主编。具体编写分工：谢元澄编写第 1 章和第 2 章，谢元澄和徐大华编写第 3 章、第 5 章和第 6 章，谢元澄和舒欣编写第 4 章和第 8 章，梁敬东编写第 7 章和第 11 章，舒欣编写第 9 章，严家兴编写第 10 章和第 12 章。黄芬与郭小清也参加了本书部分代码的测试工作。全书由谢元澄统稿。

本书还配有实验教材，本套教材可作为普通高等院校本科非计算机专业学生学习计算机程序设计语言的教材，也可作为初学者的自学教材。全书按80学时布局，教学与实验按3∶2分配，可根据实际情况灵活选择知识模块进行组合教学。除书中理论知识的学习外，还应强调对代码和注释的阅读与学习。

因作者水平有限，不当之处在所难免，恳请读者批评指正。

编　者

2019年7月

前言

# 第 1 章　初识 Visual Basic

使用 Visual Basic 可以编写专业的 Windows 应用程序、Web 应用程序、Web 服务甚至智能手机上运行的应用程序。如果此前从未编写过代码，通过对本书学习，可以循序渐进地快速掌握 Visual Basic 编程语言。本书将在 Windows 环境中按递进的方式介绍 Visual Basic 的基础知识、编程的基本技巧与方法。读者将在后继的章节中逐步掌握所介绍的知识，直至构建出一个真实的应用程序。正确理解编程思维后，编程入门将是轻松、愉悦和毫不费力的。

编写计算机程序非常类似于安排日常生活，为确保在规定的时间内把事情做准确、做好，就必须按合理的逻辑给出正确的指令与步骤。计算机编程就是基于编程语言，如 Visual Basic 语言，来告诉计算机如何去做，先做什么，后做什么，在什么条件下选择做什么，以及是否需要重复，等等。需要把一件事情解释得非常清楚和细致，明确告知计算机每个细节具体该怎样做。这种细致解释的难度超过人们日常分析问题的方式，其差别如同教一个小学四年级学生写一个汉字仅需要告之基本的偏旁部首组合，而教一个幼儿园托班的孩子写字则需要细致到每一个笔画的每一个具体书写动作，以及连带的笔顺与具体的结构关系。通过计算机语言，像教导一个懵懂幼童一样去告知计算机，这种方式称为编程。

通过阅读本书逐步掌握 Visual Basic 语言的基本概念，以及微软.NET Framework 的概念，学习使用 Visual Basic 语言来解释复杂的任务和解决实际的问题，创建可以运行在 Windows 操作系统下的应用程序，但最重要的是掌握编程者正确思考问题的方式。

## 1.1　Visual Basic 入门导引

### 1.1.1　Visual Basic 简介

Visual Basic（简称 VB）是一种由微软公司开发的结构化、模块化、支持面向对象、包含协助开发环境、以事件驱动为机制的可视化程序设计语言。“Visual”指的是开发图形用户界面（GUI）的方法——不需编写大量代码去描述界面元素的外观和位置，只要把预先建立的对象添加到屏幕上的一点调整大小即可。“Basic”是指该语言源自 BASIC（beginners’ all-purpose symbolic instruction code，初学者通用符号指令代码）编程语言。

Visual Basic 2017 是微软公司较为流行的 Visual Basic. NET（通常缩写为 VB. NET）编程语言的次新版本（表 1. 1 为 Visual Basic 的发展简史），基于 . NET Framework 开发平台，是 Visual Studio 2017 环境支持的几种语言之一。Visual Basic 2017 的优势在于其易用性和高效性，使用该语言可轻松、快捷地编写 Windows Forms，以及 Windows 10 的应用程序、WPF Windows 应用程序、Web 应用程序、WPF Browser 应用程序、移动设备应用程序和 Web 服务。

大多数的 VB.NET 程序员使用 Visual Studio 作为集成开发环境(integrated development environment,IDE),少部分使用开源的 Sharp Develop 作为另一种集成开发环境。Visual Basic 在调试时以解释型语言方式运行,而输出为 EXE 程序时以编译型语言方式运行。

Visual Basic 用于高效生成类型安全和面向对象的应用程序。Visual Basic 使开发人员能够以 Windows、Web 和移动设备为目标。与所有面向 .NET Framework 的语言一样,安全性和语言互操作性让使用 Visual Basic 编写的程序员大大受益,这一代 Visual Basic 将延续传统,继续方便程序员快捷创建 .NET Framework 应用程序。

**表 1.1 Visual Basic 发展简史**

| 发布日期(年/月) | | 名称 | 说明 |
|---|---|---|---|
| .NET Framework 引入之前 | 1991/04 | Visual Basic 1.0 Windows 版本 | |
| | 1992/09 | Visual Basic 1.0 DOS 版本 | |
| | 1992/11 | Visual Basic 2.0 | 对于上一个版本的界面和速度都有所改善 |
| | 1993/06 | Visual Basic 3.0 | 包含一个数据引擎,可以直接读取 Access 数据库 |
| | 1995/08 | Visual Basic 4.0 | 发布了 32 位和 16 位的版本。其中包含了对类的支持 |
| | 1997/02 | Visual Basic 5.0 | 包含了对用户自建控件的支持,且从这个版本开始 VB 可以支持中文 |
| | 1998/10 | Visual Basic 6.0 | |
| .NET Framework 引入之后 | 2002/02 | Visual Basic.NET 2002(7.0) | Visual Basic.NET 首次发布 |
| | 2003/04 | Visual Basic.NET 2003(7.1) | 移位运算符、循环变量声明 |
| | 2005/11 | Visual Basic.NET 2005(8.0) | My 类型和帮助程序类型(对应用、计算机、文件系统、网络的访问) |
| | 2007/11 | Visual Basic.NET 2008(9.0) | 语言集成查询(LINQ)、XML 文本、本地类型推断、对象初始值设定项、匿名类型、扩展方法、本地 var 类型推断、lambda 表达式、If 运算符、分部方法、可以为 Null 的值类型 |
| | 2008/03 | 微软宣布结束对 VB6.0 的延长支持 | |
| | 2010/04 | Visual Studio 2010(10.0) | 自动实现的属性、集合初始值设定项、隐式行继续符、动态、泛型协变/逆变、全局命名空间访问 |
| | 2012/05 | Visual Studio 2012(11.0)RC | Async 和 Await 关键字、迭代器、调用方信息特性 |
| | 2013/11 | Visual Studio 2013 | .NET Compiler Platform(“Roslyn”)的技术预览 |
| | 2014/11 | Visual Studio 2015 | Nameof、字符串内插、NULL 条件成员访问和索引、多行字符串文本 |
| | 2017/03 | Visual Studio 2017 | 使用 Azure 开发云应用、跨平台开发、AI 开发 |

### 1.1.2 .NET Framework 概述

.NET Framework 是为 Web、Windows、Windows Phone、Windows Server 和 Microsoft Azure 构建应用的开发平台。它是 Windows 的托管执行环境,可为其运行的应用提供各种服务,包括内存管理、类型与内存安全、安全性、网络和应用程序部署。它提供易于使用的数据结构和 API,将较低级别的 Windows 操作系统抽象化。它包括两个主要组件:公共语言运行时(CLR)是处理运行应用的执行引擎;.NET Framework 类库,它提供开发人员可从其自己的应用中调用的已测试、可重用的代码库。

公共语言运行时是.NET Framework 的基础。可将运行时看作一个在执行时管理代码的代理,它提供内存管理、线程管理和远程处理等核心服务,并且还强制实施严格的类型安全以及可提高安全性和可靠性的其他形式的代码准确性。事实上,代码管理的概念是运行时的基本原则。以运行时为目标的代码称为托管代码,而不以运行时为目标的代码称为非托管代码。类库是一个综合性的面向对象的可重用类型集合,可使用它来开发多种应用,这些应用程序包括传统的命令行或图形用户界面应用,还包括基于 ASP.NET 提供的最新创新的应用(如 Web 窗体和 XML Web Services)。

托管代码是可以使用多种支持.NET Framework 的高级语言编写的代码,它们包括 C#、J#、Visual Basic.NET、JScript.NET 和 C++。所有的语言共享统一的类库集合,并能被编码成为中间语言(intermediate language,IL)。运行库编译器在托管执行环境下编译中间语言,使之成为本地可执行的代码,并使用数组边界、索引检查、异常处理、垃圾回收等手段确保类型的安全。

### 1.1.3 安装 Visual Studio 2017

微软针对不同的用户发布了多个版本的 Visual Studio 2017:社区版,免费供学生、开源代码参与者和个人使用;专业版,适合小型团队使用;企业版,适合任何规模团队的可缩放端到端解决方案。本书将基于社区版进行 Visual Basic 语言的讲解。表 1.2 为 Visual Studio 2017 的安装软硬件需求。

表 1.2 Visual Studio 2017 安装软硬件需求

| | |
|---|---|
| 支持的操作系统 | Visual Studio 2017 可在以下操作系统上安装并运行:<br>● Windows 10 1507 版或更高版本:家庭版、专业版、教育版和企业版(不支持 LTSC 和 Windows 10 S)<br>● Windows Server 2016:Standard 和 Datacenter<br>● Windows 8.1(带有更新 2919355):核心版、专业版和企业版<br>● Windows Server 2012 R2(带有 Update 2919355):Essentials、Standard、Datacenter<br>● Windows 7 SP1(带有最新 Windows 更新):家庭高级版、专业版、企业版、旗舰版 |
| 硬件 | ● 1.8 GHz 或更快的处理器。推荐使用双核或更多的内核<br>● 2 GB RAM。建议 4 GB RAM(如果在虚拟机上运行,则最低 2.5 GB)<br>● 硬盘空间:高达 130 GB 的可用空间,具体取决于安装的功能;典型安装需要 20~50 GB 的可用空间 |

（续）

| | |
|---|---|
| 硬件 | ● 硬盘速度：要提高性能，可在固态驱动器（SSD）上安装 Windows 和 Visual Studio<br>● 视频卡支持最小显示分辨率 720p *（1280×720）；Visual Studio 最适宜的分辨率为 WXGA（1366×768）或更高 |
| 支持的语言 | Visual Studio 支持英语、简体中文、繁体中文、捷克语、法语、德语、意大利语、日语、韩语、波兰语、葡萄牙语（巴西）、俄语、西班牙语和土耳其语<br>可在安装过程中选择 Visual Studio 支持的语言。Visual Studio 安装程序也提供同样的 14 种语言版本，且将与 Windows 的语言匹配（若可用）<br>注意：Visual Studio Team Foundation Server Office 集成 2017 提供 Visual Studio Team Foundation Server 2017 支持的 10 种语言版本 |
| 其他要求 | ● 安装 Visual Studio 需要管理员权限<br>● 安装 Visual Studio 要求具有 .NET Framework 4.5。Visual Studio 需要 .NET Framework 4.6.1，将在安装过程中安装它<br>● 不支持使用 Windows 10 企业版 LTSC 版本和 Windows 10 S 进行开发。可使用 Visual Studio 2017 生成在 Windows 10 LTSC 和 Windows 10 S 上运行的应用<br>● 与因特网相关的方案都必须安装 Internet Explorer 11 或 Microsoft Edge。某些功能可能无法运行，除非安装了这些程序或更高版本<br>● 对于模拟器支持，需要 Windows 8.1 专业版或企业版（x64）。此外，还需要安装支持客户端 Hyper-V 和二级地址转换（SLAT）的处理器<br>● 通用 Windows 应用开发（包括设计、编辑和调试）需要 Windows 10。Windows Server 2016 和 Windows Server 2012 R2 可用于从命令行生成通用 Windows 应用<br>● 运行 Windows Server 时，不支持服务器核心和最精简的服务器界面选项<br>● 不支持 Windows 容器，Visual Studio 2017 生成工具除外<br>● Team Foundation Server 2017 Office 集成需要 Office 2016、Office 2013 或 Office 2010<br>● Xamarin.Android 需要 64 位版本的 Windows 和 64 位的 Java 开发工具包（JDK）<br>● Windows 7 SP1 上需要 PowerShell 3.0 或更高版本来安装使用 C++、JavaScript 或 .NET 工作负荷的移动开发 |

安装过程如下：

（1）Visual Studio 2017 提供在线安装方式，Visual Studio Community 2017 在线安装程序下载地址为 https://visualstudio.microsoft.com/vs/older-downloads/。

提示：https://visualstudio.microsoft.com/vs/community/提供 Visual Studio Community 2019 版。

（2）在图 1.1 所示界面中选择"VS_community 2017（version 15.9）"，"Chinese -Sim..."，点击"Download"下载（需要注册一个微软账号才能进入下载页面），执行启动，向导会一步一步指引完成安装过程。

（3）Visual Studio 2017 提供了按需安装的功能，用户可仅选择需要的功能安装，在图 1.2 所示界面中选择 .NET 桌面开发和通用 Windows 平台开发，单击"安装"按钮，如图 1.3 所示。安装完毕后需要重启操作系统。

（4）进入如图 1.4 所示的系统初始界面，Visual Studio Community 提供 30 日试用期，试用期结束后如想继续使用，需要在图 1.5 所示界面中登录微软账号，如没有则单击"创建一个"创建账号。

---

* p 是 progressive 的缩写，是逐行扫描的意思。

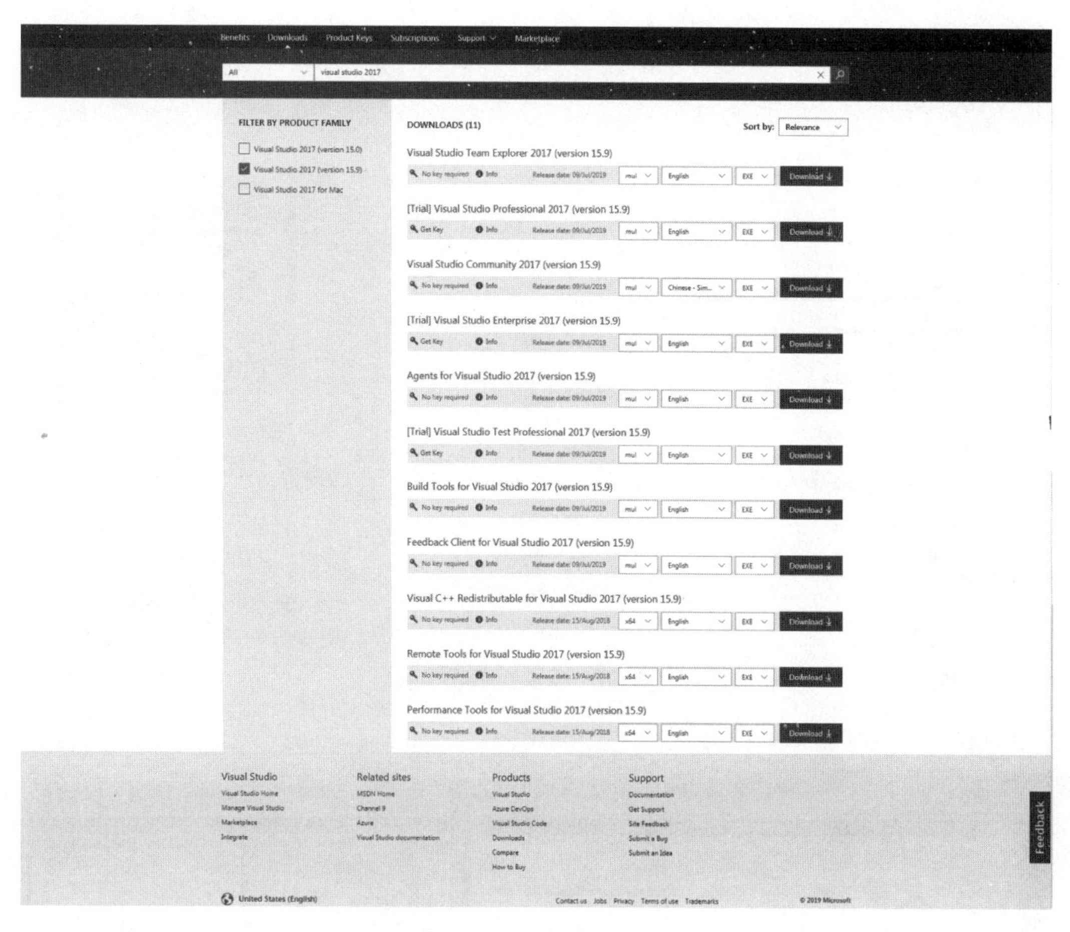


图 1.1　下载安装程序

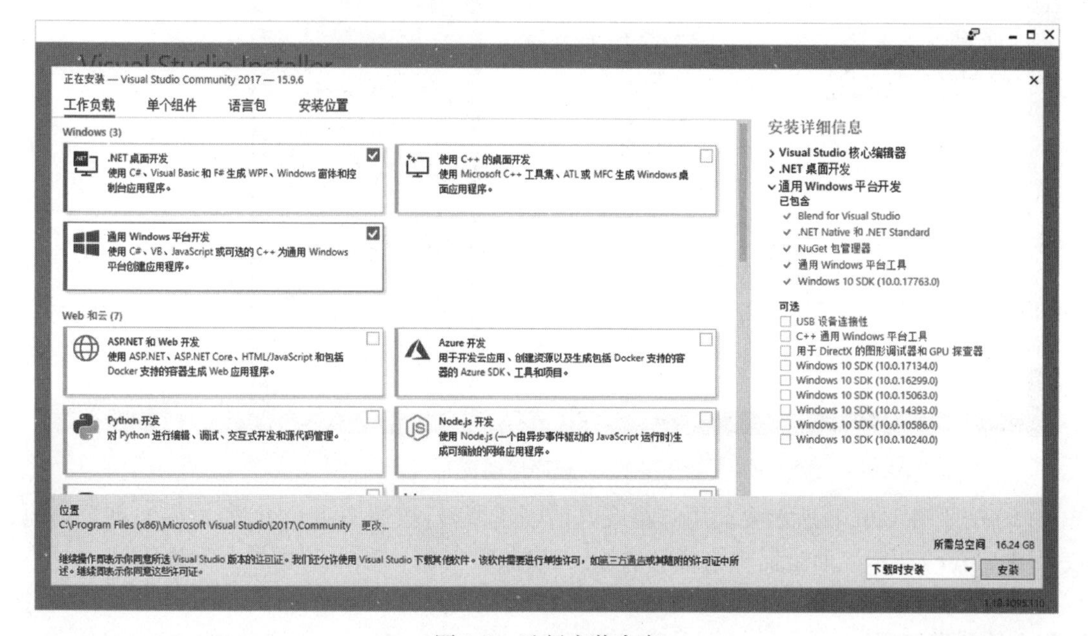


图 1.2　选择安装内容

图 1.3　安装程序运行

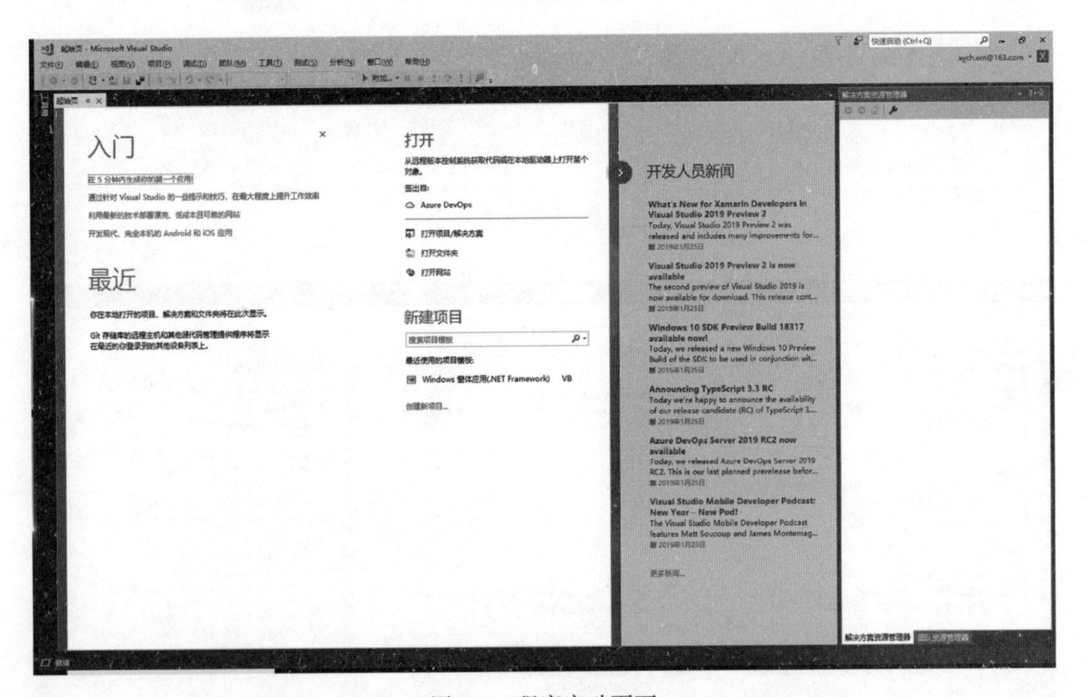


图 1.4　程序启动页面

(5)按照图 1.6(a)所示界面用邮箱或电话创建账号,按照图 1.6(b)所示界面创建密码,按照图 1.6(c)所示界面验证邮箱或电话号码,按照图 1.6(d)所示界面填写验证码。

(6)账号注册成功后在图 1.5 所示界面中单击“检查更新的许可证”登录添加账户即可实现完全的免费使用。

登录 Visual Studio

Visual Studio 将帮助您规划项目、与您的团队协作以及从任何位置在线管理您的代码。

详细了解

登录并使用 Azure 额度，将代码发布到专用 Git 存储库，同步设置并解锁 IDE。

登录(I) 没有账户? 创建一个!

所有账户

添加账户...

Visual Studio

Community 2017

许可证: 30 天试用期(仅供评估使用)

评估期已结束。

⚠ 评估期已结束。请登录以解除产品锁定。

检查更新的许可证

退出 Visual Studio(E)

图 1.5　微软账号登录

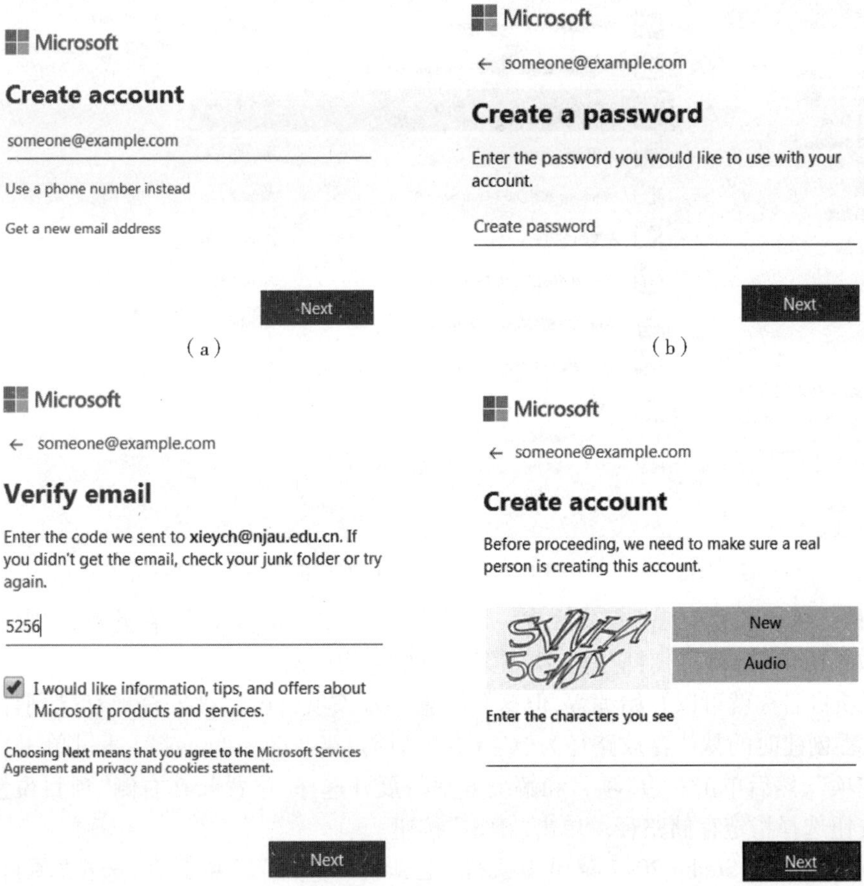

Microsoft

Create account

someone@example.com

Use a phone number instead

Get a new email address

Next

(a)

Microsoft

← someone@example.com

Create a password

Enter the password you would like to use with your account.

Create password

Next

(b)

Microsoft

← someone@example.com

Verify email

Enter the code we sent to **xieych@njau.edu.cn**. If you didn't get the email, check your junk folder or try again.

5256

I would like information, tips, and offers about Microsoft products and services.

Choosing Next means that you agree to the Microsoft Services Agreement and privacy and cookies statement.

Next

(c)

Microsoft

← someone@example.com

Create account

Before proceeding, we need to make sure a real person is creating this account.

New

Audio

Enter the characters you see

Next

(d)

图 1.6　微软账号申请

### 1.1.4 创建第一个程序——Hello，World

安装完成 Visual Studio 2017 集成开发环境,最迫切的想法是了解这个系统该如何使用,可不可以先创建一个最简单的 Demo 进行体验。下面将分别编写“控制台”和“Windows 窗体”版本的“Hello,World”程序,以初步了解 VS 2017 集成开发环境的使用方法。

在 Windows 10 快速启动栏中找到 Visual Studio 2017,单击进入集成开发环境,如图 1.4 所示。要创建一个 Visual Basic 应用程序,首先需要创建一个工程项目。Visual Studio 2017 会自动创建一个仅包含此项目的解决方案。

#### 1. 控制台应用程序

(1)创建 VB. NET 项目。进入 Visual Studio 2017,有两种创建 VB. NET 项目的方法:

起始页:在“新建栏目”栏中,单击“创建新项目”。

菜单方式:在菜单栏中选择“文件”→“新建”→“项目”命令。

(2)选择程序模板。进入如图 1.7 所示的“新建项目”对话框,在“已安装”栏目下选择“Visual Basic”→“Windows 桌面”,选择模板“控制台应用(. NET Framework)”。

图 1.7 “新建项目”对话框

(3)拟定项目名称和保存解决方案。默认名称为“ConsoleApp1”,在此可以创建想要的项目名称(如“HelloWorld”),对应的解决方案名称也会相应修改。

有了项目名称就可以开始编程,但这并不意味着该项目已经被安全地存储到计算机的硬盘上。工程创建时的默认存放路径为“C:\Users\用户名\source\repos”,通过单击主菜单“工具”→“选项”,然后单击左边“项目和解决方案”,展开选择“位置”,在右侧“项目位置”处单击“浏览”按钮选择指定存储路径。单击“确定”按钮。

提示:在 Visual Studio 2017 菜单中执行“工具”→“选项”菜单命令,选择“项目和解决方案”→“常规”,选中“创建时保存新项目”复选框,可将项目名称拟定与保存合二为一。

(4)设计与添加代码。在代码设计窗口界面中看到以下语句,输入第三、第四行代码(粗体字)。Windows 窗体程序还需要设计界面。

```
Module Module1                              'Module1 为标准模块名
    Sub Main()                              'Main 过程为程序的执行入口
        Console.WriteLine("Hello,World")    '控制台输出字符串"Hello,World"
        Console.ReadKey(True)               '获取用户按下的一个字符或功能键
    End Sub                                 'Main 过程的结束语句
End Module                                  '标准模块的结尾语句
```

(5)调试和执行程序。单击工具栏中的“启动”按钮,弹出如图 1.8 所示的窗口,其中显示了“Hello,World”字样。关闭此窗口则回到开发环境中。

图 1.8 “Hello, World”控制台应用程序

提示:如程序无法启动,请关闭病毒木马监控软件或添加信任。

### 2. Windows 窗体应用程序

(1)启动 Visual Studio 2017,创建新项目。

(2)选择“Visual Basic/Windows 桌面”,选择模板“Windows 窗体应用(.NET Framework)”。

(3)设置名称为“HelloWorld_Form”,单击“确定”按钮,弹出“窗体设计器”界面,如图 1.9 所示,在右下属性窗口中找到“Text”属性,将后面的“Form1”修改为“HelloWorld”。

(4)单击左侧边栏“工具箱”,在弹出窗口中选择“公共控件”,展开选择“Label”,鼠标箭头变成一个“$+_A$”字,在窗体上选择适当位置,单击拖动鼠标画出标签控件,在属性窗口选择“(Name)”属性,填入“lblHelloWorld”,在“Font”属性字体对话框中选择字号“三号”。选择“公共控件”展开选择“Button”,在窗体上选择适当位置以相同方法画出按钮,在属性窗口修改“(Name)” 属性为“btnHelloWorld”,修改其“Text”属性为“运行”,在“Font”属性字体对话框中选择字号“三号”。

(5)双击按钮控件,打开代码编辑窗口,见到如下代码时,输入第三行代码(粗体字)。

```
Public Class Form1
    Private Sub btnHelloWorld_Click(sender As Object, e As EventArgs) Handles btnHelloWorld.Click
        lblHelloWorld.Text = "Hello,World"
    End Sub
End Class
```

(6)单击工具栏中的“磁盘”图案,保存 Form1.vb,单击工具栏中的“启动”按钮,弹出窗体,单击按钮,标签内容由“Label1”变为“Hello,World”,如图 1.9 所示。单击右上角关闭按钮“×”,返回。

提示:在程序编辑过程中及时保存,是养成良好编程习惯的开端。

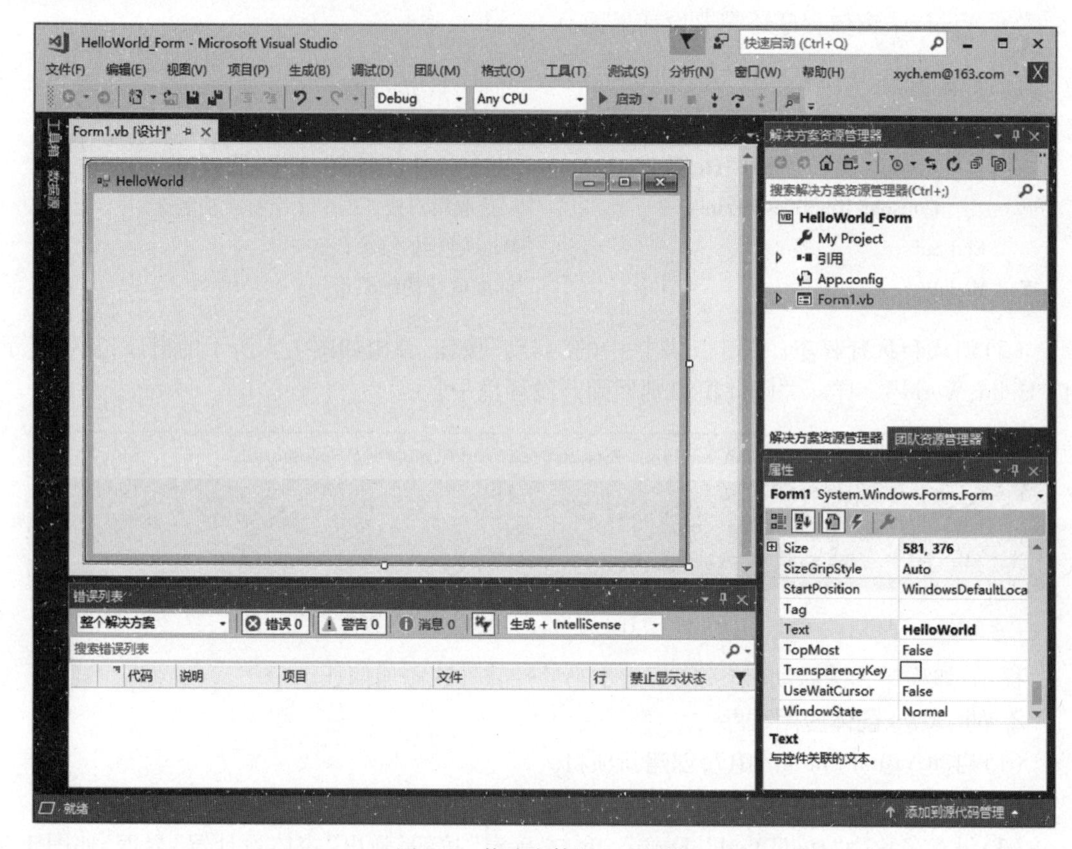


图 1.9 修改窗体“Text”属性

图 1.10 “Hello,World”窗体应用程序

## 1.2 Visual Studio 2017 集成开发环境

Visual Studio 2017 集成开发环境支持 Visual Basic、C#、C++、JavaScript、Python、F#，是提供 .NET Framework 的开发语言平台。该集成开发环境可创建 Windows 应用、Windows 桌面应用、移动应用、Unity 游戏，使用 ASP. NET 生成 Web 应用，还提供了中间件、类库的开发平台。Visual Studio 2017 集成开发环境是一种创新启动版，可用于编辑、调试并生成代码，然后发布应用。除了大多数 IDE 提供的标准编辑器和调试器之外，还包括编译器、代码完成工具、图形

设计器和许多其他工具,以简化软件开发过程。了解 Visual Studio 2017 集成开发环境是学习 Visual Basic 编程的前提。

### 1.2.1 集成开发环境窗口布局

Visual Studio 2017 集成开发环境窗口布局大体如图 1.11 所示:“标题栏”窗口、“菜单栏”窗口、“工具栏”窗口停靠顶部;“工具箱”窗口停靠在左侧,“解决方案资源管理”窗口和“属性”窗口分上下停靠在右侧;“错误列表”“输出”“命令”等调试窗口以选项卡形式停靠在底部;“窗体设计器”和“代码编辑器”等主要工作窗口以选项卡形式显示在中间偏上区域;组件面板显示在中间偏下区域。Visual Studio 2017 集成开发环境可显示大量的窗口,默认显示的只是其中一小部分,可以通过单击“视图”菜单项和子菜单项及标准工具栏中的按钮进行窗口的打开与关闭。

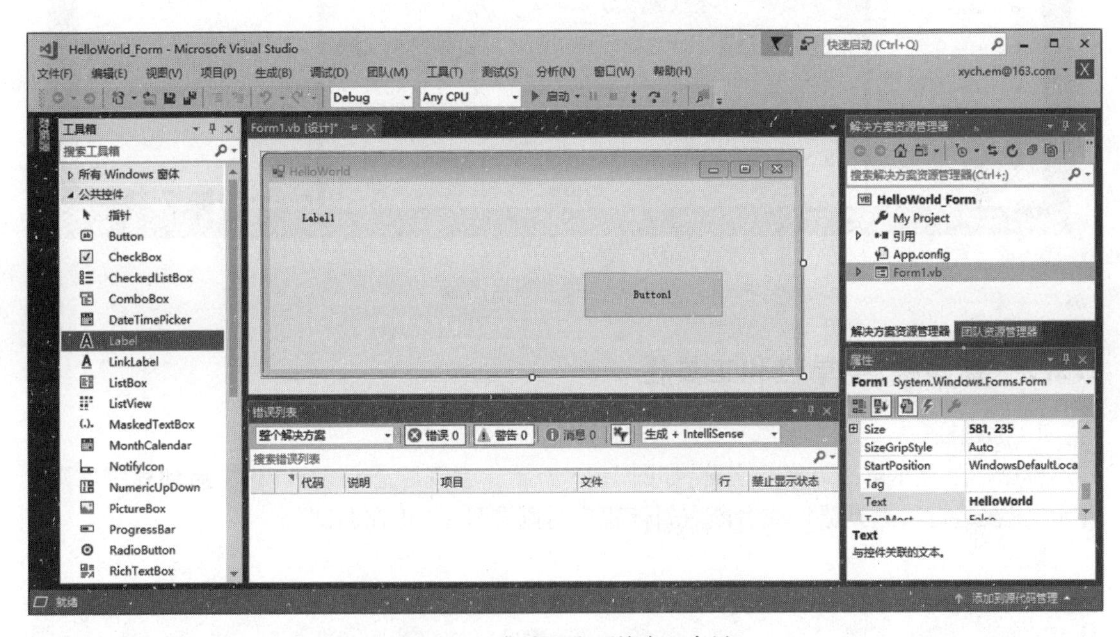


图 1.11 集成开发环境窗口布局

每一个窗口都可以以 3 种状态显示:

(1)浮动。选中窗口,单击菜单选择“窗口”→“浮动”命令,或在窗口标题栏中单击按钮选择“浮动”,该窗口可以超出集成开发环境界面,浮动在桌面主窗体上。

(2)停靠。单击浮动窗口标题栏,拖动到集成开发环境区域,出现一个“十”字形锚点导引图和靠近四个边框的锚点标志(停靠辅助工具),可以让浮动窗口停靠到锚点导引标志对应的“上上、上、下下、下、左左、左、右右、右、中间”等各位置,实现停靠位置的选择,如图 1.12 所示。或在窗口标题栏中单击按钮选择“停靠”,也可以完成类似功能。

(3)以选项卡方式停靠。单击窗口标题栏中的(固定状态)按钮,使其变成(浮动状态),可以将窗口以选项卡方式停靠到侧边栏。或在窗口标题栏中单击按钮选择“作为选项卡式文档停靠”。

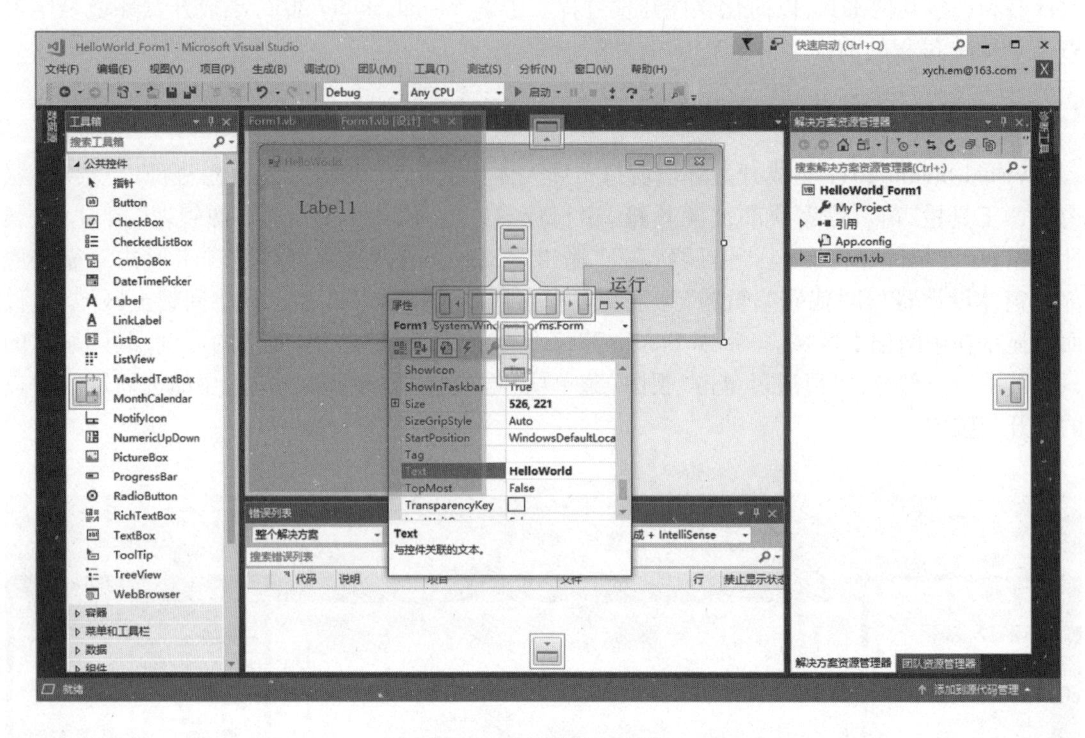


图 1.12　浮动窗口停靠

## 1.2.2　标题栏、菜单栏和工具栏

### 1. 标题栏

标题栏上显示解决方案的名称，如图 1.13 所示。常规状态是设计模式，启动程序后则会显示“正在运行”，遇到错误或者断点暂停程序时则会显示“正在调试”。

图 1.13　集成环境窗口的标题栏、菜单栏和工具栏

### 2. 菜单栏

与众多 Windows 桌面应用程序一样，Visual Studio 2017 集成开发环境也包含菜单栏。

(1)文件。大部分软件程序都有“文件”菜单。这已经成为一个标准，通常包括打开、关闭单个文件和退出整个项目等选项。

(2)编辑。编辑菜单提供的选项有查找、替换、重做、撤销、剪切、复制、粘贴和删除等。

(3)视图。通过“视图”菜单可以快速访问 IDE 中的窗口，例如“解决方案资源管理器”“对象浏览器”“属性”“工具箱”等窗口。

(4)项目。项目菜单允许向应用程序中添加各种文件，如窗体、类等。

(5)生成。生成解决方案，编写完应用程序后，若希望在非 Visual Studio 2017 环境下运行，并像其他普通的应用程序(如画图程序或文字处理程序)那样直接从 Windows 的“开始”菜单中运行，就可以使用“生成”菜单中提供的功能。

(6)调试。通过“调试”菜单可以在 Visual Studio 2017 中启动和停止运行应用程序。同时还可以访问 Visual Studio 2017 调试器，观察执行情况，定位错误代码。

(7)团队。团队菜单可以连接到 Team Foundation Server。当与一个团队合作开发软件时可以使用该菜单。

(8)工具。启动其他已安装的外部工具的链接。

(9)测试。所有测试、测试设置。

(10)分析。代码分析、性能探查。

(11)窗口。允许同时打开多个窗口，管理、配置窗口布局。

(12)帮助。通过帮助菜单可以访问 Visual Studio 2017 帮助文档。

**3. 工具栏**

标准工具栏集结了常用的菜单命令，每个工具栏都提供了对常用命令的快速访问，如新建项目、打开保存文件、启动程序等。选择窗口布局设计选项卡时，系统会自动显示“布局”工具栏；在代码编写选项卡时系统会自动显示“文本编辑器”工具栏。可以通过选择菜单“视图”→“工具栏”对其进行自定义，但通常情况下系统默认配置已经足够使用。常用的标准工具栏如下：

(1)导航。第一组图标包括“向前导航”和“向后导航”，在代码中可以使用这些图标来前后移动光标。

(2)项目与文件选项。通过使用接下来的 4 个图标，可以实现文件和项目菜单所实现的常用的项目与文件操作，比如新建项目、打开和保存文件等。

(3)代码注释。用于注释和取消注释某段代码。在调试时，若要注释一段代码，以确定不执行这些代码可以使用这组图标。

(4)管理代码编辑。用于执行撤销与恢复操作。

(5)代码调试。自绿色三角开始的若干图标，用于启动、暂停和停止运行应用程序。同时，还可以使用该组的相关图标实现代码单步执行、跳过整块代码和跳出过程。

(6)解决方案配置。调试代码或者生成项目，产生可向用户发布的软件。

(7)“在文件中查找”对话框。访问“在文件中查找”对话框，还可以通过按下 Ctrl+F 组合键访问该对话框。

### 1.2.3 工具箱

工具箱正如其名称一样，里面包括了用来构建可视化界面的各类工具——控件(control)，其中的控件可分为公共控件、容器、菜单和工具栏、数据、组件、打印、对话框、WPF 互操作性，如图 1.14 所示。控件是布置在窗体容器中实现程序与用户交互的工具，窗体和控件共同组成 VB.NET 可视化编程对象。

单击控件名称左侧的右向箭头可以展开具体控件列表，单击右下箭头可以收起控件列表。“所有 Windows 窗体”则包含了所有控件，“常规”可以保存自选控件。

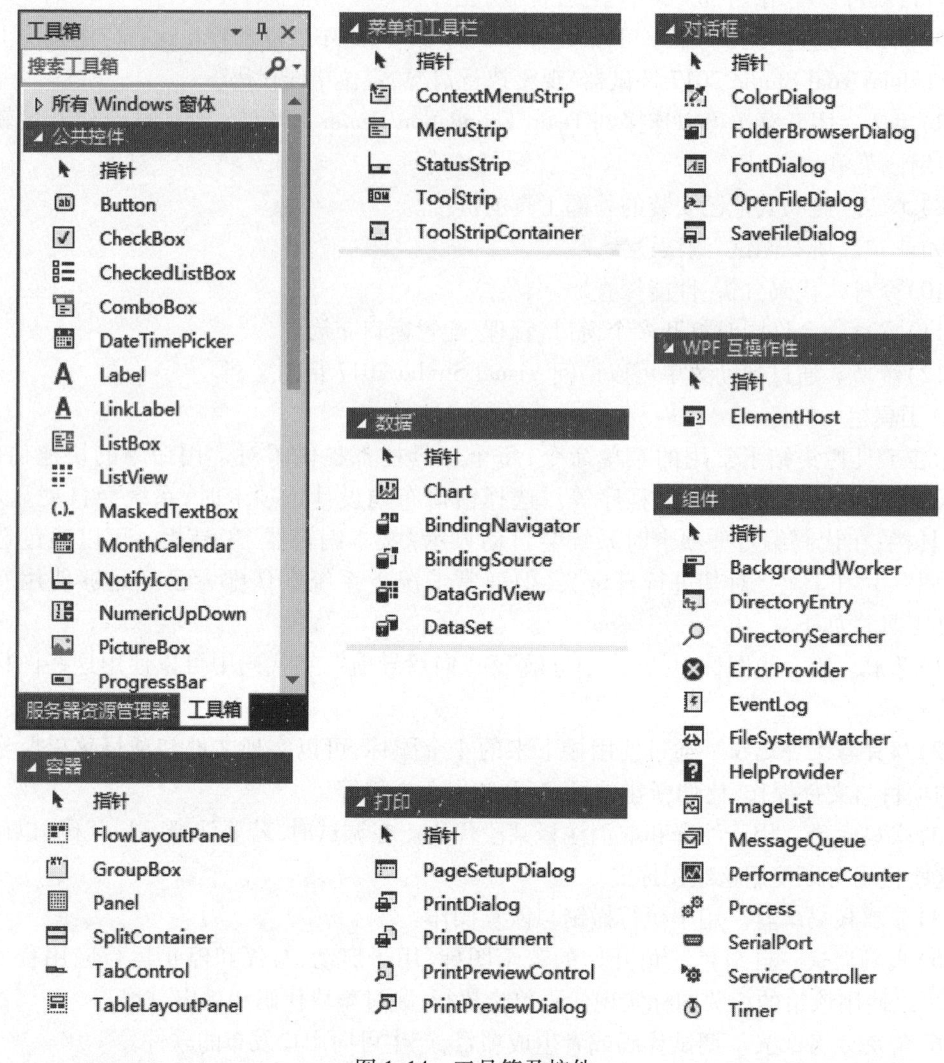


图 1.14　工具箱及控件

### 1.2.4　“属性”窗口

1. 了解“属性”窗口

“属性”窗口位于可视化设计布局窗口右下角，用来显示和设置被选定对象的属性和属性值，如图 1.15 所示。

“属性”窗口由四部分组成(假设窗体设计器上选定的控件为 Button1)：

(1)“控件名/父类名”下拉列表框。当前选中的对象为 Button1，其归属的父类为 System. Windows. FormsButton。可以在这个下拉框中选择控件，也可以在窗体设计器上通过鼠标单击选择。

(2)命令按钮。属性窗口内显示内容的排列顺序和“属性/事件”控制。按钮，分别将属性内容按类别顺序或按字母顺排列；按钮，分别控制属性窗口显示当前控件的属性或事件。

(3)属性事件主体。左边是属性或事件名称,右边是对应的值。

(4)注释区。显示当前被选择的属性或事件的注释。可右击属性,从弹出菜单中选中“说明”来打开/关闭属性。

窗体设计器展现直观的可视化的设计结果,属性窗口则展现精确量化的值。通过单击属性前的“+”可以展开下级属性,单击“-”可以折叠下级属性。

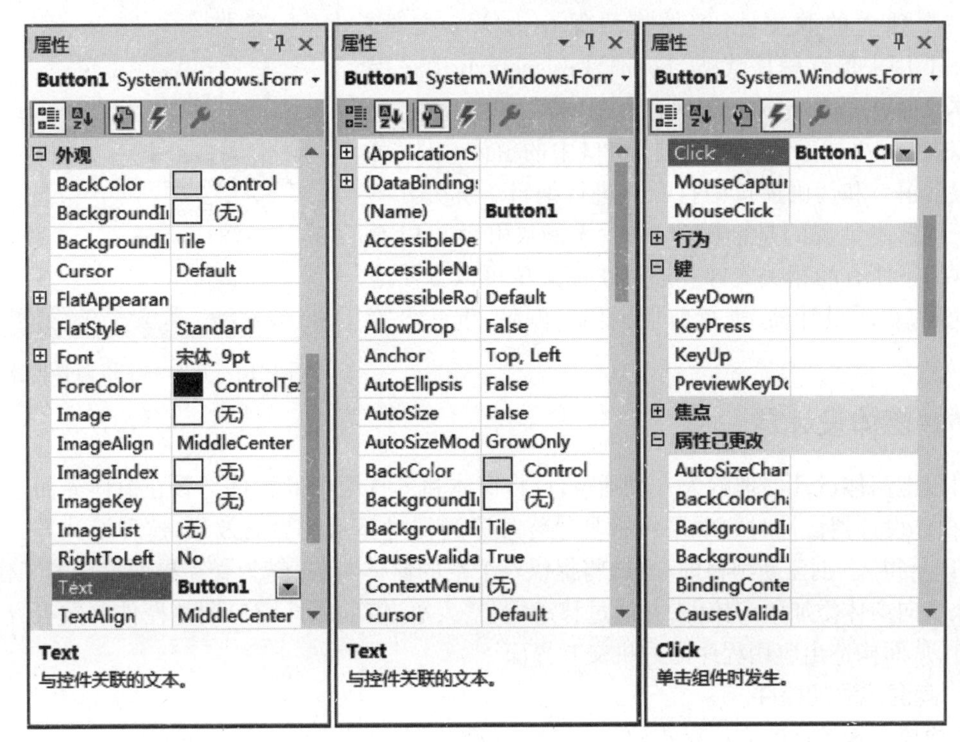


(a) 类别顺序列出属性　　(b) 字母顺序列出属性　　(c) 列出事件

图 1.15 “属性”窗口属性排列与事件

### 2. “属性”窗口更改属性值的方法

(1)对象名、标题、位置和尺寸等属性可以直接单击插入文本或数值进行编辑。

(2)下拉列表提供选择项的属性,单击属性值后的下拉箭头,从列表中选择,或双击在选项中切换。

(3)对话框设置。有些属性如 Font 属性,单击按钮弹出对话框进行选择。

(4)在程序运行过程中通过代码为属性赋值。

Visual Basic 编程中的对象属性、方法与事件的个数、名称因对象类型的不同而不同,但同一类对象是相同的。新创建的每个对象都有相应的默认属性值,大多数情况下不需要修改。除本书介绍的常用属性外,其他属性的意义和用法可以参考在线帮助文档。

“属性”窗口除了可以对属性值进行配置外,还可以通过事件名下拉列表选择对应事件编写事件处理过程。

## 1.2.5 解决方案资源管理器

解决方案资源管理器位于可视化设计布局窗口右上角,如图 1.16 所示,是一个包含若干模块的解决方案容器和模块管理器。项目是由模块组成的,模块是项目的基本功能单位和组成部分,一个项目可以由多个模块组成,每个模块又有相对完整的结构和功能。Visual Basic 常用模块有"窗体"模块、"标准"模块、"类"模块、"结构体"模块等。一般来讲,一个模块可以保存为一个独立的源文件,窗体模块保存为 3 个文件,Form1. vb 用来保存程序代码,Form1. Designer. vb 用来保存窗体界面,Form1. resx 用来保存资源内容,如图片。

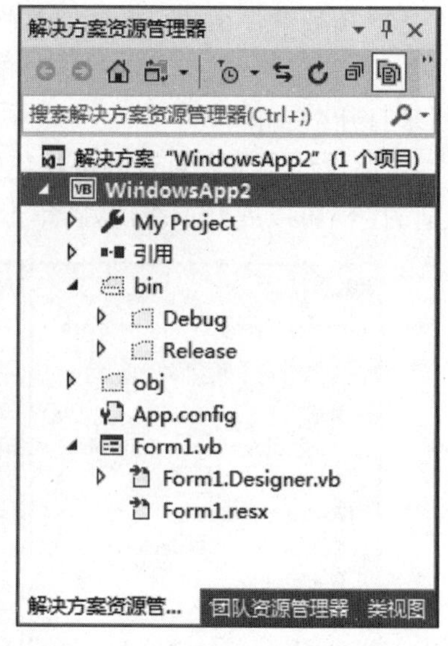


图 1.16　解决方案资源管理器

双击"解决方案资源管理器"窗口中的窗体文件,可以在设计窗口和代码窗口中打开并进行编辑。解决方案资源管理器中呈现的是一棵项目树,不断展开就可以看到这棵树下所有的相关文件。通过快捷菜单可以方便地查看代码,查看设计器,进行剪切、复制、删除、重命名等操作。

### 1.2.6　窗体设计器

可以把窗体设计器理解为一块画板,可将窗体和工具箱中的控件部署在窗体界面上进行设计,窗体设计器设计时的效果也将是最终程序运行时显示的界面效果,这种设计方式称为"所见即所得"。创建新项目时,系统将提供一个空的窗体对象,作为交互界面设计的工作台,编程人员向窗体添加所需控件,并通过移动、调整大小、借助属性窗口调整控件参数等方式进行设计,从而构造出应用程序的人机交互界面。

#### 1. 向窗体添加控件

向窗体添加控件的方法有 4 种:

(1)使用鼠标拖动"工具箱"窗口中的控件图标到窗体上。

(2)双击"工具箱"窗口中的控件图标,在窗体上添加该类型控件。

(3)在"工具箱"窗口中单击选中控件图标,鼠标指针变为"十"字形,在窗体指定位置单击拖动鼠标,绘出该类型控件对象。

(4)单击选定窗体上已经存在的控件,通过"复制"和"粘贴"两个命令完成控件添加。

#### 2. 目标控件选定与位置大小调整

对添加到窗体上的控件进行修改,首先需要选定目标控件,方法有 4 种:

(1)鼠标单击目标控件选定。

(2)在"属性"窗口中的"控件名/父类"下拉列表中选择目标控件。

(3)通过按住 Ctrl 或 Shift 键,再单击控件选择多个目标控件。

(4)在窗体空白处单击鼠标,拖动产生虚线框,框选多个目标控件。

当选定多个控件对象时,最后一个被选中的控件为基准控件(空心选定框),此时"属性"窗口中将列出这些控件对象共有的属性。

控件选定后,当鼠标移动到这些控件上时,会出现十字箭头,单击拖动鼠标可以调整控件在窗体中的位置,当出现水平垂直双箭头和倾斜双箭头时,点击拖动鼠标可以调整控件的高度和宽度。拖动鼠标的过程中,在相邻控件边界会出现对齐、居中参考线,协助界面排版。

当选定多个控件时,通过选择菜单"格式"及其子项,可以实现多个控件对齐、大小相同、间距、窗体内居中、顺序等调整。控件位置大小编辑满意后可以选择"格式"→"锁定控件"命令进行锁定,以避免后期操作失误带来的重复工作。

**3. 控件智能标志与组件面板区**

对于一些功能较为复杂的控件,Visual Studio 2017 提供了智能标记功能,如图 1.17 所示组合框控件被选中时右上方出现左向箭头标志按钮,单击该按钮弹出提示内容,并可进行关键属性的可视化设置。

在 Visual Basic 中,如 Timer 等控件属于不可见控件,运行和设计时并不显示在窗体上,为方便管理统一放置在组件面板区,如图 1.17 所示。

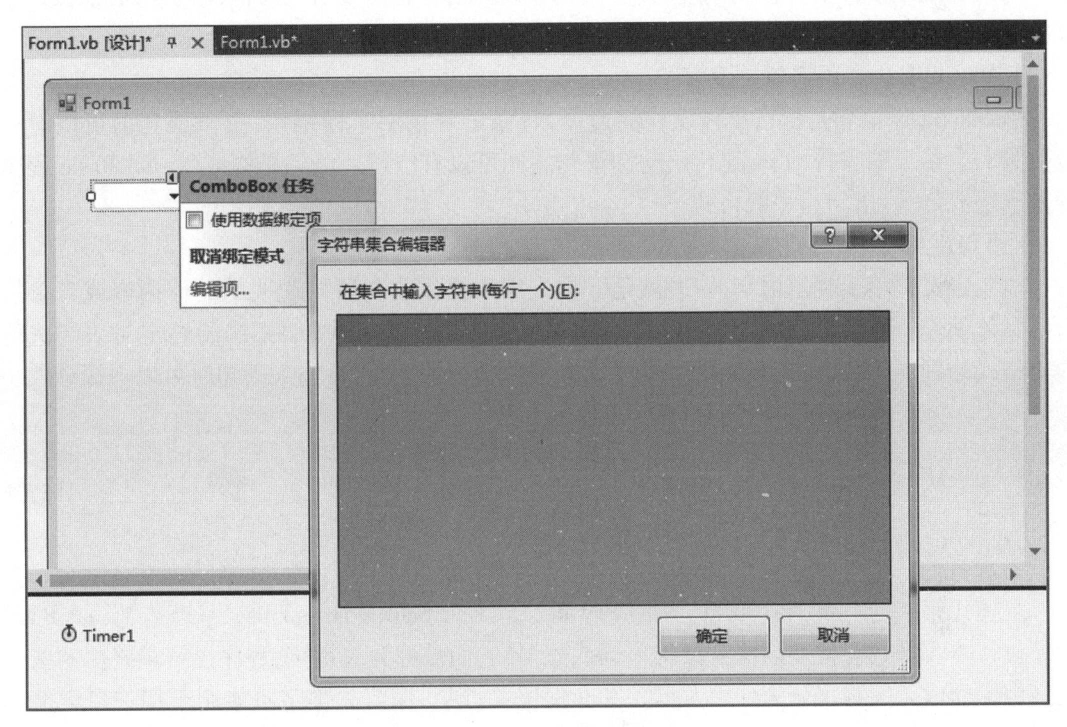


图 1.17 智能标志与组件面板

## 1.2.7 代码编辑器

代码编辑器主要用于编写程序代码,本质上是一个文本编辑器,通过选择"项目""模块""事件"可以实现界面对象的控制编程。通过选择集成开发环境菜单"工具"→"选项"→"文本编辑器"→"Basic"实现相应的编辑设置。其主要特点如下:

(1)语法着色和突出显示。不同颜色区分不同的代码项,如关键字、字符类型、字符串、注释及各种标识符。

(2)语法错误检查。Visual Basic 具有语法错误检查功能,实时显示错误和发出警告,同时错误纠正选项提供纠错帮助。

(3)断点设置。代码编辑器左侧浅灰色带状区域为编辑器侧边栏,鼠标单击代码行所对应的该区域,会出现红色圆斑指示图标,该图标为代码断点设置图标,当程序运行到此行代码时,自动进入中断状态。再次单击可以取消该断点标志。

(4)工具提示。当鼠标移动到变量名、过程名、参数名等标识符时,自动弹出窗口显示标识符对应的定义。

(5)大纲视图。当代码行数较多时,为方便查找和管理代码,可使用大纲视图。单击代码前端的"+/-"符号自动完成代码的折叠和展开。

## 1.3 程序设计初步

### 1.3.1 Visual Basic 基本编码规范

与人类规范语言书写规则同理,计算机程序设计语言也需要有对应的编码规则,以保证计算机对程序代码的正确解读。

1. Visual Basic 语句与关键字

Visual Basic 语句是执行具体操作的命令,每条语句用回车键结束,每条语句前可以有一定数量的空格或制表符(Tab 键),语句和语句之间可以有空行。语句是构成 Visual Basic 程序的基本组成部分,语句的一般格式:

**<语句定义符> [语句体]**

语句定义符用于规定语句的功能,语句体则用于提供语句所要说明的具体内容或者要执行的具体动作。有些语句的语句定义符可以省略。Visual Basic 按照系统的约定对语句进行简单格式处理。比如,命令词关键字的第一个字母会自动大写,在输入语句时可以不区分大小写。以下是几个 Visual Basic 的具体语句:

```
Dim sno As String
X = 100
Label1.Text = "Visual   Basic   2017"
```

上述代码中的 Dim、As、String,又如 Private、Do、End Select、True、False 等都是 Visual Basic 程序设计语言中具有特殊语法含义的单词或短语,它们被称为关键字,程序语言最终由这些关键字编织而成。关键字分为保留关键字和非保留关键字,保留关键字不能用于用户自定义的标识符。

结束语句用来结束一个程序的执行,其关键字为 End。比如:

```
Private Sub Button1_Click(sender As Object, e As EventArgs) Handles Button1.Click
    End
End Sub
```

上述语句含义为单击命令按钮 Button1,结束当前程序的运行。

另外 End 语句还有一些其他用途,标志着一段程序体的结束,通常情况下不能缺失,例如:

```
End If          '结束一个 If 语句块
End Sub         '结束一个 Sub 过程
End Function    '结束一个 Function 过程
End Select      '结束一个 Select 语句块
```

### 2. 续行或在一行上书写多个语句

语句按行书写，一个语句输入完毕，按回车键结束。如一个语句过长，可以拆分成多行来写，但由于该语句没有结束，需在换行处增加一个续行标志，同一语句多行之间不能有空行。续行标志是一个空格加一个下画线符号，即“ _”，如：

```
Dim Sno As String, Sname As String, _
              SageAs Integer, Ssex As String
```

Visual Basic 允许在语句的运算符后、左括号“(”后、右括号“)”前、逗号“,”后按回车符换行，如：

```
Dim Sno As String, Sname As String,
              SageAs Integer, Ssex As String
```

也可以把几个语句放在一行，但语句中间要加上冒号“:”进行分割，如：

```
Sno="S001" : Sname="Tom" : Sage=18 : Ssex="male"
```

### 3. 注释语句

注释语句是为了增加程序代码可读性而添加在程序适当位置、对程序的过程或过程内的语句进行说明的文字，以方便项目组其他成员或日后维护时能快速便捷地理解程序，从而大大提高工作效率。注释语句不被解释、编译和执行。Visual Basic 把“'”或“REM”作为注释符，每条注释语句前必须添加该符号。REM 后需要有空格字符才能再连接说明语句。

```
Label1.Text ="Hello,World"   REM 赋值语句
```

或

```
Label1.Text ="Hello,World" '赋值语句
```

注释内容可以单独书写一行，也可以写在其他语句后面。提示：续行符后面不能加注释。

在编辑代码的过程中，如有多行语句不希望其在程序执行过程中运行，又不愿删除，可以将其批量修改为注释语句，同理在需要时也可以批量改回成执行语句。如图 1.18 所示，在集成开发环境工具栏中找到“文本编辑”，单击“注释选中行”按钮(Ctrl+K+C 组合键)和“取消对选中行的注释”按钮(Ctrl+K+U 组合键)。

图 1.18　文本编辑器工具栏

### 4. 格式对齐和智能感知技术

为了方便程序阅读与调试，锯齿形缩进的程序编码方式被广泛使用，如过程体、循环体、分支体等多条语句使用空格或 Tab 键对代码进行向右缩进，使得程序阅读者从排版结构上就可以方便地拆分程序与理解程序结构。Visual Basic 2017 提供了自动缩进功能与格式对齐功能。

Visual Basic 2017 代码编辑还提供了智能感知技术，每次换行，代码编辑器会进行语法检查，如看到波浪下画线时，可单击查看语法错误并进行纠正。

#### 5. 大小写

Visual Basic 代码并不区分英文字母大小写，但代码编辑器会自动将不同大小写统一为最早定义的形式。建议在定义变量时应包含大小写，编程时一律输入小写，通过判断系统是否自动转换来进行拼写错误检查。同理，该方法也检查关键字拼写错误，如首字母自动转化为大写，则说明该关键字没有拼写错误。

#### 6. 标识符

标识符是在程序编写过程中，程序员定义的一个编程元素的名称，如变量名、数组名、常量名、对象名、过程名、结构体名、类名、枚举类型名、类成员名等。为了避免歧义，Visual Basic 定义了标识符的命名规则：

(1)必须以字母或下画线“_”开头。

(2)必须只包含字母、十进制数和下画线。

(3)如以下画线开头，则必须包括至少一个字母或十进制数字。

(4)长度不超过 1 023 个字符，包含完全限定名称的整个字符串。

(5)不能与保留关键字重复。

提示：中文也可以作为标识符，但不建议使用；不建议用下画线开头；标识符如必须和关键字相同，需使用方括号，如“[True]”。

#### 7. 符号

(1)运算符同标识符一样是程序设计语言的重要组成部分，包括单符号运算符(如+、-、*、/等)、双符号运算符(如<<、+=、<=等)和英文字母运算符(如 IsNot、Or 等)。

(2)编程语言中空格是一个字符，在编辑器中，通常表现为空缺，但并不是表示其不存在，其意义在于分割关键字、标识符、运算符，否则会被误以为是一个新的标识符，从而出现歧义而导致语法错误。例如，前面提到的续行符前面的空格，如没有这个空格，则该行最后一个单词会被系统理解为一个末尾是下画线字符的新标识符，下一行也无法与上一行进行续行操作，导致语法错误。又如 End Sub 标识子程序的结束，EndSub 则是一个没有定义的标识符，显示语法错误。一般在编辑过程中，如没有语法错误，代码编辑器会自动在运算符、赋值号前后插入空格，以方便阅读。

(3)Visual Basic 支持英文字母和英文标点符号(半角符号)，也支持中文汉字标识符和中文标点符号。为符合公共语言规范，以及提升程序的兼容性，中文汉字和中文符号以及全角英文字母与标点符号建议仅在字符串常量中使用。

(4)一些字母或数字在使用默认字体时，在外观上具有较高的相似度，人眼难以区分，如小写英文字母“l”和数字“1”，字母“O”和数字“0”，在编程或阅读时都应关注与区分。

### 1.3.2 改进型匈牙利命名法与小驼峰命名法

在单人或群体合作编程时，采用统一和前后一致的编码样式是至关重要的，这有助于帮助合作开发者快速准确地理解彼此的代码，同时也有助于大大降低软件交付后更新维护的难度。其中，在开发软件过程中，如何给变量(或其他实体，如类、控件等)定义一套规范、易懂的命名规则，特别在大型多人合作项目中，就成为一个必须解决的突出问题。

在前面的例子中，每个名称的前面都加上了一个简写的标识符来描述此控件的类型，就很容易在浏览代码时直接从名称中识别出该名称对应的类型，例如在一个控件名称前加 lbl，该前缀可以清晰地指明这是一个文本控件。相反,如果仅以 button1、button2……或者 name1、tmp2 等这样的名字来命名,在编程中将引起大量的混淆和歧义,在项目管理上造成不必要的困扰与隐患。

匈牙利命名法是在软件工程实践中被业界广泛使用的一种命名规范。由匈牙利人查尔斯·西蒙尼(Charles Simonyi)博士提出,该方法主张用简短的前缀标识出对象所包含的属性或类型等信息,然后再结合一个容易理解的对象描述来构成完整的对象名称。其中每个对象的描述都要求有明确含义,可以取描述单词的全部,也可以是其中的一部分,但都要以容易记忆、容易理解的原则为基础。

基本原则:变量名=属性+类型+对象描述。

小驼峰命名法(camel 方法)变量一般用小驼峰法标识。第一个单词以小写字母开始;第二个单词的首字母大写或每一个单词的首字母都采用大写字母,例如 myFirstName、myLastName。

Visual Basic 2017 中的命名法被称为改进型匈牙利表示法。表 1.3 列出了一些常用的前缀。

**表 1.3 Visual Basic 2017 常用前缀**

| 控件 | 前缀 | 控件 | 前缀 |
|---|---|---|---|
| Button 按钮 | btn | MainMenu 主菜单 | mnu |
| ComboBox 组合框 | cbo | RadioButton 单选按钮 | rdb |
| CheckBox 复选框 | chk | PictureBox | pic |
| Label 标签 | lbl | TextBox 文本框 | txt |
| ListBox 列表框 | lst | | |

例如,需要用一个标签来显示用户的年龄,那么就可以给这个控件起名为 lblAge;如果要用一个文本框来显示用户的数学成绩,那么就可以给这个控件起名为 txtMathsScores。

在本书的编程学习中,推荐结合小驼峰命名法使用标准的改进型匈牙命名法,这样做的好处是,在查看别人编写的代码或自己数周前编写的代码时,将大大节省查找、比对、鉴别和纠错的时间。命名规则不限于此,也不是必须这样做,但开始编写程序时,建议始终遵循一套标准的命名规则。

## 1.3.3 Visual Basic 程序开发的一般步骤

### 1. 瀑布模型

1970 年 Winston Royce 提出了著名的“瀑布模型”,采用结构化的分析与设计方法将逻辑实现与物理实现分开,从而有利于分工协作。瀑布模型核心思想是按工序将问题化简。瀑布模型将软件生命周期划分为制订计划、需求分析与定义、软件设计、软件实现(程序编写)、软件测试、软件运行与维护等六个基本活动,见图 1.19,并且规定了它们自上而下、相互衔接的固定次序,如同瀑布流水,逐级下落。从本质上来讲,就是一个软件开发框架,其过程是从上一项活动接收该项活动的工作对象作为输入,利用这一输入实施该项活动应完成的内容,给出该项活动的工作成果,并作为输出传给下一项活动。同时评审该项活动的实施,若确认,则继续下一项活动;否则返回前面,甚至更前面的活动。

瀑布模型有以下优点:

(1)为项目提供按阶段划分的检查点。

(2)当前一阶段完成后,只需要去关注后续阶段。

(3)可将增量迭代模型应用于瀑布模型,迭代1解决最大的问题。每次迭代产生一个可运行的版本,同时增加更多的功能,每次迭代必须经过质量和集成测试,见图1.20。

(4)提供了一个模板,这个模板使得分析、设计、编码、测试和支持的方法可以在该模板下有一个共同的指导。

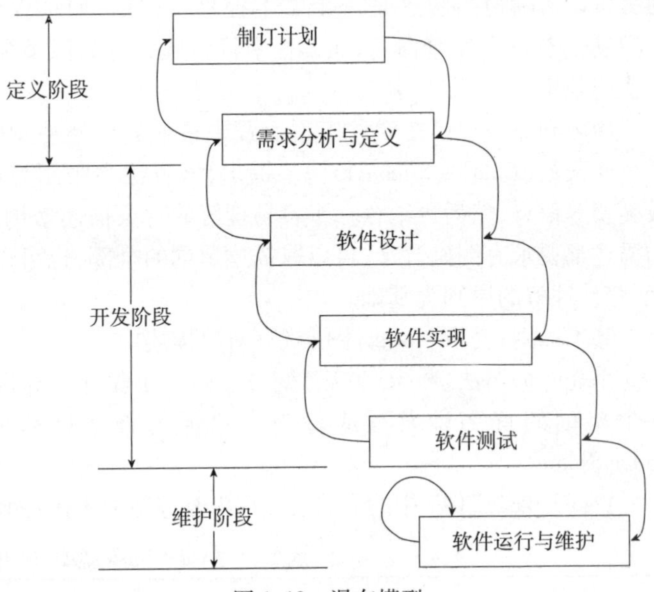


图1.19 瀑布模型

瀑布模型也存在一些缺点,但是它对很多类型的项目而言依然是有效的,如果正确使用,可以节省大量的时间和金钱。对于本课程的项目而言,学习使用这一模型进而理解解题的需求以及在解题的进程中这些需求的变化程度,对学习 Visual Basic 编程是有积极意义的。随着编程水平和项目复杂度的提升,未来也可以考虑采用其他的架构来进行项目管理,比如螺旋模型(spiral model),这里不再赘述。

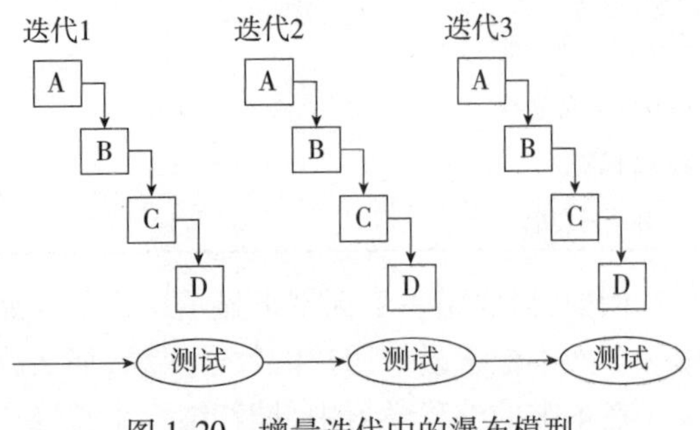


图1.20 增量迭代中的瀑布模型

## 2. 开发流程

学习 Visual Basic 应用程序开发,参考瀑布模型,需要遵循一个类似的开发流程,以下为主要步骤:

(1)需求分析:确定问题目标。编写程序的第一步是必须搞清楚这个程序要解决的问题是什么,求解这个问题要通过哪些步骤和途径,已知的条件有哪些(输入),需要得到的结果是什么(输出),数据的格式是什么,在计算机内以什么样的方式存储和管理。核心问题是需要使用什么算法,是否可以在有限的计算时间和存储空间内解决当前问题。程序实现需要多少个模块,每个模块承担什么功能,需要几个窗体,窗体上使用什么控件才能满足程序要求。分析的工作非常琐碎,有时难以全面覆盖,但详细的分析是程序开发必需的前提与开发步骤,会节约大量后期设计、调试和测试的时间,对避免重大的方向性错误至关重要。

(2)设计:规划解决问题的方法与步骤。在分析的基础上,下一步就是要设计出解决问题的实施方法,以及精确规划出实施步骤的逻辑序列。其中最为关键的是核心算法的设计,必要时可通过流程图等算法描述方式来辅助设计。

(3)编码:“Visual”可视化程序设计与“Basic”编码程序设计。前面已经提到,Visual Basic

的 Windows 窗体应用程序包括两大部分:“Visual”可视化程序设计用以解决人机交互界面设计,“Basic”代码编程用算法来达成程序的设计功能。

①“Visual”可视化程序设计。绝大部分 Visual Basic 程序需要在运行过程中和使用者交互,才能顺利运行。其中,数据输入和结果输出显示都是通过人机交互界面实现的,这就需要编程人员确定用什么样的对象来实现数据输入和结果输出,同时确定用户用何种方式来控制程序的运行。友好的人机交互界面,将使程序的可用性变得更加友善,程序的功能也能被更加充分地挖掘出来。

前面已经提到 Visual Basic 中的 “Visual”指的是开发图形用户界面的可视化程序设计方法。编程人员使用窗体设计器创建窗体对象,并在窗体上添加必要控件,通过修改控件的大小和位置美化界面,通过“属性”窗口设置控件属性,实现所见即所得的设计效果,其中界面实现的代码将由集成开发环境自动生成。必要时一些交互界面也可通过手工编写的代码在程序运行时产生。

②“Basic”编码程序设计。Visual Basic 是基于事件驱动的编程机制,事件的响应过程与通用过程的代码,都需要通过“Basic”语言来编码实现。对于复杂的程序需要定义类、结构体、变量、数组、枚举类型,需要添加标准模块,需要编写由相应的输入数据获取希望输出结果的算法实现步骤。这些工作是真正实现程序功能的步骤,需要遵循 Visual Basic 相关语法规范和语言要素,这些大量精细和烦琐的操作通过代码编辑器来完成。

(4)测试与调试:查找和排除程序中的错误。程序代码编写完成,是否能够实现设计的目标,达到预先设定的功能,并保证能稳定可靠地工作,必须通过测试才能验证。测试是判断程序是否存在错误的过程,调试是定位程序错误发生位置和查找产生原因并改正的过程。Visual Studio 2017 提供了强大而便捷的调试程序工具。能够熟练地使用调试工具,是判断掌握基本编程技能的重要标准。

(5)开发文档与发布:整理描述程序的资料和发布程序。

①整理描述程序的资料。为了方便他人使用程序,方便项目组成员与编程人员自己理解与维护程序,整理程序开发文档是必需的过程,包括需求分析与设计、程序源代码、程序不同模块功能描述与说明、使用手册和帮助文档等。

②发布程序。程序调试通过后,符合设计目标的可以编译为发布版本(Release),生成可执行文件或安装文件,方便用户安装使用。

## 1.3.4 项目管理与生成可执行文件

### 1. Visual Basic 项目树

在 Visual Basic 中设计程序不仅是编写一个独立的程序文件,而是创建一个完整的项目(project)。项目中包含众多的结构要素,这些结构要素有机结合在一起组成一棵项目树,从根节点到枝叶主要包括项目、文件、模块、过程、块、语句,如图 1.21 所示。一个项目可以包括多个 . vb 文件,一个 . vb 文件可以包括多个类模块、结构体模块和最多一个窗体模块,其中窗体模块还包括其他扩展名的附属文件。一个模块中又包含多个过程,每个过程又由多条语句构成的语句块组成。

### 2. 项目中的模块和文件

Visual Basic 项目保存时,为生成与项目同名的文件夹,包含多重子文件和大量文件。Obj

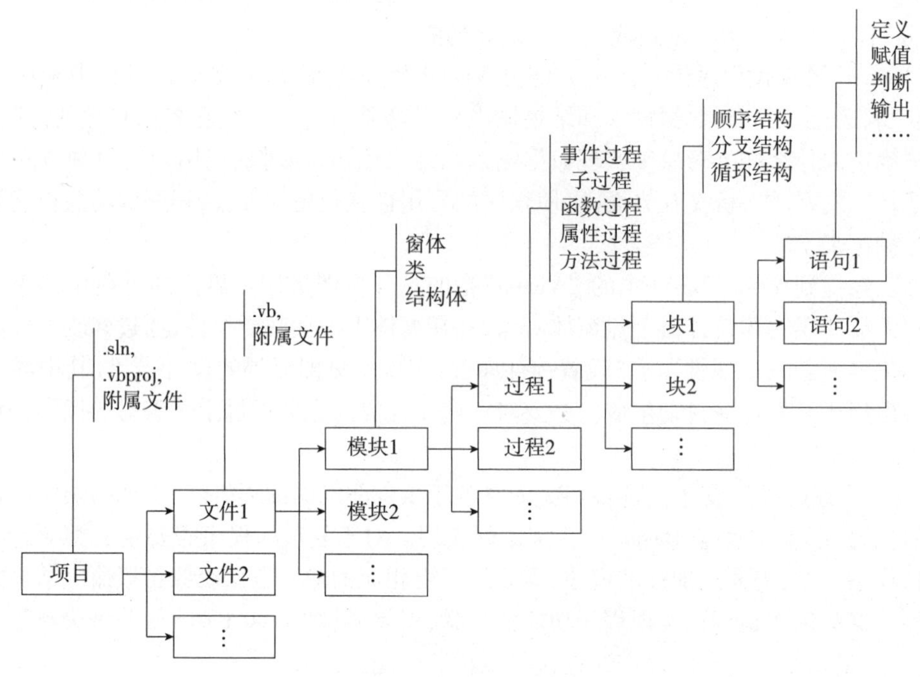


图 1.21　Visual Basic 项目树

文件夹中的 Bin 文件夹包括 Debug 文件夹和 Release 文件夹，前者保存调试版本的可执行文件，后者保存发布版本的可执行文件。

(1)解决方案和工程文件。解决方案可以用来管理多个项目，本书中的案例只包含一个项目，打开项目文件和解决方案是一样的。解决方案文件扩展名为 . sln，项目文件扩展名为 . vbproj。

(2)窗体文件。窗体文件有三个主文件：. vb 文件用于保存窗体的程序代码，. Designer. vb 文件保存窗体界面，. resx 文件保存窗体用到的资源，如图片等。

(3)标准模块、类、结构体文件。标准模块(module)、类(class)和结构体(structure)文件只有代码没有界面，只需要一个扩展名为 . vb 的文件即可。

除了新建项目时，系统自动创建的窗体文件(Windows 应用程序)或标准模块文件(控制台应用程序)，更复杂的程序需要通过添加模块的方式来扩展功能。添加新的模块可以选择主菜单栏中的“项目”菜单，选择需要的模块添加，也可以在“解决方案资源管理器”中的项目名称上右击，在弹出的快捷菜单上选择“添加”命令来新增所需的模块。

如果需要删除一个模块，只需要在“解决方案资源管理器”中选择对应模块，在右键快捷菜单中选择“删除”或“从项目中排除”命令。

### 3. 项目的保存与打开

初学者容易犯的错误就是在创建项目、添加模块或修改代码后往往忘记保存，这种情况常常导致项目的延误。选择“文件”菜单中的“全部保存”命令或单击标准工具栏中的“全部保存”按钮，将会保存所有文件，建议在任何时候都使用“全部保存”命令或按钮来保存当前的工作。如果只使用“保存选定的项目”按钮则只保存当前文件。

打开项目的方式也有多种，可以在启动 Visual Studio 2017 集成开发环境后，在起始页选择最近的工作项目,也可以单击标准工具栏中"打开项目"命令,在对话框中打开扩展名为 . sln 或 . vbproj 的文件,也可以在资源管理器中直接找到这两类文件,双击打开。

4. 生成可执行文件:Debug 与 Release

想要让编写的代码成为用户可以使用的程序,需要生成扩展名为 . exe 的可执行文件。

(1) 编译。将 . sln、. vbproj、. vb、. Designer. vb 等源程序编译为目标文件,保存到 Obj 文件夹。

(2) 链接。将生成的目标文件与库文件链接生成可执行文件,保存到 Bin 文件夹。

Visual Basic 提供两类编译模式:Debug 和 Release。Debug 版本用于程序开发调试过程,其中保存了调试的信息;Release 版本用于最终的发布,文件更小,运行更快。

可以在主菜单栏中选择"生成"→"配置管理器"菜单项或在标准工具栏中选择对应项来决定是 Debug 模式还是 Release 模式。图 1. 22 为可执行文件生成配置管理器。

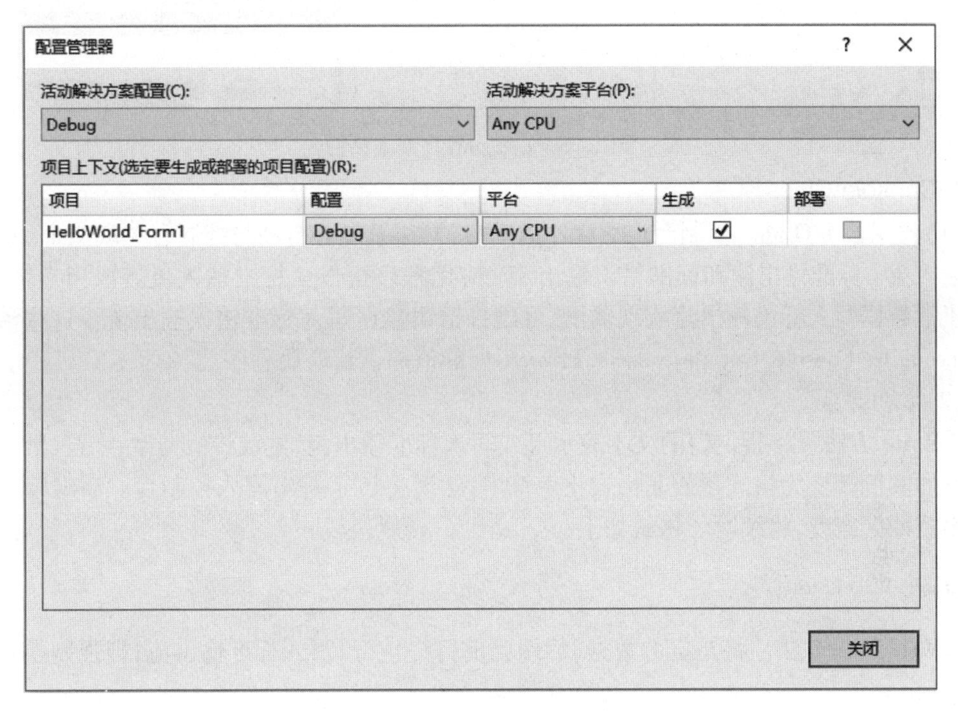


图 1. 22　可执行文件生成配置管理器

## 1. 3. 5　控制台编程

控制台程序是为了兼容 DOS 程序而设立的。控制台是一个操作系统窗口。其中用户与操作系统或基于文本的控制台应用程序交互,是通过计算机键盘输入文本并从计算机终端阅读输出的文本。Console 类提供了应用程序读取字符,并向控制台写入字符的基本支持。

在 Windows 操作系统中,控制台又称为命令提示符窗口,接收 MS-DOS 命令。控制台应用程序通常没有可视化的界面,只是通过控制台窗口字符串显示来监控程序。控制台程序常常被用于测试、监控、后台运行等,用户往往只关心数据。控制台窗口是唯一的人机交互界面,没有控件,可以更专注于语言本身,因此后面章节中涉及算法设计案例时推荐使用控制台程序来学习编写。

1. 创建控制台应用程序结构

程序创建后通过控制台窗口完成程序的输入输出控制。控制台程序代码以标准模块的方式呈现,且其中必须包含一个 Sub Main 过程,程序从 Sub Main 过程开始执行,Visual Basic 为控制台程序提供了如下结构,如图 1.23 所示。

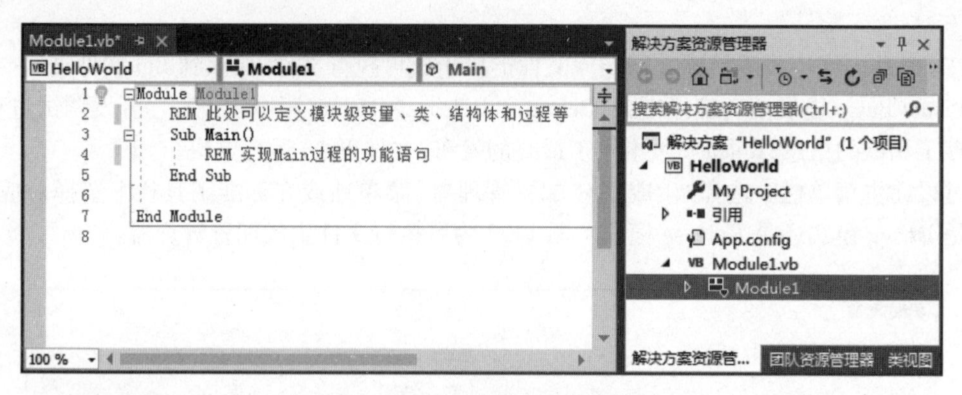


图 1.23　控制台程序基本结构

2. Console Class

(1)控制台 I/O 流。控制台应用程序启动时,操作系统会自动与控制台关联三个 I/O 流:标准输入流、标准输出流和标准错误输出流。应用程序可以从标准输入流读取用户输入,可以将正常数据写入标准输出流实现输出,可以将错误数据写入标准错误输出流。这些流将作为 Console. In、Console. Out 和 Console. Error 属性的值提供给应用程序。

(2)常用方法。

①Write 方法。将指定值的文本表示形式写入标准输出流,重载将值类型、字符、数组或一组对象的实例转换为格式化或非格式化字符串,然后将该字符串写入控制台。后继输出只要不超出缓冲区宽度,将续写。格式如下:

```
Console. Write(String)
```

②WriteLine 方法。将指定的数据(后跟当前行终止符)写入标准输出流,即强制换行。格式如下:

```
Console. WriteLine(String)
```

③Read 方法。从标准输入流读取下一个字符。格式如下:

```
X=Console. Read()
```

④ReadKey 方法。获取用户按下的下一个字符或功能键。格式如下:

```
Console. ReadKey()                '按下的键显示在控制台窗口中
Console. ReadKey(Boolean)         '按下的键可以选择性显示在控制台窗口中
```

控制台程序在 Main 过程结束后自动关闭,用户无法及时看清程序输出的内容,通常在程序末尾调用 Read 或 ReadKey 方法,暂停程序,查看运行结果,用户按任意键后退出窗口。

⑤ReaLine 方法。从标准输入流读取下一行字符。控制台输入 Ctrl+Z,返回“Null”,可防止键盘陷入 ReadLine 循环。格式如下:

```
X=Console. ReadLine()
```

⑥Clear 方法。清除控制台缓冲区和相应的控制台窗口的显示信息。格式如下:

```
Console. Clear()
```

### 3. 控制台程序举例

(1)打开 Visual Studio 2017,然后在菜单栏中选择“文件”→“新建”→“项目”命令。

(2)在“新建项目”对话框左侧的窗格中展开“Visual Basic”,然后选择“Windows 桌面”。在中间窗格中选择“控制台应用(. NET Framework)”。然后将文件命名为 ConsoleIOStream。

(3)在 Sub Main()和 End Sub 之间输入代码。完整程序如下:

```
Module Module1
    Dim nowtime As Date
    Dim line As String
    Sub Main()
        Console. Write(vbCrLf + "What is your name? ")
        Dim name = Console. ReadLine()
        Console. ReadKey(True)
        Console. Clear()
        nowtime = DateTime. Now
        Console. WriteLine($"Hello, {name},on {nowtime:d} at {nowtime:T}!")'字符串内插
        Console. WriteLine("Enter one or more lines of text (press CTRL+Z to exit):")
        Console. WriteLine()
        line = " "      '注意双引号之间的空格
        Do While (line <> "") '判断控制台输入 Ctrl+Z,WriteLine 方法返回“Null”
            Console. Write("    ")
            line = Console. ReadLine()
            If (line <> "") Then
                Console. WriteLine("          " + line)
            End If
        Loop
    End Sub
End Module
```

启动程序,跳出图 1. 24(a)所示画面,输入姓名按回车键,然后按任意键进入图 1. 24(b)所示画面,控制台窗口原有信息被擦除。输入相关文本,按回车键后控制台窗口将输出相同的内容,按 Ctrl+Z 组合键,然后回车退出程序。

提示:按回车键代表当前行输入完成。

### 4. WriteLine()函数{}输出格式

格式项采用如下形式:

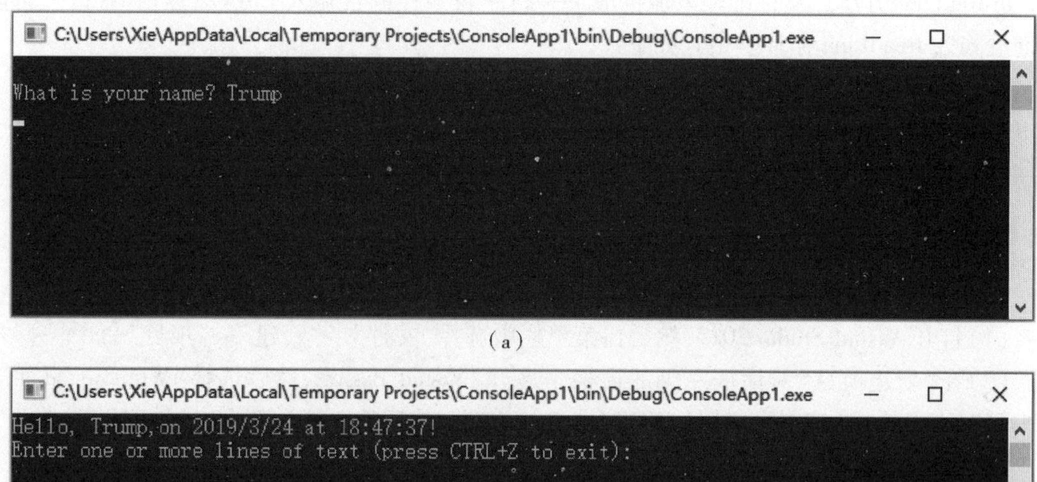


(a)



(b)

图 1.24　控制台输入输出流测试程序

{index[ ,alignment][ :formatString]}

其中:"index"指索引占位符。

alignment:可选,是一个带符号的整数,指示首选的格式化字段宽度。如果此参数值小于格式化字符串的长度,"对齐"会被忽略,并且使用格式化字符串的长度作为字段宽度。如果参数值为正数,字段的格式化数据为右对齐;如果参数值为负数,字段的格式化数据为左对齐。如果需要填充,则使用空白。如果指定"对齐",就需要使用逗号。

formatString:由标准或自定义格式说明符组成,对输出格式限定,见表 1.4。

**表 1.4　Format 示例**

| 字符 | 说　明 | 示　　例 | 输　出 |
|---|---|---|---|
| C | 货币 | string. Format("{0:C3}", 2) | $ 2.000 |
| D | 十进制 | string. Format("{0:D3}", 2) | 002 |
| E | 科学计数法 | 1.20E+001 | 1.20E+001 |
| G | 常规 | string. Format("{0:G}", 2) | 2 |
| N | 用分号隔开的数字 | string. Format("{0:N}", 250000) | 250,000.00 |
| X | 十六进制 | string. Format("{0:X000}", 12) | C |
| | | string. Format("{0:000.000}", 12.2) | 012.200 |

"$"特殊字符将字符串文本标识为内插字符串。内插字符串是可能包含内插表达式的字符串文本。将内插字符串解析为结果字符串时,带有内插表达式的项会替换为表达式

结果的字符串表示形式。与使用字符串复合格式设置功能创建格式化字符串相比,字符串内插提供的语法更具可读性,且更加方便。下面的示例使用了这两种功能生成同样的输出结果:

```
Module Module1
    Sub Main( )
        Dim name = "Mark"
        Dim DDate = DateTime. Now
        Console. WriteLine( "Hello, {0}! Today is {1}, it's {2:HH:mm} now. ", name, _
            DDate. DayOfWeek, DDate)
        Console. WriteLine( $"Hello, {name}! Today is {DDate. DayOfWeek}, _
                it's{DDate:HH:mm} now. ")
        Console. ReadKey( True)
    End Sub
End Module
```

### 1.3.6 使用帮助

Visual Basic 2017 功能强大,其本质上是一个庞大的语言开发体系,其中涉及的技术细节甚多,任何一本教材都不可能涵盖所有内容。对于初学者而言,在读完入门教材、掌握基本的 Visual Basic 编程概念并完成初步编程训练的基础上,学会查阅帮助文档是学习新功能以及提升编程水平的必由之路。Visual Basic 2017 提供了功能强大的帮助系统,在 Visual Studio 集成开发环境主菜单栏中选择"菜单"→"查看帮助"命令,就可以显示在线的帮助页面,如图 1.25 所示,选择"入门"可以根据里面的引导案例进行快速入门。单击"语言"选项卡,选择"Visual Basic"项可以进入"Visual Basic 指南"主页,如图 1.26 所示,里面显示了详细的参考,可以通过标题筛选来迅速找出编程问题的答案。

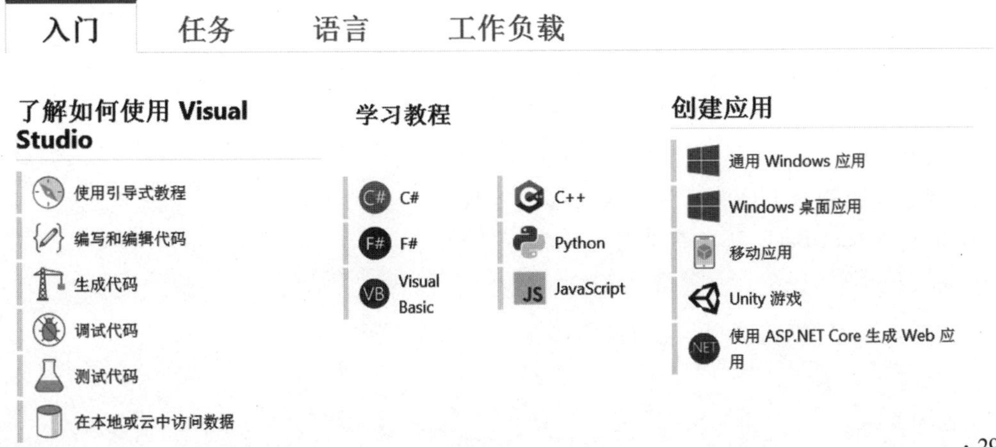




图 1.25 Visual Studio 文档主页

图 1.26　Visual Basic 指南主页

除了以上方法，另一个更直接的措施是在窗体设计器或“代码”窗口中按 F1 键打开文档窗口，其中显示的帮助内容将和此时被光标选中的关键字或对象直接关联。

除微软提供的帮助文档外，互联网也提供了大量帮助信息，可以从编程问题中抽取出关键字，通过互联网搜索的方式查找同类问题的答案，关键字使用得是否准确取决于对问题的理解深度。另外，程序设计语言的学习如同对外语的学习一样，对已有成熟代码的阅读、模仿是学习语言的不二法门，互联网上大量的 Demo 将帮助初学者更快地提升编程水平。

## 习　题

1. Visual Basic 有哪些版本？上机时使用的是哪一个版本？在哪个版本的 Windows 操作系统下运行？
2. 什么是事件驱动编程？
3. 如何使用 Visual Basic 的帮助功能？
4. Visual Basic 的基本编码规范遵循什么原则？
5. 什么是改进的匈牙利命名法？它有什么优点？
6. 简述 Visual Basic 程序开发的一般步骤。
7. 什么是控制台 I/O 流？简述其主要的方法。
8. 简述 Visual Basic 获取帮助的途径。

# 第2章　程序设计与计算思维

程序设计某种意义上就是为了解决某个问题,设计和编写计算机可以处理的程序语言代码,进而得到结果的过程。其中的关键在于设计者需要将解决问题的思路和方法转化为计算机能够理解并执行的指令序列。这个过程的核心是对问题的深刻分析、严谨的演绎推理、精准的算法设计,找到编程语言准确的表达方式,合理地组织与安排项目的实施过程,这些工作本质上更多地体现为程序设计的思想,它们来自计算思维。

计算机作为当今人类最强有力的工具,正在深刻地改变着这个世界。艾兹格・W・迪科斯彻（Edsger Wybe Dijkstra,1930—2002,结构化程序设计之父）说过:“我们使用的工具影响着我们的思维方式和思维习惯,从而也将深刻地影响到我们的思维能力”。这句话是今天促使大家学习计算机程序语言的重要动力来源。在这里想表达的另一层含义是,思维方式和思维习惯会直接影响思维能力,进而也会改变使用工具的方式。学习程序设计可以改变固有的思维方式与思维习惯,反之,掌握和了解正确的思维方式与思维习惯又有助于以更加合理的方式来学习程序设计及使用计算机。在这里将基于计算思维这个概念来阐述与程序设计相关的思维方式和思维习惯。

## 2.1　计算思维概述

### 2.1.1　计算与计算思维

计算机的主要任务是计算,那么什么是计算？计算要解决的问题是什么？从硬件底层逻辑代数计算,到软件层的函数功能实现,到应用层面的业务逻辑实现,到现在人工智能意义下的智能计算,计算被不断赋予新的内涵。随着大数据时代的到来,人类社会已经进入处处皆计算的新时代,计算已经涉及人类生活的方方面面。从百科知识搜索到社会热点信息推送,从流行趋势预测到汽车无人驾驶,从蛋白质结构分析到金融业量化计算,从电子购物到电子支付等无一不渗透着“计算”和“计算思维”。

工具的不断发明与更新迭代,使得人类获得了改造自然的能力,这种能力伴随着工具的强大而不断强大。工具的发明使人类跑得更快、举得更重、看得更远、听得更清,这些更多的是对人体力劳动的解放与延伸,而算得更快则是对人脑力劳动的解放与延伸。随着1946年全世界第一台通用计算机ENIAC和1947年晶体管的发明,电子计算技术遵循摩尔定律,以指数形式快速发展,并以此为基础,伴随互联网的产生,逐步发展出了新的计算方式,从并行计算、分布式计算、网格计算、普适计算逐步发展到云计算进入大数据时代。

图灵奖获得者吉姆·格雷在他的著名演讲《科学方法的一次革命》中将科学研究的范式分为四类:实验范式、理论范式、仿真范式和第四范式,第四范式即人们常说的大数据范式,具体是指数据密集型科学发现(data-intensive scientific discovery)。在科学发现领域,第一范式,即实验范式,是指以实验为基础的科学研究模式,侧重于观察和总结自然规律,强调逻辑自洽,实验过程与结果都可以被复现;第二范式,即理论范式,其以理论研究为基础的科学研究模式,以推理和演绎为特征,基于已有理论和数学工具推演规则产生结论,其强调推理过程的严密性;第三范式,即仿真范式,其利用电子计算机基于科学理论对科学实验进行模拟仿真,通过仿真实验来研究新的理论。计算机仿真相比较传统科学实验有着无可替代的优越性,典型的例子就是波音787客机的首次试飞是通过超级计算机仿真完成的,又如当今世界的核爆炸试验主要也是通过计算机仿真来完成的。随着大数据时代的到来,吉姆·格雷认为,数据密集范式应从第三范式中分离出来,成为一个独特的科学研究范式,即"第四范式"。严格地说,第三范式和第四范式都是计算范式。同样是计算,第四范式与第三范式差别在于:数据密集型范式,是先有了大量的已知数据,然后通过计算得出之前未知的、可信的理论,而仿真范式基于已有的理论,搜集数据,然后通过计算仿真进行理论验证。计算本身已从工具上升为计算科学,根植于数学与工程,并借助于数学模型、定量分析方法利用计算机来分析和解决各科学问题。当今世界从科学到工程技术,从艺术到政治经济社会各领域无一例外都需要借助计算的力量。

从计算科学的角度出发,当今人类智力活动的绝大部分都可以泛化为计算,而计算思维则依附于计算,融合数学思维和工程思维,贯穿其中,进而升华为方法论,并反过来对智力活动产生积极的引导意义。

2006年3月,美国卡内基·梅隆大学计算机科学系主任周以真(Jeannette M. Wing)教授,为了帮助人们更好地认识机器智能,提出了一种建立在计算机处理能力及其局限性基础之上的思维方式——计算思维。计算思维是运用计算机科学的基础概念进行问题求解、系统设计以及人类行为理解等涵盖计算机科学之广度的一系列思维活动,能为问题的有效解决提供一系列的观点和方法,它可以更好地加深人们对计算本质以及计算机求解问题的理解。周教授为了让人们更易于理解,又将它更进一步地定义为:是通过约简、嵌入、转化和仿真等方法,把一个看来困难的问题重新阐释成一个人们知道问题怎样解决的方法;是一种递归思维,是一种并行处理,是一种把代码译成数据又能把数据译成代码的方法;是一种多维分析推广的类型检查方法;是一种采用抽象和分解来控制庞杂的任务或进行巨大复杂系统设计的方法;是基于关注分离的方法;是一种选择合适的方式去陈述一个问题,或对一个问题的相关方面建模使其易于处理的思维方法;是按照预防、保护及通过冗余、容错、纠错的方式,并从最坏情况进行系统恢复的一种思维方法;是利用启发式推理寻求解答,即在不确定情况下的规划、学习和调度的思维方法;是利用海量数据来加快计算,在时间和空间之间、处理能力与存储容量之间进行折中的思维方法。

R. Karp认为:任何自然系统和社会系统都可视为一个动态演化系统,演化伴随着物质、能量和信息的交换,这种交换可以映射为符号变换,使之能用计算机实现离散的符号处理。当动态演化系统抽象为离散符号系统后,就可以采用形式化的规范来描述,通过建立模型、设计算法和开发软件来揭示演化的规律,实时控制系统的演化并自动执行。R. Karp计算透镜观点:在自然的、工程的和社会的系统中,很多过程都是自然计算的,它执行信息的变换,计算作为一种通用的思维方式。

周以真指出,计算思维的本质就是抽象(abstract)和自动化(automation)。它反映了计算的根本问题,即什么能被有效地自动进行。计算是抽象的自动执行,自动化需要某种计算机去解释抽象。从操作层面上讲,计算就是如何寻找一台计算机去求解问题,隐含地说就是要确定合适的抽象,选择合适的计算机去解释执行该抽象,后者就是自动化。

综上,程序设计天然成为抽象与自动化之间的纽带和必然手段,既涉及符号的抽象,又控制计算机实现演化的自动执行。

## 2.1.2 图灵机

图灵机(Turing machine),又称图灵计算、图灵计算机,是由数学家阿兰·图灵(Alan Turing,1912—1954)1936 年提出的一种抽象计算模型,如图 2.1 所示。基本思想是用一个虚拟的机器来模拟人们用纸笔进行数学运算的过程,这样的过程可分解为以下简单的动作:

- 在纸上写上或擦除某个符号。
- 把注意力从纸的一个位置移动到另一个位置。
- 在每个阶段,人要决定下一步的动作,这依赖于此人当前所关注的纸上某个位置的符号和此人当前思维的状态。

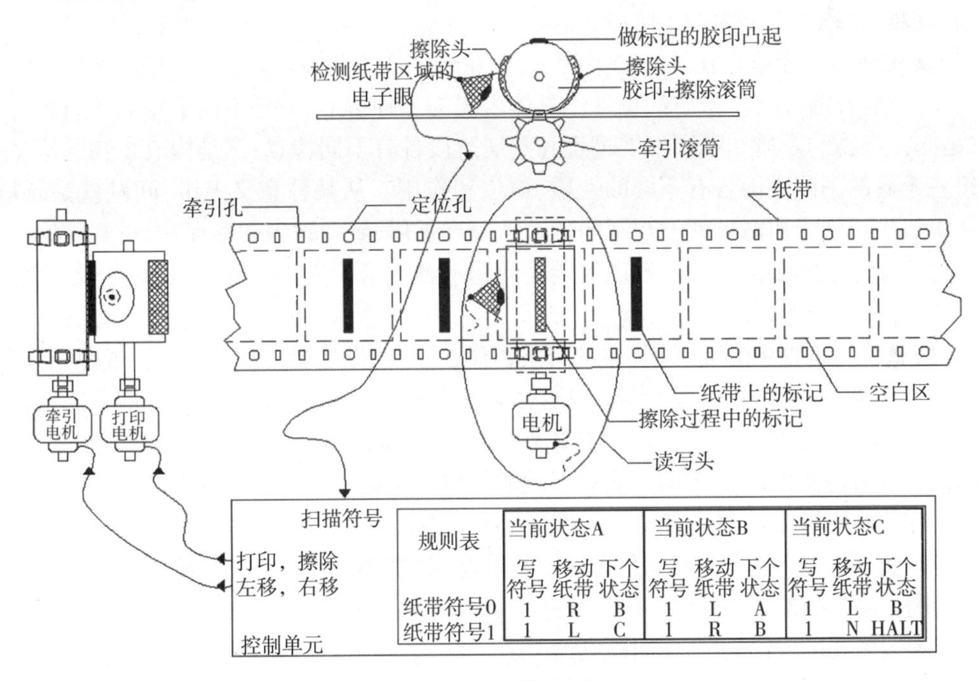


图 2.1 图灵机示意

为了模拟人的这种运算过程,图灵构造出的假想机器由以下几个部分组成:

(1)一条无限长的纸带 TAPE。纸带被划分为一个接一个的小格子,每个格子上包含一个来自有限字母表的符号,字母表中有一个特殊的符号表示空白。纸带上的格子从左到右依次被编号为 0、1、2、… ,纸带的右端可以无限伸展。

(2)一个读写头 HEAD。该读写头可以在纸带上左右移动,它能读出当前所指的格子上的符号,并能改变当前格子上的符号。

(3)一套控制规则 TABLE。它根据当前机器所处的状态以及当前读写头所指的格子上的符号来确定读写头下一步的动作,并改变状态寄存器的值,令机器进入一个新的状态。

(4)一个状态寄存器。它用来保存图灵机当前所处的状态。图灵机的所有可能状态的数目是有限的,并且有一个特殊的状态,称为停机状态。

提示:这个机器的每一部分都是有限的,但它有一个潜在的无限长的纸带,因此这种机器只是一个理想的设备。图灵模型并不复杂,它可以模拟现代任何计算机,其中蕴含了现代存储计算机(冯·诺依曼机)的思想。

## 2.2 计算思维的方法学

### 2.2.1 问题求解的本质

#### 1. 解决问题的思维过程

方法论,是关于人们认识世界、改造世界的根本方法的理论。它是人们通过一系列思维和实践活动,研究用什么样的方式、方法来观察事物和处理问题的专门学科。计算机科学本身源自对问题求解的实践,通过计算机来求解客观世界中的问题,需要掌握和了解计算思维的方法论。

问题求解是人们在求解问题过程中,基于现有的有效策略积极搜索问题答案的复杂的思维活动过程。大致可以分为四个阶段:

(1)发现问题。矛盾存在于一切事物中,存在于一切事物发展过程的始终,事物始终在矛盾中运动,矛盾普遍存在。矛盾的特殊性具体表现为三种情形:一是不同事物的矛盾各有其特点;二是同一事物的矛盾在不同发展过程和发展阶段各有不同特点;三是构成事物的诸多矛盾以及每一矛盾的不同方面各有不同的性质、地位和作用。从某种意义上讲,问题就是矛盾,当人们在实践中找到矛盾时也就发现了问题。从发现矛盾,到意识到问题存在,再到明确提出问题是人类认知过程的必然途径。发现问题是问题求解的第一步,也是最重要的一步,没有这一步后面的一切都无从谈起。

(2)明确问题。通常在问题刚产生的时候,对问题的认识是模糊的、混乱的,或限于局部,或过于宏观,没有办法明确问题的起点与本质,也无法确定问题的最终目标。因此解决问题的第二步就是明确问题,或者说要分清问题的主要矛盾和次要矛盾,通过分析问题,找到问题的关键点,确定问题的范围,明确问题的方向。明确问题的关键在于运用正确的分析方法,在全面、系统掌握基础信息资料的基础上,通过复杂的思维活动正确地对问题进行分类、分解、简化,迅速找到解决问题的方法与途径。这里的问题分类主要是指对问题按重要性分主次,按解决问题的顺序分先后。问题分解是指按复杂性将一个较难的问题分解为多个简单问题的组合;问题简化是指排除问题中无关紧要的干扰条件,使问题更加明晰。

(3)提出假设。假设通常在分析问题时就已经存在,为了明确问题和寻找答案,通常用已经熟知的问题与现有问题做类比,寻找其中的共性和差异性,并通过不断修正这个问题的条件,使之逐步逼近现有问题。因此假设是分析问题的再深入过程,在思维方法上,基于现有问题依赖的条件,进行推测、预想和推理,再有指向、有选择性地提出解决问题的方案和建议(假设)。其目的不仅是直接寻求答案,更多的时候是更加深入地理解问题并找到解决问题的正确途径。

(4)假设检验。假设是搜索问题答案的一种手段,每一条假设都是问题搜索的一条路径,这条路径正确与否，需要通过检验来验证。检验方法有两种：一种是实践检验，按照假设设计实验，用实验结果来判断假设的真伪性，若问题解决则证明假设是合理的，否则就是不合理的。通过实践检验假设是否合理是最根本最可靠的手段。另一方法是间接验证法，根据已有的科学理论，基于严密的逻辑，进行推理和论证，在思维层面考虑研究对象的过去、现在以及未来的变化，并与现有假设做对比。这两种检验方法各有利弊，在真实场景中交叉使用，可以大幅提高检验效率。任何假设最终都需要能经受实践的检验。

需要特别指出的是，后三个阶段并没有严格的顺序，通常需要进行反复迭代，在分析问题的基础上提出假设，对假设进行检验，当发现假设错误时，则需要回过头重复进行问题分析，提出新的假设，进行新的验证，周而复始，直至最后验证正确。一个典型的例子就是 1839 年固特异通过无数次配方实验，最终发现硫化法可以彻底解决橡胶变黏、发脆的问题。固特异尝试了数百个配方，每一个配方都是在问题重新理解的基础上提出的一个新假设，然后通过试验进行验证。当然这个故事里面显现的一个问题就是固特异缺乏对高分子化合物理论的认知，只能通过试验验证来寻求问题答案，效率相对于基于理论的假设与验证要低得多。这一点目前在药物研究中尤为明显，通过理论推导出可能的分子式（几十万种甚至更多），借助超级计算机进行理论验证筛选出可能的结构（降到几千种），继而用实验进行实践性验证。

硫化工艺的发明，使橡胶具有较高的弹性和韧性，从此橡胶正式步入工业化阶段。

### 2. 数学模型与计算机问题求解过程

人们基于传统思维解决客观问题和借助计算机求解计算问题存在共性与差异性，初学编程者最大的障碍通常是缺乏将客观世界问题转化为计算问题的能力。例如，当通过计算机编程来求解二元一次方程时，初学者一个错误的认知是认为可以通过编写程序，由程序的运行自动找到求解方程的公式（这属于人工智能中知识推理的范畴，如吴文俊研究的数学机械化与吴方法，实现计算机的几何定理自动证明）。另一个最简单的例子，吃午餐的时候什么时候终止进餐，在客观世界问题是大脑还想不想吃，而转化为计算问题则是以什么标准（数字）来衡量进餐终止。譬如衡量“吃饱”，在客观世界中，“饱”只是一种感觉，是定性问题，而计算问题需要把这个“定性”问题转化为“定量”问题。如所有的盘子是否已经变空，或者说进餐后体重是否增加超过 1 kg，这些数字或逻辑状态是可以用计算机的“数”来进行描述的，而“饱”作为一个概念，很难进行定量分析并用逻辑来推理，而用“已经吃了三碗饭”来描述“饱”这个概念则是很容易做到的。

如前面所言，计算机所做的仅是“自动化”部分，需要我们把问题求解的算法运行过程翻译为计算机可以理解的执行代码，由计算机“自动”地执行这个过程。所以编程是告诉计算机该做什么，按什么顺序和逻辑来做，至于如何做，则需要我们通过“抽象”的手段来获取。

定量思维是指从客观问题中抽象出数学问题，进而建立数学模型，借助对模型的求解来实现对问题的求解。数学模型是用数学语言和方法对实际对象进行数学抽象并构造特定数学结构的过程，这个过程也被称为数学建模。数学建模的过程依赖于对问题相关领域专业知识的了解，也依赖于对计算机本身求解问题相关知识的了解。针对一个问题可以由不同的方法建立不同的模型，得到不同精度的结果。计算机求解问题的基本思路在于对客观问题的观察、分析、归纳、假设，通过抽象假设将其转化为一个数学模型，并通过找到该数学模型的求解方法来解决问题。

(1)传统人工解决的思维与计算机求解问题的思维,两者的差异性主要体现在:

①计算机解决问题必须基于数据,并进而以"数"为基础建立数学模型,通过数学模型的求解来解决问题。传统人类解决问题则是依据经验,通过相似问题解决方案的多次尝试来解决,譬如围棋定式、国际象棋开局等。

②计算机解决问题,通常需要对问题有确定的算法描述,语意明确,任何人都可以基于该描述编写出解决问题的求解程序。传统的人工解决通常依赖解决问题的人的自身素质、知识储备、经验积累和主观意愿。

③计算机解决问题擅长基于数的计算与逻辑推理,其优势在于大规模数据处理的速度上,可以对问题的特例进行精确求解,可以根据预先设定的方法进行高效执行求解。严格来讲,计算机只是执行求解过程,本身不具备思考能力。而人解决问题的优势在于创造性、联想能力(灵感)和抽象能力,善于总结归纳,可以对问题进行一般化,创造出新的方法来解决旧的问题。

(2)计算机求解问题的过程可以分为以下步骤:

①问题抽象与建立数学模型。对需要求解的客观问题进行分析,通过分析和抽象,找到问题共性,明确问题的输入是什么,输出是什么,约束条件是什么,将问题的所有已知条件转化为数据,建立与被求解问题相适应的数学模型。这是计算机求解一切问题的前提,不能从分析中抽象出数学模型,后面一切都无从谈起。

②数据结构与算法设计。数据模型确立后,需要根据数学模型,对客观问题进行重新组织,这种组织是基于数据的组织,将问题已知条件转化为数学模型的原始数据输入,确定原始数据在计算机中的数据结构(存储与管理形式),并在数据结构的基础上进一步确定算法(数据处理与模型推演的方法和步骤)。数据结构和算法是计算机问题求解的一体两面:一方面是在计算机内部如何对问题清晰地描述与表达,另一方面是基于这种描述进一步通过计算机对规则的严格推理与执行进行问题求解。数据结构通常是对问题的描述,而算法是对问题求解过程的描述,两者相辅相成,缺一不可。

③代码实现。算法通常具有两层含义,一是解决问题的数学方法,二是指计算机基于数学方法解决问题的具体步骤。而算法可进一步理解为基于计算机能够理解的程序语言对求解过程与步骤的精确描述,程序是算法在计算机上的特定的实现方式和手段。由程序实现的规则序列包括:a. 针对特定的输入集和问题描述集,产生基于程序语言的动作序列描述;b. 该动作序列具有唯一起点,每个动作有一个或多个后继动作;c. 动作序列止于问题求解结果或明确的无解状态。

④编译、测试与发布。代码实现后,需要对程序进行编译、测试,以验证算法实现的合理性。

### 2.2.2 数据存储结构与逻辑结构

上一节提到,客观问题转化为计算机求解问题首先需要用"数据"进行描述,这些"数据"在计算机内部的结构直接影响到对这些"数据"的处理方法与过程。

#### 1. 数据存储结构

数据存储结构是指数据结构在计算机中的表示(又称映像),也称物理结构。计算机中有4种数据存储结构:

(1)顺序存储结构。顺序存储结构是指将所有的数据元素放在一段连续的存储空间中，并使逻辑上相邻的数据元素所对应的物理存储位置也是相邻的(即保证逻辑位置关系与物理位置关系的一致)。顺序存储结构通常借助程序设计语言中的数组来加以实现。特点:①随机存取表中元素;②插入和删除操作需要移动元素。

(2)链式存储结构。链式存储结构不需要将逻辑上相邻的元素存储在物理上相邻的位置,也就是说数据元素的存储具有任意性。每个数据元素所对应的存储表示由两部分组成,一部分存储元素值本身,另一部分用于存放表示逻辑关系的指针。指针给出的是下一个数据元素的存储地址。特点:①比顺序存储结构的存储密度小,每个节点都由数据域和指针域组成,所以相同空间内假设全存满的话,顺序比链式存储得更多;②逻辑上相邻的节点物理上不必相邻;③插入、删除灵活,不必移动节点,只需修改节点中的指针;④查找节点时链式存储要比顺序存储慢;⑤每个节点由数据域和指针域组成。

(3)索引存储结构。索引存储结构在存储数据元素的同时还增加了一个索引表。索引表中的每一项包括关键字和地址,关键字是能够唯一标识一个数据元素的数据项,地址是指示数据元素的存储地址或者存储区域的首地址的。特点:①索引存储结构是用节点的索引号来确定节点存储地址,检索快;②增加了附加的索引表,会占用较多的存储空间。

(4)散列存储结构。散列存储也称为哈希存储,这种存储结构将数据元素存储在一个连续的区域,每一个数据元素的具体存储位置是根据该数据的关键字值,通过散列(哈希)函数直接计算出来,即由节点的关键码值决定节点的存储地址。特点:采用存储数组中内容的部分元素作为映射函数的输入,映射函数的输出就是存储数据的位置,这样就省去了遍历数组的时间,因此时间复杂度可以认为是 O(1),而数组遍历的时间复杂度为 $O(n)$。

2. 数据逻辑结构

数据逻辑结构是反映数据元素之间逻辑关系的数据结构,其中,逻辑关系是指数据元素之间的前后件关系,而与它们在计算机中的存储位置无关。数据的逻辑结构是从具体问题抽象出来的数学模型,是描述数据元素及其关系的数学特性的。逻辑结构是在计算机存储中的映像,其定义的形式为(K,R)[或(D,S)],其中,K 是数据元素的有限集,R 是 K 上的关系的有限集。逻辑结构包括:

(1)集合结构。数据结构中的元素之间除了“同属一个集合”的相互关系外,别无其他关系。

(2)线性结构。数据结构中的元素存在一对一的相互关系。

(3)树形结构。数据结构中的元素存在一对多的相互关系。

(4)网络结构。数据结构中的元素存在多对多的相互关系。

### 2.2.3 问题的抽象表示

1. 抽象的环节

抽象是人们观察世界,通过表象发现本质的重要手段,进而也是科学研究的必经之路,是一种方法论。从具体事物抽出、概括出它们共同的方面、本质属性与关系等,而将个别的、非本质的方面、属性与关系舍弃,这种思维过程,称为抽象。“抽象”这个词拉丁文为 abstractio,它的原意是排除、抽出。在自然语言中,很多人把凡是不能被人们的感官所直接把握的东西,也就是通常所说的“看不见,摸不着”的东西,称为“抽象”。在科学研究中,我们把科学抽象理解为单纯提取某一特性加以认识的思维活动,科学抽象的直接起点是经验事实,抽象的过程大体是这样的:从解答问题出发,通过对各种经验事实的比较、分析,排除那些无关紧要的因素,提取研究对象的重要特性(普遍规律与因果关系)加以认识,从而为解答问题提供某种科学定律或一般原理。

在科学研究中,科学抽象的具体程序是千差万别的,没有千篇一律的模式,但是一切科学抽象过程都具有以下的环节。我们把它概括为分离→提纯→简略。

世界是普遍联系的,任何对象总是和其他对象存在千丝万缕的联系,他们是复杂整体的一部分,但在科学活动中对这种普遍联系和复杂关系进行研究几乎是不可能成立的。因此需要确立研究的具体对象,将其与整体"分离"出来,采用机械的形而上学的方法加以研究。如研究肥胖与饮食关系时,可以忽略家庭收入与居住条件的干扰,虽然家庭收入必然会影响饮食结构。事物的真相总是隐藏在众多的干扰因素之中,其表象总是错综复杂,需要对其进行"提纯",才可以揭示事物的本质属性和规律。如研究自由落体运动时,要排除空气阻力的影响。简略是对复杂问题进行的一种简化的考虑,将复杂问题用一个简单问题来进行高度的概括。一个典型的例子就是最速下降曲线问题,伯努利将这个路径最优化问题简约为一个两点间光传播遵循最短传播路径的同类问题,基于折射定律找到了一种极其优美的解决方法。需要指出的是,抽象并不是科学发现的全部方法,爱因斯坦认为与经验层次最接近的理论命题不可能从经验层级的抽象中得到,而是从更高层次的理论命题中推导出来的,而更高层次的理论命题则是思维自由创造的产物(许良英,1977,《爱因斯坦文集》)。当欧拉发明变分法后,所有与最速下降曲线这个特例同类型寻找最优函数的问题,不依赖聪明的头脑和高超的技巧就都可以轻松解决了。这就是爱因斯坦所谓更高层次的理论创造。

2. 程序设计中的抽象

在科学研究中,以抽象的内容是事物所表现的特征还是普遍性的定律作为标准加以区分,抽象大致可分为表征性抽象和原理性抽象两大类。程序设计中的抽象,主要是指设计的程序能基于表征性抽象与原理性抽象正确描述客观世界问题。程序设计就是将客观世界问题的求解过程的抽象描述映射为计算机语言符号所描述的动作序列。

程序设计包含了两个最基本的要素:数据和过程。数据是过程加工的对象与结果,而过程则是算法的具体体现,是程序执行的具体方法与步骤。

(1)*表征性抽象与数据抽象*。表征性抽象是以可观察的事物现象为直接起点的一种初始抽象,它是对物体所表现出来的特征的抽象。例如物体的形状、质量、颜色、温度、波长等,这些关于物体的物理性质的抽象,所概括的就是物体的一些表面特征。这些概念需要进一步通过数据抽象才可以被计算机所使用。如可以定义一个变量,来描述一个人的收入属性,将其名字规定为"salary","salary"对应内存中一段连续的存储单元,在这段存储单元中的浮点数,如8 765.5表征一个人的月工资收入。这里变量的名称是对存储单元地址的抽象,变量对应的值是对存储单元中二进制编码的抽象。

(2)*原理性抽象与过程抽象*。过程抽象是在表征性抽象基础上形成的一种深层抽象,它所把握的是事物的因果性和规律性的联系。这种抽象的成果就是定律、原理。例如,开普勒三定律、万有引力定律、牛顿运动定律、热力学三定律、化学元素周期律、广义相对论、质量守恒定律等,都属于这种原理性抽象。这些规律的实现需要通过具体的计算机算法转化为程序过程才可以在计算机中以代码运行的方式进行演绎,这个自动“演绎”的过程也称为“自动化”。为了便于程序设计人员描述、修改、理解程序运行过程,又可以进一步把程序的过程抽象分解为主过程、子过程、嵌入的子过程等。

(3)*方法*。方法是有关“做什么”的自包含(自包含是指在组件重用时不依赖其他组件,能够以独立的方式供外部使用)代码块,也是过程,在一些程序设计语言里面也称为函数或子过程。其作用有二:一是可以分解复杂程序,使其便于理解;二是代码可以重用。方法调用时会集合环境信息(如程序当前的状态)使用输入值,来完成特定的事。这些输入值是为方法提供的信息,是传递的数据,也称参数。理解程序内部的算法,找到它们的共性,并抽象为一个方法,使之能完成同样的工作,并把它封装成函数过程,以便重复使用。在 VB. NET 中可以使用 Sub 或 Function 关键字定义方法。

## 2.3 什么是算法

### 2.3.1 算法与程序的概念

针对实际需要解决的问题,通过深入分析抽象出对应的数学模型,进而在数学模型的基础上建构计算模型,而计算模型的实施离不开具体的算法设计,算法的实现离不开程序语言的准确描述与表达。这是依托于计算思维方法将问题求解映射到计算机程序编写的过程。算法是求解问题的思维方式,而程序编写是算法实现的具体手段,算法可以是抽象的,但运行在计算机上的程序则是具体的。

算法是计算机科学的核心,算法是指:解决给定问题方案的准确而完整的有穷规则集合,规则规定了求解该问题的运算序列。进一步讲,程序可以理解为是计算机语言表述的算法。算法代表着用系统的方法描述解决问题的策略机制与实施步骤,能够对一定规范的输入,在有限时间内获得所要求的输出,并且对不正确的输入也能做出正确的反映。

算法具有以下 5 个重要的特征:

(1)*有穷性*(finiteness)。算法的有穷性是指算法必须能在执行有限步骤之后终止,有穷性隐含了执行时间的合理性,不能出现“死循环”。

(2)*确切性*(definiteness)。算法的每一步骤必须有确切的定义,不能产生歧义。

(3)*输入*(input)。一个算法有零个或多个输入,以刻画运算对象的初始情况,所谓零个输入是指算法本身定出了初始条件。

(4)*输出*(output)。一个算法有一个或多个输出,以反映对输入数据加工后的结果。没有输出的算法是毫无意义的。

(5)*可行性*(effectiveness)。算法中执行的任何计算步骤都是可以被分解为基本的、可执行的操作步,即每个计算步骤都可以在有限时间内完成(也称之为有效性)。

计算机学家 N · 沃思曾提出一个公式:程序=算法+数据结构,明确指出程序就是在数据某些特定表示方法和结构基础上对抽象算法的具体描述。不能离开数据结构孤立地分析程序的算法,程序算法必须基于特定的数据结构才能有效合理地运行。算法是程序的前导与基础,程序是算法的计算机语言描述,因此从算法的定义引申开来,程序可以定义为:为解决给定问题的计算机语言有穷操作规则的有序集合。现在对于低级语言,程序的表述为“指令的有序集合”,而对于高级语言,程序的表述为“语句的有序集合”。

## 2.3.2 算法描述

算法实际上是解决问题的思想的表达，是解决问题的方法和步骤的抽象描述，是编写程序的灵魂依据，因此正确编写程序的前提是能够对算法进行准确的描述。算法描述(algorithm description)是指对设计出的算法，用一种规范的方式进行详细的描述，以便与人交流。算法可采用多种描述语言来描述，各种描述语言在对问题的描述能力方面存在一定的差异，可以使用自然语言、伪代码，也可使用结构化流程图，但描述的结果必须满足算法的5个特征。

下面基于求解最大公约数的欧几里得算法(又称辗转相除法)，对算法描述方法进行介绍。

### 1. 自然语言描述

自然语言描述通常基于人类生活中熟练使用的语言，如汉语、英语等，使用方便，便于掌握同种语言的人理解(图2.2)。

设两数 $a$、$b(a \geqslant b)$，求 $a$ 和 $b$ 的最大公约数 $(a,b)$ 的步骤如下：

(1)用 $a$ 除以 $b(a \geqslant b)$，得 $a \div b = q \cdots r_1 (0 \leqslant r_1)$。

(2)若 $r_1 = 0$，则 $b$ 为 $(a,b)$ 最大公约数。

(3)若 $r_1 \neq 0$，则再用 $b$ 除以 $r_1$，得 $b \div r_1 = q \cdots r_2$。

(4)若 $r_2 = 0$，则 $r_1$ 为 $(a,b)$ 最大公约数，若 $r_2 \neq 0$，则继续用 $r_1$ 除以 $r_2$……依次循环，直至能整除，其最后一个余数为0的除数即为 $(a,b)$ 的最大公约数。

图2.2 自然语言描述

### 2. 伪代码描述

伪代码描述是指用计算机语言来描述算法过程，而并不需要拘泥于计算机语言本身严格的语法细节与规范，是借助计算机语言对算法流程的描述，计算机无法执行，所以被称为“伪”。该方法接近于程序语言，其优点在于可以克服自然语言的歧义性，结构性强，容易书写和理解，翻译成计算机语言也最为容易(图2.3)。

```
基于递归算法的伪代码：
function gcd(a,b)
{
    if b<>0
        return gcd(b,a mod b);
    else
        return a;
}
```

图2.3 伪代码描述

### 3. 结构化流程图描述

结构化流程图是算法的图形化描述的方式之一。流程图可以清晰地描述出算法的思路和过程，形象直观，各种操作一目了然，不会产生“歧义性”，便于理解，算法出错时容易发现，并可以直接转化为程序，如Raptor可以直接根据流程图生成C++语言。美国国家标准化协会ANSI曾规定一些常用的流程图符号，被世界各国程序工作者普遍采用(图2.4)。

(1)圆角矩形表示“开始”与“结束”。

(2)矩形表示行动方案、普通工作环节用。

(3)菱形表示问题判断或判定(审核/审批/评审)环节。

(4)平行四边形表示输入输出。

(5)箭头代表工作流方向。

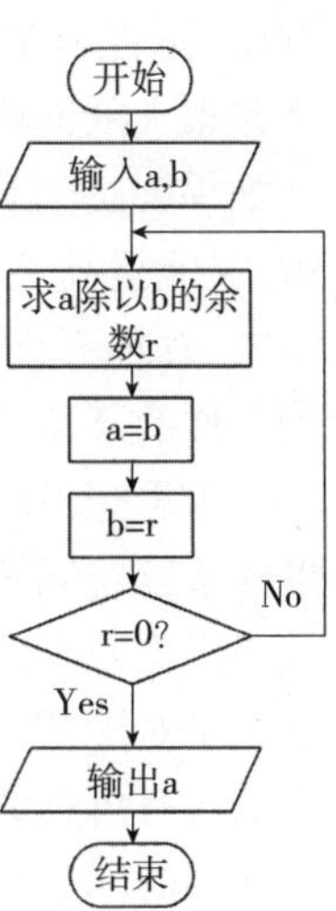

图 2.4　流程图描述

## 2.3.3　算法设计

### 1. 算法设计的原则

算法的核心是明确求解目标,建立抽象模型。算法设计应遵循以下原则:

(1)*正确性*。算法的正确性是指算法至少应该具有输入输出,加工处理无歧义性,能正确反映问题的需要,能够得到问题的正确答案。

(2)*可读性*。设计算法的目的,一方面是让计算机执行,但还有一个重要的目的就是便于他人阅读,让人理解和交流,自己将来也可阅读。如果可读性不好,时间长了自己都不知道写了什么,可读性是评判算法(也包括实现它的程序代码)优劣的重要标志。

(3)*健壮性*。当输入的数据非法时,算法应当恰当地做出反应或进行相应处理,而不是莫名其妙地输出结果。并且处理出错的方法不应是中断程序的执行,而应是返回一个表示错误或错误性质的值,以便于在更高的抽象层次上进行处理。

(4)*高效率与低存储量*。通常,算法的效率指的是算法的执行时间,算法的存储量指的是算法执行过程中所需要的最大存储空间,两者的复杂度都与问题的规模有关。算法分析的任务是对设计的每一个具体的算法,利用数学工具,讨论其复杂度,探讨具体算法对问题的适应性。

### 2. 常用算法设计思想

(1)*递归与分治法*。递归与分治的算法思想往往是相伴而生的,它们在各类算法中使用非常频繁,应用递归和分治的算法思想有时可以设计出代码简洁且比较高效的算法来。

基本思想:在解决一些比较复杂的问题,特别是解决一些规模较大的问题时,常常将问题进行分解。具体来说,就是将一个规模较大的问题分割成规模较小的同类问题,然后将这些小问题的子问题逐个加以解决,最终也就将整个大问题解决了。这种思想称为分治。在解决一些比较复杂、计算量庞大的问题时经常被用到。

而递归思想也是一种常见的算法设计思想,所谓递归算法,就是一种直接或间接地调用原算法本身的一种算法。

经典问题有二分查找法、大整数乘法、棋盘覆盖、快速排序、线性时间选择、汉诺塔等。

(2)*穷举法与回溯法*。穷举法,又称为强力法。它是一种最为直接、实现最为简单,同时又最为耗时的一种解决实际问题的算法思想。

基本思想:在可能的解空间中穷举出每一种可能的解,并对每一个可能解进行判断,从中得到问题的答案。使用穷举法思想解决实际问题,最关键的步骤是划定问题的解空间,并在该解空间中一一枚举每一个可能的解。这里有两点需要注意:一是解空间的划定必须保证覆盖问题的全部解;二是解空间集合及问题的解集一定是离散的集合,也就是说集合中的元素是可列的、有限的。

穷举法用时间上的牺牲换来了解的全面性保证,因此穷举法的优势在于确保得到问题的全部解,而瓶颈在于运算效率十分低下。但是穷举法算法思想简单,易于实现,在解决一些规模不是很大的问题时,使用穷举法不失为一种很好的选择。

如果解决的问题要求效率高,而且规模又大,那么就选择回溯法。回溯法既能全面找出所有解,又能提高效率。回溯法是一种选优搜索法,按照一定的选优条件向前搜索,当搜索到某一步时,发现不符合条件,就退回一步重新选择,这种走不通就退回再走的思想为回溯法,满足回溯条件的某个状态的点称为"回溯点"。

基本思想:在包含问题的所有解的解空间树中,按照深度优先搜索的策略,从根节点出发深度探索解空间树。当探索到某一节点时,要先判断该节点是否包含问题的解,如果包含,就从该节点出发继续探索下去,如果该节点不包含问题的解,则逐层向其祖先节点回溯(其实回溯法就是对隐式图的深度优先搜索算法)。当用回溯法求问题的所有解时,要回溯到根,且根节点的所有可行的子树都要被搜索完才结束。

典型的问题有八皇后问题、图的着色问题、背包问题、连续邮资问题等。

(3)*贪心法*。在对问题求解时,总是做出在当前看来是最好的选择。也就是说,不从整体最优上加以考虑,该法所做出的仅是在某种意义上的局部最优解。

基本思想:算法设计的关键是贪心策略的选择。必须注意的是,贪心算法不是对所有问题都能得到整体最优解,选择的贪心策略必须具备无后效性,即某个状态以后的过程不会影响以前的状态,只与当前状态有关。所以对所采用的贪心策略一定要仔细分析其是否满足无后效性。

贪心算法的经典问题有 Huffman 编码、最小生成树、区间覆盖、小船过河等。

(4)*动态规划*。每次决策依赖于当前状态,又随即引起状态的转移。一个决策序列就是在变化的状态中产生出来的,所以,这种多阶段最优化决策解决问题的过程就称为动态规划。

基本思想:将待求解的问题分解为若干子问题(阶段),按顺序求解子阶段,前一子问题的解,为后一子问题的求解提供了有用的信息。在求解任一子问题时,列出各种可能的局部解,通过决策保留那些有可能达到最优的局部解,丢弃其他局部解。依次解决各子问题,最后一个子问题就是初始问题的解。

动态规划的经典问题有矩阵连乘、走金字塔、凸多边形最优三角剖分、双调欧几里得旅行商等。

### 2.3.4 算法效率的度量

算法效率的度量是通过时间复杂度和空间复杂度来描述的。

#### 1. 时间复杂度

一个语句的频度是指该语句在算法中被重复执行的次数。算法中所有语句的频度之和记作 T(n),它是该算法问题规模 n 的函数,时间复杂度主要分析 T(n) 的数量级。算法中的基本运算(最深层循环内的语句)的频度和 T(n)同数量级,所以通常采用算法中基本运算的频度 f(n) 来分析算法的时间复杂度。因此,算法的时间复杂度记为 T(n) = O(f(n))。

算法的时间复杂度不仅依赖于问题的规模 n ,也取决于待输入数据的性质(如输入数据元素的初始状态)。

在分析一个程序的时间复杂度时,有以下两条规则:

(1)加法规则。

$$T(n)=T1(n)+T2(n)=O(f(n))+O(g(n))=O(max(f(n),g(n)))$$

(2)乘法规则。

$$T(n)=T1(n)*T2(n)=O(f(n))*O(g(n))=O(f(n)*g(n))$$

2. 空间复杂度

算法的空间复杂度S(n)是对一个算法在运行过程中临时占用存储空间大小的量度,它是问题规模的n的函数,记作S(n) = O( g(n) )。

一个上机程序除了需要存储空间来存放本身所用指令、常数、变量和输入数据外,也需要提供一些对数据进行操作的工作单元和存储一些实现计算所需信息的辅助空间。若输入数据所占空间只取决于问题本身,和算法无关,则只需要分析除输入和程序之外的额外空间,算法的空间复杂度成为一个常量,不随被处理数据量n的大小而改变时,可表示为O(1)。

## 2.4 数据的类型与本质

### 2.4.1 数据的类型与本质

使用计算机时,首先需要解决的就是如何使用可以被计算机识别、存储和处理的符号集合来描述被处理的客观事物。在计算机系统中,这些符号是计算机可以操作的对象,称为数据。1945年冯·诺依曼在"存储程序通用电子计算机方案"(electronic discrete variable automatic computer,EDVAC)中明确奠定了计算机的5个组成部分:运算器、控制器、存储器、输入和输出设备。其设计思想之一,就是抛弃十进制,根据电子元件双稳态工作的特点,建议在电子计算机中采用二进制。不仅包含如整型、浮点型常见的数值型数据,所有可以被二进制符号所表示的字符、字符串、声音、图形图像、视频等非数值型数据,都可以归入计算机可以处理的"数据"概念中来。

当使用计算机来处理客观世界中各领域的实际操作对象时,需要基于二进制对其进行抽象描述,根据二进制在计算机内部描述与存储方式的差异,进一步提出了"数据类型"(data type)的概念。数据类型在数据结构中的定义是一个值的集合以及定义在这个值集上的一组操作,是创建值在计算机中二进制表示存储及使用方式的模板。

1. 数据类型概念

(1)"类型"是对数据的抽象。

(2)类型相同的数据有相同的表示形式、存储格式以及相关的操作。

(3)程序中使用的所有数据都必定属于某一种数据类型。

2. 数据类型分类

(1)基本类型。可进一步细分为数值类型、字符类型和枚举类型。数值类型又可细分为整型和实型。基本类型通常代表单个数据,是不可再分的最基本的数据类型,包括整型、浮点(单精度)型、双精度型、字符型、无值类型、逻辑型及复数型。

(2)构造类型。由已知的基本类型通过一定的构造方法构造出来的类型,可分为数组、结构体、联合体、枚举类型等。构造类型通常代表一批数据。

(3)指针类型。指针可以指向内存地址,访问效率高,用于构造各种形态的动态或递归数据结构,如链表、树等。

(4)空类型。

### 3. 数据类型本质

(1)类型确定了值在内存中的存储方式与存储空间的大小。数据输入计算机,不同类型的数据因其二进制描述方式的不同,在内存中的存储方式与占用的存储空间大小也不同。如数“12”,在以二进制整型存储时可表示为000C(十六进制表示),占两个字节;用单精度浮点型存储时可表示为41400000(十六进制表示)占4个字节。根据不同类型数据使用二进制表示位数的多寡,分配不同大小的空间。这就像金鱼观赏只需要一个玻璃鱼缸,而海豚表演则需要一个深水游泳池。

(2)类型确定了值描述的范围。由于二进制描述方式的不同,值在内存中的存储方式和存储空间大小的不同,决定了不同类型的数据其描述的取值范围是不同的。如整型的取值范围是-32 768~32 767,长整型的取值范围则是-2 147 483 648~2 147 483 647。需要说明的是,因机器软硬件系统的差异,同一种数据类型其存储空间所占的字节会有所差异,如常整型在32位系统中占4个字节,而在64位系统中可以占8个字节,相应表示的数的范围也就产生了大小差异。

(3)类型决定值的操作。不同类型的数据支持不同的操作。如整型有取余操作,而实型则没有。1+1表示两个整型数相加,结果为整型数2;1.0+1.0则是表示两个浮点数相加,结果为浮点数2;"1"+"1"则表示两个字符串连接,结果为"11"。都是“+”运算符,但在计算机内部其运算方式是完全不同的。

## 2.4.2 程序设计中统计数据分类

当为某个领域,如医疗诊断、电子购物、政务管理等,设计计算机管理程序时,必须进行正确的统计数据分类、调研、分析,根据数据对象的属性加以分类和采用不同的处理方式。然后选择恰当的计算机数据类型进行存储和数据处理。

统计数据分类就是把具有某种共同属性或特征的数据归并在一起,通过其类别的属性或特征对数据进行区别。为了实现数据共享和提高处理效率,必须遵循约定的分类原则和方法,按照信息的内涵、性质及管理的要求,将系统内所有信息按一定的结构体系分为不同的集合,从而使得每个信息在相应的分类体系中都有一个对应位置。换句话说,就是相同内容、相同性质的信息以及要求统一管理的信息集合在一起,而把相异的和需要分别管理的信息区分开来,然后确定各个集合之间的关系,形成一个有条理的分类系统。

按照数据的计量层次,可以将统计数据分为定类数据、定序数据、定距数据与定比数据。

(1)定类数据。这是数据的最低层。它将数据按照类别属性进行分类,各类别之间是平等并列关系。这种数据不带数量信息,并且不能在各类别间进行排序。例如,人类按性别分为男性和女性,也属于定类数据。虽然定类数据表现为类别,但为了便于统计处理,可以对不同的类别用不同的数字或编码来表示。如1表示女性,2表示男性,但这些数码不代表着这些数字可以区分大小或进行数学运算。不论用何种编码,其所包含的信息都没有任何损失。对定类数据执行的主要数值运算是计算每一类别中项目的频数和频率。

(2)定序数据。这是数据的中间级别。定序数据不仅可以将数据分成不同的类别,而且各类别之间还可以通过排序来比较优劣。也就是说,定序数据与定类数据最主要的区别是定序数据之间还是可以比较顺序的。例如,人的受教育程度就属于定序数据。我们仍可以采用数字编码表示不同的类别:小学以下=1,小学=2,初中=3,高中=4,大学=5,硕士=6,博士=

7。通过将编码进行排序,可以明显表示受教育程度之间的高低差异。虽然这种差异程度不能通过编码之间的差异进行准确的度量,但是可以确定其高低顺序,即可以通过编码数值进行不等式的运算。

(3)定距数据。定距数据是具有一定单位的实际测量值(如摄氏温度、考试成绩等)。此时不仅可以知道两个变量之间存在差异,还可以通过加、减法运算准确地计算出各变量之间的实际差距。可以说,定距数据的精确性比定类数据和定序数据前进了一大步,它可以对事物类别或次序之间的实际距离进行测量。例如,甲的英语成绩为 80 分,乙的英语成绩为 85 分,可知乙的英语成绩比甲的高 5 分。

(4)定比数据。这是数据的最高等级。它的数据表现形式同定距数据一样,均为实际的测量值。定比数据与定距数据唯一的区别是,在定比数据中是存在绝对零点的,而定距数据中是不存在绝对零点的(零点是人为制定的)。因此定比数据间不仅可以比较大小,进行加、减运算,还可以进行乘、除运算。例如,月工资收入、子弹的飞行速度等。

### 2.4.3 变量的本质与使用

#### 1. 变量的概念

变量的概念源自数学,是指值不固定即可以改变的数。变量以非数字的符号来表达,一般用拉丁字母。变量结果只能使用真实的值,变量能够作为某特定种类的值中任何一个的保留器。

从计算机语言的角度而言,变量既代表值的抽象,也代表存储空间的抽象,如图 2.5 所示。变量本质上代表了一段可操作的内存,是内存的符号化表示。在程序中,变量代表的是内存中一段有名字的连续存储空间,定义变量可以在内存中申请相应的存储空间,变量的类型决定数据存放的方式,通过变量名调用则可以使用这段存储的空间。变量对于代码编写而言其意义在于方便程序设计人员使用一个简单而易于记忆的名字来指代和跟踪程序中的数据。变量可以保存程序运行时用户输入的数据、特定运算的中间或最终结果以及最后在交互界面显示的数据等。

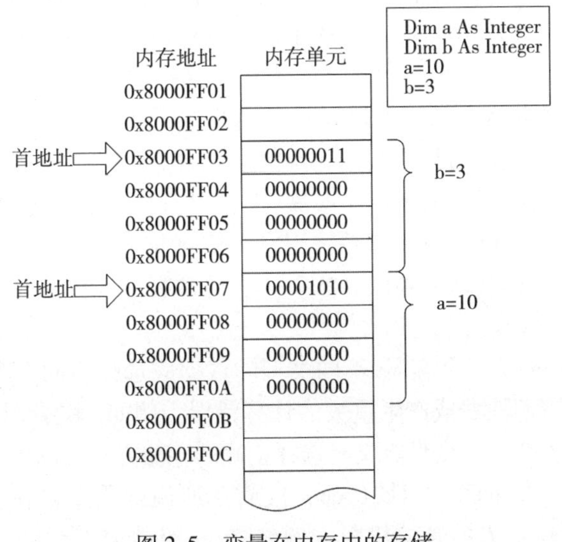


图 2.5　变量在内存中的存储

2. i=i+1

“i=i+1”这个表达式,从数学的角度来讲是一个方程,中间的“=”表示方程左右表达式相等,但从计算机程序设计语言角度而言,“=”在这里表示的是一个操作,即把“=”符号右侧算术表达式的值赋给左侧的变量“i”。初学编程者在这里通常会产生疑惑,因为“自己”加上一个数再赋值给自己,从数学的角度难以理解,主要的原因就是对变量的两重属性不理解。前面已经提到变量既代表值的抽象,也代表存储空间的抽象。假设,“=”符号右侧“i+1”中的i是数值3的抽象,因此右侧的表达式结果为“4”,整个语句的含义是把4赋值给“=”符号左侧的“i”,而这个“i”代表的是变量i所对应的内存存储空间的抽象表示。因此“i=i+1”的完整含义是指,将变量“i”的内容取出来进行+1运算,结果存放到变量“i”所对应的内存空间中去,并可以用“i”来表示结果“4”。所以该语句不是表示一个静止的恒等状态,而是表示一个状态的转化过程。“=”符号右侧的“i”表示变量i的前一个旧的状态,“=”符号左侧的“i”则表示变量i运算后的一个新的状态。变量的值(内容)在程序运行中根据需要可以随时变化,但永远只能记忆(存储)当前状态的值,先前状态的值都会被抛弃,如需要保留旧的状态,就需要另外再定义一个变量来存储。

理解了“i=i+1”中“i”变量不同的属性,也就理解了变量的本质。

需要特别指出的是,“i=i+1”语句本身还有一个含义就是指计数器,理解计数器的概念,并将计数器运用到程序运行控制中去,对后面程序语言的学习大有裨益。

3. 变量的使用

(1)*先定义,后使用*。在程序设计中,使用数据需要首先定义变量,因为变量是程序运行中数据的存储与运输载体。“变量定义”其首要的含义就是告诉编译器,程序运行过程中需要哪些变量,并为处理的数据对象分配内存空间。先定义后使用是符合计算思维的程序编写方式,是良好的编程习惯。

需要提醒的是,在变量定义默认初始化时,可能给变量赋了一个不恰当的值,等到该变量被使用时,可能是一个意料之外的值。因此建议在变量使用前进行人工初始化,以避免变量的无效调用。VB. NET在变量被创建时通常会被自动初始化一个特定的值,但有时这个初始值可能并不符合程序的要求,那么就需要重新初始化一个不会产生异常的安全的值。例如定义一个整型变量,默认初始值为“0”,如该变量在程序运行过程中初次使用被用作除数,则将不可避免地产生错误。

(2)*变量使用规范的命名方式*。如同通过姓名来区分不同的人一样,也通过不同的变量名来区分不同的数据。如同取名需要遵循一定的规范外,变量名的命名也应该遵循规范的命名方式。其基本的原则就是直观而不产生歧义,如可以直接从变量名称中获知该变量代表的数据含义、具体的存储类型,同时不能和系统固有关键字重名,防止概念混淆。本书变量命名规范参考第1章介绍的改进型匈牙利命名法。变量通常有唯一的名字,但如C++等计算机语言可以给一个变量取别名。

(3)*变量的类型*。变量是一个容器,不同类型的数据应选择不同大小的容器。错误的容器选择往往会带来极大的资源浪费或产生重大的计算错误。例如,用客车运送旅客显然比用挖掘机运送的效率更高也更安全。在变量定义时选择正确的存储方式可以优化程序的执行效率。

(4)*变量的作用域*。变量的作用域(scope),简单地说就是变量在什么范围内可操作,有意义。其特点类似于单位中人的管辖权限。例如,市一级政府部门的“处长”职务,其工作权限限于本市;省一级政府部门的"处长"职务,其工作权限可涉及本省各市;同理,中央政府部门"处长"的权限范围可达全国全省各市。职务名称相同,但其工作的权限范围存在巨大差异。根本原因就在于该职务的任免(定义)是由不同级别的政府来决定的,而不同级别的政府其代表的管辖区域是不同的。

在这里引入全局变量和局部变量的概念。校园道路、教室、供水供电设备等公共设施属于大学这个全局的附属资源,这些资源可以供全校各下属学院或行政单位所使用。但是下属学院作为全局中的局部,其自有资源一般情况下是不能外接其他单位使用的,仅可在内部被使用。

在变量的定义中还可引入公有(public)和私有(private)的概念,例如下属学院中的内部图书馆就定义为私有,只有本学院的师生可以使用,而下属学院中提供的公共课定义为公有,如计算机学院的程序设计语言课程全校其他学院的学生都可以选修。公有和私有也是针对全局和局部而言的。

全局变量可用于不同局部区域之间数据的交换,但尽量减少全局变量的使用是程序设计的一个基本原则。全局变量优点:全局可视,任一个函数都可以访问和更改变量值;内存地址固定,读写效率高。缺点:容易造成命名冲突;当值不正确或者出错时,难以确定是哪个函数更改过这个变量;不支持多线程。

(5)变量的生命周期。在程序运行中通过变量来保存和处理程序,变量定义方式影响着对应内存的使用方式。所谓使用方式,是指程序在什么范围和什么时间可以使用该变量,即变量的作用范围和生命周期。当一个变量生命周期结束时,也就意味着这个变量对应分配的内存空间被释放,并可以被分配做其他工作。

在程序运行时,内存中有三个区域可以保存变量,如图 2.6 所示,全局(静态)变量区、栈(stack)和堆(heap)。

所有全局变量和静态变量(使用关键字 Static 定义变量)都保存在全局(静态)变量区。其特点:在编译时分配内存并初始化;在程序运行时,对应的内存分配空间始终存在,直到程序运行结束,对应空间才被释放,其生命周期与程序等长。

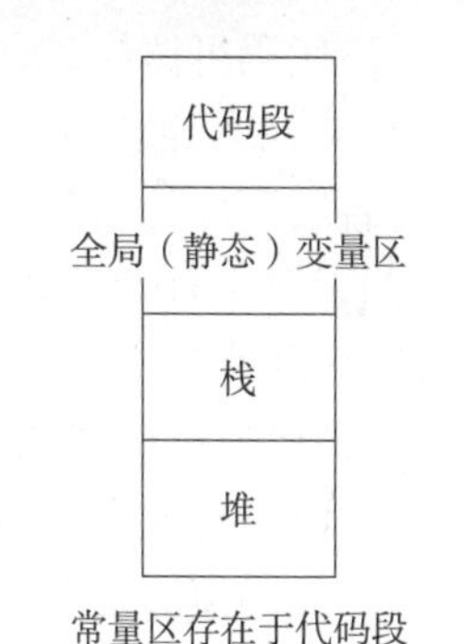


图 2.6 变量生命周期与内存区域的划分

所有非静态局部变量(又称自动变量)保存在栈中,其特点:变量所在的函数或模块被执行时才被动态创建,函数或模块执行结束,对应的变量死亡,对应空间被释放。

程序运行时产生的动态内存,都在对应的堆中,其特点:通过指针来访问动态分配的内存空间,使用完即可以立即被释放,也可以由系统自动释放。.NET Framework 的托管运行方式提供了安全的内存管理与垃圾回收机制。

提示:堆和栈是两种不同的内存管理模式。栈是一种可以实现"先进后出"的存储结构,堆是一种经过排序的树形数据结构,常用来实现优先队列。

## 2.5 程序开发

### 2.5.1 什么是程序

算法是对问题解决方案的"抽象",是理想化的计算过程,程序则是这一理想的具体实现,是这一过程“自动化”的必要手段和途径。从这个意义上来讲，程序就是最终具体的解决方案。因此程序应该具备一些和算法目标相关的特征。

### 1. 可读性

正如算法具备可读性，方便程序设计人员读懂并将其改写为程序一样，程序本身也应具备可读性。编程初学者对程序的理解通常停留在“可以在计算机上运行，能够得到正确的结果”。但其实程序最重要的特点是“程序是写来供人阅读的”，这如同每个人都会做事，但能够把所做的事解释清楚有时会更加重要。程序是算法思想的具体化和实现，能够让这个想法变为别人可以读明白的代码是计算机编程的崇高目标之一。

程序除了是代码，更是一个文档，除了计算机能够“阅读”（运行）外，其他读者（编程者）也要能够理解。因此这个文档写得是否清晰，决定了其他人是否可以从代码中理解解决问题的想法和思路。

程序之所以需要被易于阅读的一个重要原因是成功的程序会被持续使用，并需要被维护与升级。但是由于程序自身的复杂性，就算编写者本人在经过一段不太长的时间之后也可能遗忘写程序时的思路和逻辑，这甚至会导致编写者无法理解自己写过的代码，进而导致后面的维护工作和升级工作难以开展，有些时候难度超过重新开发。对编写者是这样，对其他人更是这样。另一种原因是，大型软件工程项目，必须通过多人协作来完成，写出便于合作者易于理解的代码也是很重要的，否则团队协同工作无法完成。第三个原因是，一个难以阅读的代码，只能是隐藏了编写者自己的思想方法，单个人往往无法确定程序全面的合理性，别人无法读懂代码，也就无法提供有效的建议和帮助。计算机发展的历史告诉我们，没有经过多双眼睛检查过的代码，往往是不安全的代码。这也从一个侧面说明一个易于读懂的代码必然是逻辑清晰和正确的代码，其隐含的错误会更少。

提高代码可读性，对个人或他人都有好处。为了实现程序的可读性，有以下几点建议：

(1) *直观易懂的名字，基于良好的命名习惯*。如第1章提到的改进型匈牙利命名法与小驼峰命名法。好的名字具有强大的描述能力，避免歧义，易于理解。

(2) *注释*。注释是可读性的关键。程序设计语言有别于我们日常的语言，即便代码是正确的，往往理解起来也是艰涩难懂。在代码中添加注释，可以帮助程序员直观地理解代码工作的方式，这比通过读代码猜测并验证编写者的意图，效率要高很多。注释太多或太少对阅读和理解程序都没有太多的帮助，一般的规律如下：

①在代码顶部说明代码的总体目标，也是代码的总结。

②说明对象的目的，如控件对象、变量等的目的。

③对系统中的函数、自己编写的函数、输入输出函数进行说明。

④一些功能特殊、设计奇特精妙、需要仔细思考、不易理解的地方应加以说明。

⑤在代码编写中遇到的困难、需要解决的问题、正在解决的问题、已经解决的问题都要加以注释。

(3) *代码缩进*。缩进是代码编辑的一种手段，正确的缩进可以显示代码和控制语句之间的关系。这对可读性是非常重要的，因为从编辑缩进及格式对齐中可以直接看清楚程序的控制结构，这对程序理解是非常重要的。否则大量的时间将花在人工字符查找和匹配上，而现在通过缩进格式直接从排版上就可以一目了然。

#### 2. 健壮性

程序编写完成,其代码结构就是稳定的,但程序本身运行的环境充满了不确定性,程序能否正确地应对这些不确定性,体现了程序的健壮性。例如,面对输入信息的不确定性,设计一个简单的程序完成简单的加法运算,如果输入的是一个字符串,这时就需要程序进行正确的应对,而不是报错或崩溃。

这种不确定性的根源其实在于设计师自身的局限性,设计师在进行问题分析的时候往往难以设计与真实世界完全匹配的模型,设计的目标只能是尽量逼近真实世界。一个程序使用者众多,设计师是无法预测所有使用者的特殊使用方式的。因此当一个程序在运行中出现设计时没有考虑到的特殊情况时,往往会产生突发的异常事件。而程序的健壮性就是指能够处理这些设计者没有考虑到的情况,并能做出恰当的处理。

程序健壮性,需要考虑两点:

(1)程序设计者在设计之初就应该尽可能多地考虑到错误可能的发生情况。根据程序本身的输入要求,设计一种方法来处理输入异常。

(2)对程序进行测试,确定程序存在的最初的设计缺陷,对程序进行修改,使之能尽量多地应对不确定的出错状况。

“全面测试”较为困难,可能发生的情况随着时间会不断出现,无法在短期内进行全面评估。Windows 操作系统就是一个著名的例子,不断地被发现有漏洞,并不断地开发补丁修改错误,但 Windows XP 甚至在退市后依然被发现有漏洞。软件测试本身已经成为一门科学。

第 1 章提到的迭代开发流程也是提高程序健壮性的一个有效手段。

#### 3. 正确性

程序的正确性要求是显而易见的,设计一个程序,其结果应能正确地展现问题求解分析时所要达到的设计目标。

从理论与实际的角度都发现,完全证明程序的正确性是不可行的。判断一个程序是否正确,仅从设计上来分析是非常困难的。需要通过大量测试案例的运行来证明。如同爱因斯坦广义相对论的正确性,需要通过实验才能证明一样,而这种实验从设计到论证都是极其困难的,如引力波的证明。证明正确性,是计算机科学中一个重要的分支和研究领域。同样,设计可以证明正确的程序是编程学习者的重要目标。学会编程和证明自己程序的正确性是编程学习的两个截然不同的阶段。这需要初学者在设计角度和测试角度对程序编写有更深的理解,使其能编写出正确的程序。这不仅是技能更体现了一种强大的能力——自我修正和不断进步的能力,对程序编写是这样,对个人更是这样。

### 2.5.2 程序设计学习策略

在前面问题求解的本质中已经提到,发现问题是第一步。因此在程序设计环节遇到没有办法解决的困难时,那么第一步应该想到的就是去找到问题。

在日常生活中,当遇到问题的时候,人们总是寻求一个特定的策略去解决它。并且由于思维方式的不同,人们通常选择适合自己思维习惯的方式去解决问题,虽然不一定是最恰当的。解决问题的策略很多,适合于日常生活和工作,也同时适合于求解计算机程序设计的问题。不同的问题往往需要不同的解决策略,我们无法得到通用的办法解决所有的问题,下面仅给出一般性的程序设计学习策略建议。

(1)立刻开始并付诸实施。专注与坚持无疑是解决一切问题的通行法则,但开始永远是第一位。对新知识的学习,内心总存在彷徨,面对计算机,思绪万千,但唯有手和眼是不动的,这种等待对很多初学者来说,不是1分钟,也不是1小时或一天,而是一学期甚至直到毕业。学习程序设计的第一要务,就是打开书,找到第一个范例,敲下第一行代码,这远比结果重要得多,因为第一步已经迈出。在此有两个简单的建议:

①不要担心错误。错误绝对不是第一步所要考虑的事情,产生错误是必然的,这是进步的必然途径。

②不要被干扰。建立一个思维的状态很不容易,需要做几次深呼吸,这种状态如果被微信消息推送之类的事情打破,重新建立是困难的,行动上并不难,但是从另一种思维活动中恢复回来是困难的,可能需要花更长的时间来找回原来的状态。

(2)观察与思考,得到问题。程序设计其实就是问题求解的计算机解决方案,求解的前提是观察。在前面求解问题的本质中提到发现问题永远是解决问题的第一步,那么问题怎么发现? 需要观察,并在观察得到的素材基础上进行深入的分析与思考,观察是带思考的观察,没有思考的观察永远只能看到表面而无法发现本质。

初学编程者另一个重大的学习障碍是没有问题,永远只考虑快速达成结果,而不考虑过程实施需要的条件,甚至不考虑目的及目的达成的难度。经验告诉我们,没有问题往往可能就是最大的问题。例如,准备驾车出门旅行的时候,不明确到达目的地的具体路径,不知道旅行本身的目的,油箱是否加满,中途是否需要住宿就餐等,往往只想着立刻出发,而当真正上路的时候才发现问题,导致寸步难行。例如,高速加油站网络断了只收现金,而只带了手机,加油虽然只是一个小问题,但足以毁掉整个旅行。

分析所要解决的计算机程序设计问题,回想生活或过往学习过程中是否有类似的问题和可能的求解方法(解决问题的"模板")。

对于计算机类问题求解,首先需要对问题进行划分,这是在对问题抽象基础上的分解与实例化。正确的问题划分对求解过程是非常有效的,例如:

- 已知条件是什么? 已知条件如何转化为输入?
- 输入的方式是什么? 如何测试输入是否满足条件? 输入后以什么方式存储?
- 预期的输出是什么? 输出的方式如何?
- 针对输出,是否有中间过程? 中间结果如何保存与传递?
- 如何证明程序运行过程与输出结果的正确性?
- 是否存在其他类似问题?

提示:教材例题或课后作业往往已经提供了对问题较为详尽的描述,而真实世界的问题,需要由程序设计者来完善对问题的描述,这里面存在巨大的差别。应该用对待解决真实世界问题的态度来对待习题的学习。

看清楚问题,绝不是将问题停留在大脑里,需要把问题具体化、真实化。为了更加清楚地看清楚问题,需要用最接近真实的情况来模拟,需要在草稿纸上画出表或示意图,甚至画出模型的原型。这是加深问题理解和描述的重要步骤。例如,当想要设计一个"大富翁"手游的时候可以采用如下策略:

- 最直接的办法是先找一套"大富翁"游戏道具,亲自玩一玩。
- 和有经验的玩家进行交流,收集他们的观点和建议。

• 找到类似的游戏,分析它们与“大富翁”游戏的异同。

• 拿出纸和笔(也可以采用其他便于理解的手段,如专业建模工具),把游戏的过程、理解和构思以图或文字的方式记录下来,越详细、细致越好。

(3)先思考,后编程。对于初学编程者来说,想到自己编写的代码将运行并得到一个期盼的结果是一件令人兴奋的事。但是,在真正开始编写代码的时候,对问题是否真正理解了呢?很多人当开始学习编程的时候,总觉得把案例中的代码快速地输入计算机是一件最紧迫的事,完全不关心输进去的代码和需要解决问题之间的关联性。纵然得到正确的结果,其实也只是完成了一个打字员而非程序员所做的事。我们需要对整体解决方案的结构和步骤有深入的思考,并做出适当的规划与安排,然后才是编程的开始。

(4)通过代码验证想法。初学编程者总有一种心态,当确定解决方案后希望能够一次性将代码正确编写完,然后直接得到最终答案。这种心态普遍存在,是无益的,只会拖慢学习的进度。当对一个问题有了想法的时候,并不能保证这种想法是合理的、可以实现的,它需要被验证。设计出针对初步想法的代码实验,用实验的方式来逐步完善思路,进而找到最终正确的解决方案,为最终代码的完成提供素材。这类似于拼图游戏,每一个位置都需要逐一地进行尝试,很难一次性给出所有拼图的正确顺序。

这些代码的实现除了通过自身的理解外,还可以寻求别人的帮助、查找书籍,特别是通过互联网来进行搜索。通过学习别人的代码来完善自己的代码是高效的程序设计学习手段,类似模仿场景对话来学习外语。

注意:这样的想法验证实验大多数情况下都是不可能一次成功的,需要反复试错,进行多次尝试后才能得到最终答案。通过实验对想法进行不断尝试与验证才是解决问题的有效手段。

(5)分解与简化。因为当问题复杂性达到一定程度时,没有人可以一次性给出答案,简单的办法是找到问题产生的原因。这就需要对一个问题进行分解,包括以下几个步骤:

①将一个较为复杂的问题分解为多个简单问题。

②在理清这些小问题之间相互关系的基础上,逐个解决。

③将这些小问题重新拼装起来解决原来的大问题。

这种“分而治之”的策略大大降低了求解问题的难度。这种方式的最大难点在于问题分解,这需要经验也需要技巧,但要注意并不是每个问题都可以分解的。

在程序设计过程中,对问题进行合理的分解,并得到一个解决方案框架。框架确定了每个子问题在代码中的位置。通过前面提到的实验验证方法,获得子问题的具体解决方案,并将其填充到代码框架中。逐个尝试,直至框架完成并获得最终全面的解决方案。这种工作的方式是逐层递进的,先解决简单的子问题,相对复杂一点的子问题可以进一步分解成新的子问题或寻求帮助来解决,需要耐心和细致,一蹴而就是不存在的。

(6)再思考与迭代。当完成一个阶段性目标的时候,需要停下来重新审视已经完成和未完成的工作,对已完成的工作做出适当的评估,以确保当前解决问题的方向是正确的,工作的方式是正确的。如果不合理,那么就需要对错误的代码进行抛弃,通过再思考重新寻找正确的路径。这是一个迭代进化的过程。不要总是埋头敲代码,停下来重新观察、分析和思考,通过不断迭代进行优化。

因此,程序设计的本质是代码的优化。

# 2.6 程序设计方法

## 2.6.1 结构化方法

### 1. 结构化方法概述

结构化方法(structured approach)是生命周期法的继承与发展,是生命周期法与结构化程序设计思想的结合,也称为面向过程的软件开发方法或面向数据流的软件开发方法。结构化方法按软件生命周期划分为结构化分析(SA)、结构化设计(SD)和结构化实现(SP)三个阶段。

艾兹格·迪杰斯特拉在1967年《GOTO陈述有害论》中提出了结构化编程,赖瑞·康斯坦丁、爱德华·尤登及韦恩·史帝文斯在1975年提出了结构化设计,汤姆·狄马克及爱德华·尤登等人在1978年又提出了结构化分析。结构化方法强调使用子程序、程序块和包括循环等在内的控制语句来规划程序的结构,尽可能不使用Goto语句,使之标准化、线性化。结构化方法不仅提高了编程效率和程序清晰度,而且大大提高了程序的可读性、可测试性、可修改性和可维护性。结构化方法以算法代码为核心来处理数据所表征的问题求解空间中的对象,虽然这种方式符合计算机自身数据与代码(功能)分离的特点,但其对需求变化的适应能力比较弱。数据和功能操作往往难以保持一致,功能或数据的改变会牵一发而动全身,这种问题尤其在多人合作的大型软件系统开发过程中尤为明显。结构化比较适合于像操作系统、实时处理系统等这样以功能为主的系统。比如绝大多数操作系统都是以结构化语言C语言编写的。

结构化方法是以自顶向下、逐步求精、模块化为基点,以模块化、抽象、逐层分解求精、信息隐蔽化局部化和保持模块独立为准则,设计软件的数据架构和模块架构的方法学(图2.7)。自顶向下:程序设计时,应先考虑总体,后考虑细节;先考虑全局目标,后考虑局部目标。不要一开始就过多追求众多的细节,先从最上层总目标开始设计,逐步使问题具体化。逐步求精:对复杂问题,应设计一些子目标作为过渡,逐步细化。模块化:一个复杂问题,是由若干稍简单的问题构成的。模块化是把程序要解决的总目标分解为子目标,再进一步分解为具体的小目标,把每一个小目标称为一个模块。需要指出的是,自顶向下功能分解的方法会限制软件的可重用性。

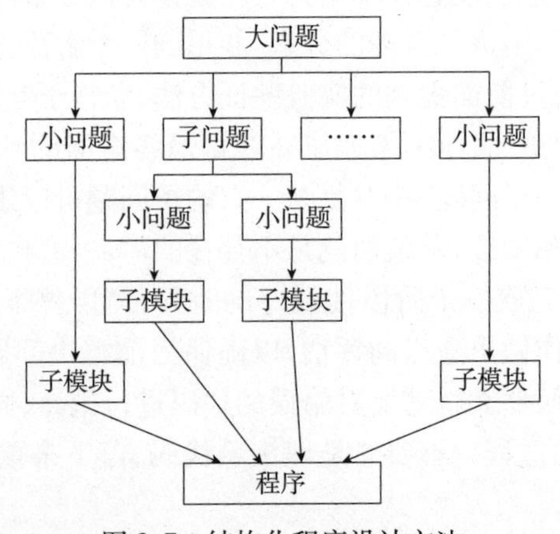


图2.7 结构化程序设计方法

### 2. 程序的基本控制结构

结构化的最早概念是描述结构化程序设计方法的,结构化程序定理认为:任何一个可计算的算法都可以只用顺序、选择和循环三种基本控制结构来编程(图 2.8)。具体方式如下:

(1)用顺序方式对过程分解,确定各部分的执行顺序。

(2)用选择方式对过程分解,确定某个部分的执行条件。

(3)用循环方式对过程分解,确定某个部分进行重复的开始和结束的条件。

(4)对处理过程仍然模糊的部分反复使用以上分解方法,最终可将所有细节确定下来。

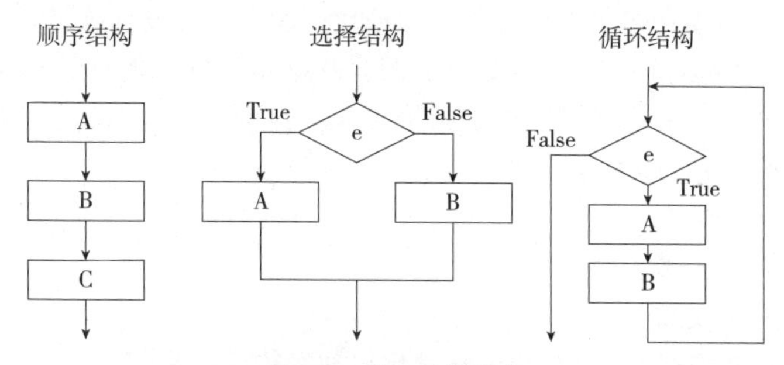


图 2.8　基本控制结构

顺序结构在形式上是最简单的,其潜在的难点不在于顺序罗列,而在于程序步骤先后顺序的确定。很多人并不确切知道早晨是先刷牙后吃饭,还是先吃饭后刷牙。经过一晚上,口腔里面产生了很多的细菌,如果不刷牙的话,可能容易把细菌带到肠胃里面,影响肠胃健康。因此早晨应该是先刷牙后吃饭。单从问题表面上来看许多步骤的先后顺序往往难以界定,初学者甚至觉得无关紧要,但这对于一个对弈者来说,下棋着法的次序颠倒了,棋局的胜负也就颠倒了。顺序的准确安排需要对问题有深层次的了解。

选择结构,又称分支结构。当程序执行到控制分支的语句时,首先判断条件,根据条件表达式的值选择相应的语句执行(放弃另一部分语句的执行)。日常人们在面临选择时通常通过判断不同分支的优劣来进行选择,在程序设计时这种思维往往会误导初学者,忽略了判决条件的重要性。正确的思维方式是首先确定判决的条件,分支的选择仅仅是判决后的结果。选择结构的难点在于如何运用算术表达式、关系表达式和逻辑表达式来恰当地定义判决的条件。分支结构包括单分支、双分支和多分支三种形式。

循环结构可以实现有规律地重复计算处理。当程序执行到循环控制语句时,根据循环判定条件对一组语句重复执行多次。循环结构可以看成一个条件判断语句和一个向回转向语句的组合。循环结构有三个要素:循环变量、循环体和循环终止条件。

顺序结构、分支结构和循环结构并不是彼此孤立的,在循环中可以有分支、顺序结构,分支中也可以有循环、顺序结构,分支中嵌套分支,循环中嵌套循环。在实际编程过程中常将这三种结构相互结合以实现各种算法,设计出相应程序。

### 3. 结构化分析

结构化分析给出一组帮助系统分析人员产生功能规约的原理与技术。它一般利用图形表达用户需求,使用的手段主要有数据流图(DFD)、数据字典、结构化语言、判定表以及判定树等。结构化分析的步骤如下:

①分析当前的情况,做出反映当前物理模型的 DFD。

②推导出等价的逻辑模型的 DFD。

③设计新的逻辑系统,生成数据字典和基元描述。

④建立人机接口,提出可供选择的目标系统物理模型的 DFD。

⑤确定各种方案的成本和风险等级,据此对各种方案进行分析。

⑥选择一种方案。

⑦建立完整的需求规约。

#### 4. 结构化设计

结构化设计方法给出一组帮助设计人员在模块层次上区分设计质量的原理与技术。它通常与结构化分析方法衔接起来使用,以数据流图为基础得到软件的模块结构。结构化设计方法尤其适用于变换型结构和事务型结构的目标系统。在设计过程中,它从整个程序的结构出发,利用模块结构图表述程序模块之间的关系。

(1)结构化设计的步骤。

①评审和细化数据流图。

②确定数据流图的类型。

③把数据流图映射到软件模块结构,设计出模块结构的上层。

④基于数据流图逐步分解高层模块,设计中下层模块。

⑤对模块结构进行优化,得到更为合理的软件结构。

⑥描述模块接口。

(2)结构化设计方法的设计原则。

①使每个模块尽量只执行一个功能(坚持功能性内聚)。

②每个模块用过程语句(或函数方式等)调用其他模块。

③模块间传送的参数作为数据使用。

④模块间共用的信息(如参数等)尽量少。

#### 5. 结构化实现

功能模块确定后,选择特定的程序设计语言编写代码完成具体实现。通过使用顺序、选择和循环以及这三类结构的嵌套来构造"结构化程序"的复杂层次,严格限制 Goto 语句的使用。使得编写出的程序在结构上体现如下效果:

(1)以控制结构为单位,只有一个入口、一个出口,所以能独立地理解这一部分。

(2)能够以控制结构为单位,从上到下顺序地阅读程序文本。

(3)由于程序的静态描述与执行时的控制流程容易对应,所以能够方便正确地理解程序的动作。

### 2.6.2 面向对象方法

#### 1. 面向对象的基本概念

面向对象思想源于 20 世纪 60 年代末的 Simula67 语言,面向对象方法的基本要点在该语言中得到了表达和实现。20 世纪 80 年代施乐(Xerox)中心的 Smalltalk 语言较完善地实现了面向对象程序设计方法,掀起了面向对象研究的高潮。

仔细观察身边,可以发现所处的客观世界是由各种各样具有自身特定运动规律和内部状态的对象(实体)所组成的,不同对象之间存在着相互作用与联系。进一步观察,可以发现,这些对象在任一时刻都有静止的状态，对象之间存在的相互作用可以改变对象的状态，对象可以按属性的异同进而划分（抽象）为不同的类，类之间存在特定的关系。这是千百年来人类审视并理解现实世界的本能方式，这个世界上的人都在无意识地使用这种方式。

在软件开发过程中，面向对象的思想强调系统的结构应该直接与现实世界的结构相对应，应该围绕现实世界中的对象来构造系统，而不是围绕功能来构造系统。通过模拟现实世界中的概念抽象，基于类、对象、类的关系及对象之间的消息传递关系来描述问题求解空间，并使之与代码实现解法的解空间在结构上保持高度的一致。

面向对象方法可以概括为如下公式：

面向对象=对象+类+继承+通信（消息传递）

在图 2.9 展示的足球场景中，去除背景外有 8 个对象，6 名小朋友、1 个球场和 1 个足球。6 名小朋友属于同一类“球员”，足球属于“球类”，球场属于“运动场地类”。6 名球员都属于人类，但作为独立的对象因属性不同而有所差异，如性别、年龄、身高、姓名等属性综合在一起就可区分出特定的人。球员有跑动的行为，球员之间可以通过喊话传递消息以协调战术，一场比赛的经验可以优化后在下一场比赛中被使用。

图 2.9　现实世界中的对象

对象是要研究的可以互相区分和可以识别的客观事物。从一棵树到整个公园，从单个士兵到庞大的军事体系等都可看作对象，它不仅能表示有形的实体，也能表示无形的（抽象的）规则、计划或事件。对象由数据（描述事物的属性）和作用于数据的操作（体现事物的行为）构成一个独立整体，数据和操作封装于对象的统一体中。对象用数据值来描述其状态，用操作来改变其状态。从程序设计者角度来看，对象是系统中用于描述客观事物的一个实体，是构成系统的一个基本单位，从用户来看，对象为他们提供所希望的行为。对内的操作通常称为方法。一个对象请求另一对象为其服务的方式是通过发送消息。

类是对一组有相同数据和相同操作的对象的定义，一个类包含操作（方法）和数据描述一组对象的共同行为与属性。类具有属性，它是对象的状态的抽象，用数据结构来描述类的属性。类具有操作，它是对象的行为的抽象，用操作名和实现该操作的方法来描述。从程序设计者角度看，类是具有相同数据成员和函数成员的一组对象的集合，它为属于该类的全部对象提供了抽象的描述，类实际上就是一种数据类型；从使用者角度看，类是对象之上的抽象，对象则是类的具体化，是类的实例。如图 2.10 所示，芭比娃娃最早的专利图例描述了芭比的基本样式，也就是定义了芭比娃娃的“类”，所有的芭比娃娃都按照这个标准进行制作。通过对发型、服装、肤色、唇彩、睫毛、鞋袜、姿势等参数的修改可以制造出 80 多种不同职业的女性娃娃玩具。

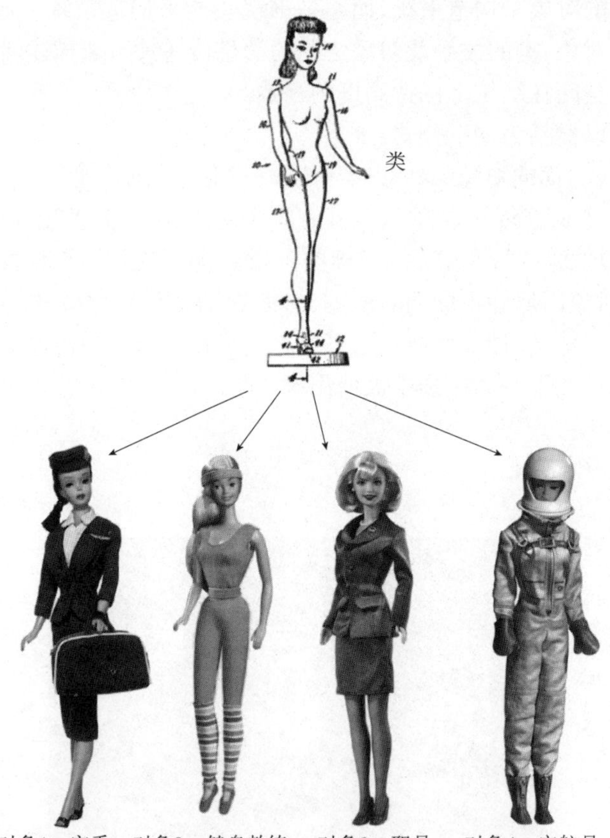


图 2.10　类与对象的关系

### 2. 面向对象思想在程序设计中的体现

面向对象的程序设计基本思想：按照问题域的基本事物实现自然分割，按照人们通常的思维方式建立问题域的模型，设计尽可能直接自然表现问题求解的软件系统。

面向对象开发范式大致为以下几个阶段：划分对象→抽象类→将类组织成为层次化结构（继承和合成）→用类与实例进行设计和实现。

面向对象思想在程序设计中的具体体现如下：

(1)面向对象方法用对象分解取代了结构化方法的功能分解。程序是由代码创建的类与对象的集合，并且简单对象的组合可以构建复杂对象。在编程中，对象可以理解为编程的基本单元。

(2)每个对象都分属各自的类，基于类可以创建对象。基于约定的数据集合与方法集合来定义对象的类。数据代表对象的静态属性，用以描述对象的状态；方法代表对象的动态属性，用以描述对象的行为。

(3)父类(基类)可以派生出子类(派生类)，下层类(子类)可以继承上层类(父类)的数据与方法,并可以进行重新定义,实现了一种既继承又发展的机制(图 2.11)。集成表达了类与类之间的关系,在减少重复定义的基础上,使系统机构清晰、易于理解与维护。

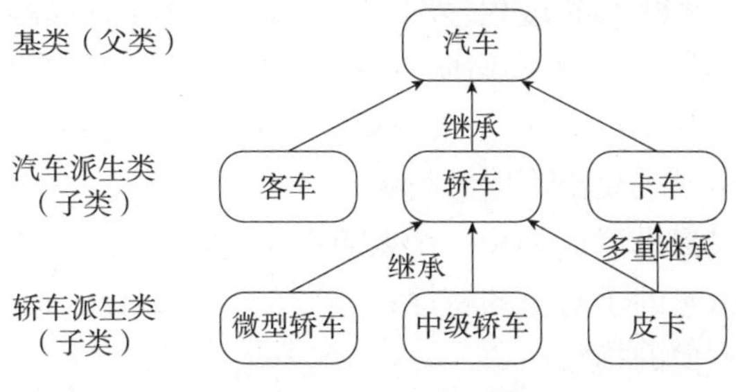


图 2.11　类的继承与派生

(4)对象之间通过消息传递建立相互作用与联系,消息是对象之间进行通信的介质。当一个对象将消息发送给另一个对象时,消息包含接收方应执行某种操作的信息。发送一条消息至少要包括接收消息的对象名、发送给该对象的消息名和对参数的说明。参数可以是认识该消息的对象所知道的变量名,或者是所有对象都知道的全局变量名。消息机制实现了问题模型中的数据流和控制流的统一。

### 3. 面向对象的基本特征

面向对象的基本特征有以下三点(图 2.12):

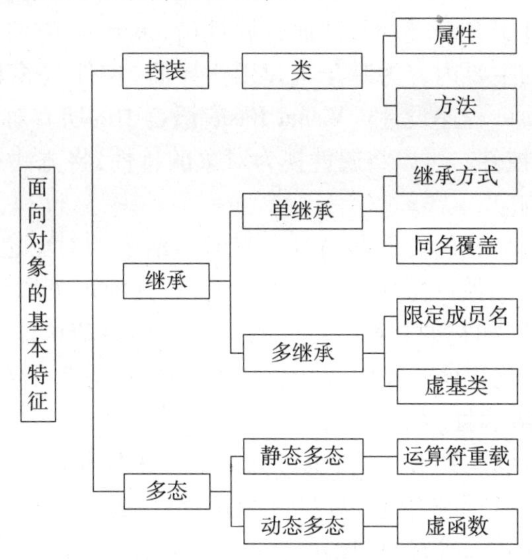


图 2.12　面向对象基本特征

(1)封装。封装(encapsulation),简单来说就是将代码及其处理的数据绑定在一起,形成一个独立单位,对外实现完整功能,并尽可能隐藏对象的内部细节。

封装就是将事物抽象为类,把对外接口暴露,将实现和内部数据隐藏。其私有的数据被封装在该对象类的定义中,不对外界开放,封装可以将对象的定义和对象的实现分开,对象功能修改或对象实现的修改所带来的印象都限于对象内部,保证了面向对象软件的可构造性和易维护性。

(2)继承。继承(inheritance)也称作派生,指的是特殊类的对象自动拥有一般类的全部数据成员与函数成员(构造函数和析构函数除外)。

继承具备这样一种能力:它可以使用现有类的所有功能,并在无须重新编写原来的类的情况下对这些功能进行扩展。通过继承创建的新类称为“子类”或“派生类”。被继承的类称为“基类”“父类”或“超类”。继承的过程,就是从一般到特殊的过程。要实现继承,可以通过“单继承”和“多继承”来实现。在某些面向对象语言中,一个子类可以继承多个基类。

(3)多态。多态性(polymorphism)是指一般类中定义的属性或行为,被特殊类继承之后,可以具有不同的数据类型或表现出不同的行为。

多态性是允许将父对象设置成为和一个或更多个它的子对象相等的技术,赋值之后,父对象就可以根据当前赋值给它的子对象的特性以不同的方式运作。简单地说,就是允许将子类类型的指针赋值给父类类型的指针。

**4. 组件、控件与PME模型**

在大规模的程序设计中,组件(component)已经成为一种非常流行的技术。组件是对数据和方法的简单封装。对象管理小组(object management group, OMG)的“建模语言规范”中将组件定义为:系统中一种物理的、可代替的部件,它封装了实现并提供了一系列可用的接口。组件可以有自己的属性和方法。属性是组件数据的简单访问者。方法则是组件的一些简单而可见的功能。使用组件可以实现拖放式编程、快速的属性处理以及真正的面向对象的设计。控件是可以提供用户界面接口(UI)功能的组件,是可视化的组件。控件也是对数据和方法的封装,同样具有自己的属性和方法。全部控件肯定都是组件,但并非每一个组件都一定是控件。

常见的组件技术都基于PME模型,即通过属性(property)、方法(method)和事件(event)来描述一个对象。本书的主要内容为基于构建用户界面“控件”(窗体、按钮、文本框、菜单等可视化元素)的Visual Basic程序设计。Visual Basic语言中的所有对象都有自己的属性、方法和事件,其中包括窗体和控件。可以将属性视为对象的特性,将方法视为对象的操作,而将事件响应过程视为对象的响应。

属性是指一个对象所具有的性质与特征。日常生活中的对象也具有属性、方法和事件。如狗的属性包括可见属性,例如它的体高、体长和毛色,其他可见属性描述了它的状态(兴奋或疲惫),还有不可见属性,如它的智商。尽管每只狗的属性值可能各不相同,但是所有的狗都具备这些属性。在可视化程序开发中,窗体、按钮、列表框等都是对象,它们都具有高度、宽度、前景色、背景色、字体等属性。

方法是指对象所具有的动作和行为,也可描述为类中操作的实现过程,一个方法有方法名、返回值、参数、方法体。狗类具有它可以执行的已知方法或操作。它具有奔跑、跳跃、摇尾巴、啃骨头和吠等方法。同样,所有的狗都可以具有这些方法。

在可视化程序开发中,控件的隐藏就属于它的方法,通过该方法的操作,实现隐藏的动作和行为。

事件是指对象能够识别并做出反应的外部刺激。狗可以对特定的外部事件做出响应,例如狗主人往盘子里放了一根骨头或向远处抛了一个飞碟。

在可视化程序开发中,在按钮上进行单击,就产生了鼠标单击事件,按钮将会对该事件做出响应(响应的具体方式,通常由程序员编程来实现)。

电梯具有属性(Color、Height 和 Width),可对人按下电梯按钮产生的电梯响应事件(Elevator_UpButton_Press)做出响应,并可通过操作方法(rise 、tinkle 和 open)实现电梯的上升、开门和发出“叮”提示音的动作和行为(图2.13)。

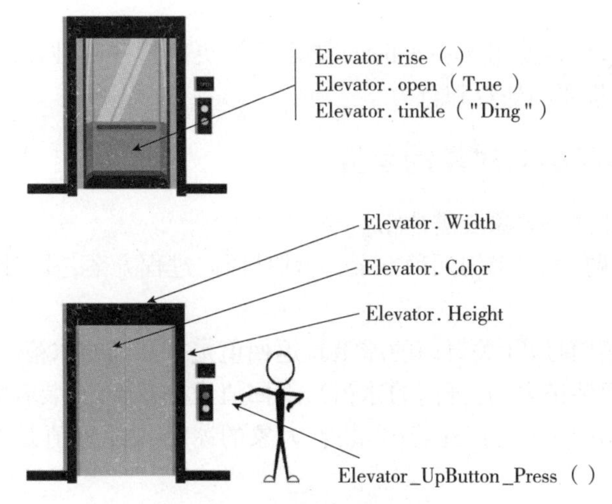


图 2.13　电梯的 PME 模型

电梯的响应事件还可以有很多种,如超重事件、极速下坠事件等。

属性:如果想设计一个电梯程序,它的 Visual Basic 代码可能类似于以下设置电梯属性的"代码"。

```
Elevator. Color =Gray
Elevator. Height= 2000
Elevator. Width=1500
```

注意代码的顺序——对象(Elevator)后面是属性(Color),然后是赋值(= Gray)。可以通过替换不同的值来改变电梯大门的颜色。

方法:电梯的操作方法是按如下方式调用的。

```
Elevator. rise ( )
Elevator. open (True)
Elevator. tinkle ("Ding")
```

此顺序类似于属性的顺序,即对象(名词)的后面跟方法(谓词),注意:中间"."的使用方法。方法中有称为"参数"的项,如可以指定电梯将要上升到指定的楼层。一些方法具有一个或多个进一步描述所要执行的操作的参数。

事件:电梯可能按照如下方式来响应事件。

```
Private Sub Elevator_UpButton_Press (sender As Object, e As EventArgs) Handles Elevator_UpButton. Press
    Elevator. rise( )
    Elevator. open(True)
    Elevator. tinkle("Ding")
End Sub
```

在这种情况下,代码会描述发生 Elevator_UpButton_Press 事件时电梯的行为。发生此事件时,将使用 rise 方法将电梯上升到按钮被按下所在的楼层;调用 tinkle,使用参数"Ding",发出电梯到达提示音;然后调用 open 方法,使用"True"参数来操作开门动作(同理,可用"False"

参数表示关门动作)。

在后面的学习中,可以使用 Visual Basic 决定应该更改哪些属性,应该调用哪些方法或应响应哪些事件来实现想要的外观和行为。

### 2.6.3 面向过程与面向对象的差异

先举一个例子:如何将大象装进冰箱?

为了解决这个问题,可以采用两种方案,一种是面向过程方案,另一种是面向对象方案。

- 面向过程:

第一个过程:冰箱门打开(关着门的冰箱),返回值是打开门的冰箱。

第二个过程:大象装进去(打开门的冰箱),返回值是打开着门,装着大象的冰箱。

第三个过程:冰箱门关上(打开着门,装着大象的冰箱),返回值是关着门的装着大象的冰箱。

- 面向对象:

第一个动作:冰箱.开门()

第二个动作:冰箱.装进(大象)

第三个动作:冰箱.关门()

在这个例子中可以清晰地看到结构化方法与面向对象方法的差异。面向对象的方法完全符合我们日常考虑问题的方式,而在结构化方法中,功能与数据是分类的,与现实世界运行的方式不一样,与人的自然思维方式不一样,使得在现实世界的认知与编程之间存在差异。在这个例子中可以看到,结构化方法中模块间的控制需要通过上下之间的紧密调用来运行,造成信息传递路径过长,特别当系统关系复杂时导致效率低下,易受干扰与出错。

结构化设计方法求解问题的思想是将应用程序看成实现某些特定任务的功能模块,其中具体操作的底层功能模块又可以进一步定义为子过程。在复杂的应用系统开发中,面向过程方法逐步暴露出了一些问题,面向对象方法因此应运而生。

#### 1. 审视问题域的视角不同

现实世界中存在的对象是问题域中的主角,是人类观察问题和解决问题的主要视角,对象的属性反映对象在某一时刻的状态,对象的行为反映对象能从事的操作,对象可以通过一系列的操作对其外部发生的事件做出响应,从而设置、改变和获取对象的状态。任何问题域,不论有多复杂,都由一系列的对象组成,系统内部对象之间相互作用、相互关联、相互影响使整个系统不断运行和发展。

结构化设计方法以功能实现为视角,将依附于对象或对象之间的行为抽取出来,用一系列的过程实现来构造应用系统。通过观察可以发现,在任何系统中,对象都是相对稳定的,而行为则是相对不稳定的。结构化设计方法将审视问题的视角定位于不稳定的操作之上,并将对象的属性和行为进行剥离,用数据结构描述待处理数据的组织形式,用算法描述具体的操作过程,导致程序设计、维护和扩展困难,一个微小的变动都会波及整个系统。

#### 2. 封装体

封装将对象的属性与行为绑定在一起,并用逻辑单元将所描述的属性隐藏起来,外界只能通过提供的用户接口对客体内部属性进行访问,一方面实现对象属性的保护作用,另一方面封装体内部的改变不会对软件系统的其他部分造成影响,从而提高了软件系统的可维护性。结构化设计方法中功能模块可以随意地对没有保护能力的属性数据实施操作,同时描述属性的数据与行为又被分割开来,一旦某个属性的表达方式发生了变化,则可能对其他行为产生耦合效应,进而可能对整个系统产生不可预估的影响。

3. 可重用性

可重用是指使用已有软件构建新软件的技术,标志着软件产品的可复用能力,是衡量一个软件产品成功的重要标志。结构化程序设计方法的每个模块只是实现特定功能的过程描述,当使用背景改变时往往就失去了自身的意义。在面向对象技术中,类的聚集、实例对类的成员函数或操作的引用、子类对父类的继承等使软件的可重用性大大提高。对象连接与嵌入(object linking and embedding,OLE)技术给出了软件组件对象的接口标准,使得任何人都可以按此标准独立开发组件和增值组件,或由若干组件集成。使得程序开发人员可以将精力集中在系统本身,功能组件可以通过购买的方式获取。可重用性,使得软件开发周期大大缩短,软件质量更优,软件开发成本更低,软件维护更易。

## 2.6.4 可视化编程与事件驱动编程

可视化编程,即可视化程序设计,其以"所见即所得"的编程思想为原则,力图实现编程工作的可视化,即随时可以看到结果,程序与结果的调整同步。可视化程序设计主要是让程序设计人员利用软件本身所提供的各种控件,像搭积木一样构造应用程序的各种界面。在可视开发工具提供的图形用户界面上,通过编辑界面控件元素,诸如菜单、按钮、对话框、编辑框、单选框、复选框、列表框和滚动条等,由可视开发工具自动生成程序界面。设计人员可以不用编写或只需编写很少的程序代码,就能完成应用程序的设计,这样就能极大地提高设计人员的工作效率。功能全面的可视化组件库可跨越多个资源和层次连接所有数据,为开发人员构建可扩展用户界面提供了极大的便利。

可视化编程的特点表现在两个方面:一是基于面向对象的思想,引入了类的概念, 主要工作方式是事件驱动,对每一个事件,由系统产生相应的消息,再传递给相应的消息响应函数。这些消息响应函数是由可视开发工具在生成软件时自动装入的。二是基于面向过程的思想,程序开发过程一般遵循以下步骤,即先进行界面的绘制工作,再基于事件编写程序代码,以响应鼠标、键盘的各种动作。

事件驱动编程(event-driven programing)是一种计算机程序设计模型,是在交互程序(interactive program)的情况下应运而生的。批处理程序设计(batch programing)的程序运行的流程是由程序员来决定,事件驱动编程的程序运行流程是由人机交互产生的消息事件(如鼠标的按键、键盘的按键动作)或者由其他程序(线程)的消息来驱动的。

以事件的发生来驱动程序执行的机制是面向对象语言和面向过程语言最大的区别。

## 习　题

1. 什么是计算思维?
2. 简述图灵机的工作原理。
3. 简述人工思维与计算思维的异同点。
4. 人们求解问题、思索答案的一般过程分几个阶段?请分别描述。
5. 数据存储结构有几种?分别是什么?

6. 请论述算法与程序的相同点和不同点。
7. 算法设计的原则是什么?
8. 如何度量算法的效率?
9. 在程序设计中如何对数据进行分类?
10. 简述变量的概念。
11. 请论述创建程序的一般过程。
12. 举例比较面向对象方法和面向过程方法的差异。
13. 什么是事件驱动编程?

# 第3章 构建可视化应用程序

用户通过界面来理解程序的行为,在 Visual Basic 程序设计中用户界面是用户与应用程序进行人机交互操作的接口。作为面向对象的编程语言,其中的对象,如窗体、按钮、菜单、工具栏及对话框等,是构成用户界面的最基本组件。开发者在创建窗口程序时无须编写代码,在可视化编程环境中可将窗口及窗口元素直接绘制到屏幕上,这种方式极大地提高了编程的效率。.NET Framework 为所有的托管语言都提供了可视化窗体设计功能,分别为 Windows 窗体应用程序和 WPF 应用程序,本书主要讨论前者。基于 PME 模型,只有很好地掌握对象的属性、事件和方法,才能编写出有实用价值的可视化应用程序。

## 3.1 Visual Basic 事件

### 3.1.1 响应事件

VB.NET 采用事件驱动编程机制,有两个基本要素:发送对象(控件)和处理程序。

对象与程序代码通过事件相联系,每个事件都能驱动一段程序(过程)运行,即程序员需要面向对象来编写响应事件的代码,这段代码称为事件过程,是响应事件发生时所执行的代码。一个对象通常可以响应多个不同的事件,每个事件均能驱动一段程序(事件过程)的执行,进而实现该对象的某个功能。

基于 Windows Forms 创建用户界面其实质是对对象事件进行响应,如对按钮对象的单击事件进行响应,响应的具体方式则被称为事件(响应)过程。可视化程序的代码编程工作主要在响应过程中得以体现,代码决定了程序将以什么样的方式来应对事件,因此 Windows 编程被称为事件驱动编程。

Visual Basic 程序由彼此相互独立的事件过程构成,程序运行之后,即处于对事件的等待状态,当事件发生时,对应的事件过程就立即被触发执行,程序执行结束再次回到等待状态直至下一次触发。如第1章中的基于 Windows 应用程序的"Hello,Word"示例,当按钮被按下时,就发生了针对按钮控件对象的鼠标单击事件,响应这个事件的代码称为事件过程,或者说这个鼠标单击事件驱动了事件过程中代码的运行,在该示例中代码执行让窗口上的一个标签控件显示了"Hello, Word"字符串。

对可视化程序而言,鼠标和键盘的操作是用户与程序界面之间的接口,因此鼠标事件和键盘事件是 Visual Basic 交互设计的核心事件,对鼠标和键盘编程是 Visual Basic 程序设计的基础。Visual Basic 应用程序可以响应鼠标的单击(Click)或双击(DblClick)事件,及响应多种鼠标事件和键盘事件。例如,窗体、图片框与图像控件都能检测鼠标指针的位置,并可判定其左、右键是否已按下,还能响应鼠标按钮与Shift、Ctrl或Alt键的各种组合。利用键盘事件可以编程响应多种键盘操作,也可以解释、处理ASCII字符。

当控件对象对一个特定事件响应后,便触发一个事件响应过程,需要在过程中通过代码实现应对该事件的处理办法。后继章节的主要学习内容就是如何运用Visual Basic语言来实现事件的响应过程。

创建一个事件响应过程的方法是在代码编辑器窗口选择控件对象名和事件名。

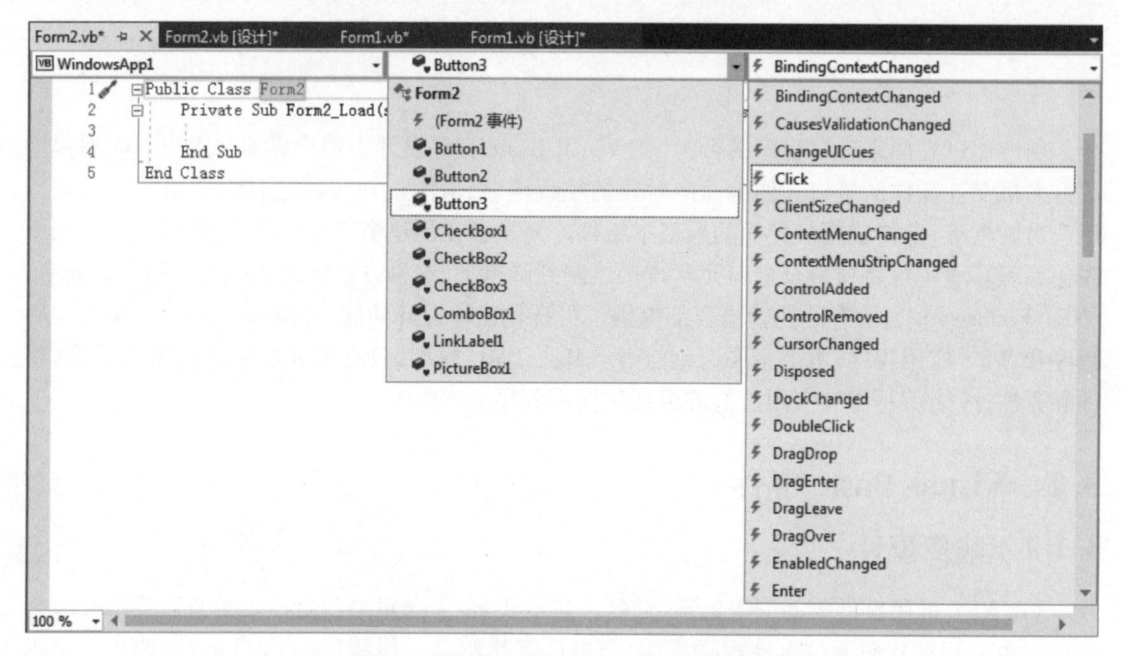


图3.1　使用代码编辑器创建响应事件过程

### 3.1.2　鼠标事件

鼠标事件由鼠标的动作触发,使应用程序对鼠标位置及状态的变化做出响应(其中不包括拖放事件)。主要以单击(Click)和双击(DoubleClick)事件为主,除此之外,还包括:

MouseDown事件:在控件上按下鼠标键触发该事件。

MouseUp事件:在控件上释放鼠标键触发该事件。

MouseClick事件:鼠标单击控件时触发该事件。

MouseMove事件:在控件上移动鼠标光标触发该事件。

MouseHover事件:在控件上停留鼠标光标达到指定时间触发该事件。

MouseLeaver事件:鼠标光标离开控件触发该事件。

MouseEnter事件:鼠标光标进入控件区域触发该事件。

MouseWheel事件:控件获取焦点时,滚动鼠标滚轮触发该事件。

一个鼠标操作动作往往会引发多个鼠标事件,例如在控件上单击,会依次产生如下事件:MouseDown、Click、MouseClick和MouseUp。Click为单击控件时产生,当控件获取焦点时,通过回车也可以激发该事件,MouseClick事件需要鼠标单击来激发。

当鼠标事件触发时相应的过程如下，以 MouseDown 事件为例。其语法为：

```
Private Sub 对象名_MouseDown (sender As Object, e As MouseEventArgs) Handles 对象 . MouseDown
……
End Sub
```

该事件中第二个参数 e 是 MouseEventArgs 结构体类型，其属性见表 3.1。

**表 3.1 MouseEventArgs 结构体属性**

| 属性 | 说　明 |
|---|---|
| Clicks | 获取鼠标按钮按下和释放的次数 |
| Delta | 获取相应于鼠标滚轮旋转的定位器的数量的带字符整数值 |
| Button | 获取对应于用户按下的鼠标按钮的 MouseButtons 的枚举 |
| Location | 获取鼠标在产生鼠标事件时的位置 |
| X | 获取鼠标在产生鼠标事件时的 X 坐标 |
| Y | 获取鼠标在产生鼠标事件时的 Y 坐标 |

**例 3.1** 在窗体上创建一个文本框和一个按钮，如图 3.2(a)所示。当鼠标单击按钮控件时，用消息框显示鼠标操作引发的事件及顺序，如图 3.2(b)所示。在窗体内非控件区域单击鼠标，在标题栏显示被按下的鼠标键名称，并通过文本框显示当前鼠标操作所在的坐标位置。单击左键，窗体背景显示红色，单击右键则窗体的背景色变为绿色。程序代码如下：

```
Public Class Form1
    Dim intOrder As Integer
    Dim strOrder As String
    Private Sub Form1_MouseClick(sender As Object, e As MouseEventArgs) Handles Me. MouseClick
        Dim x, y As String
        x=e. X. ToString( )        'X 坐标
        y=e. Y. ToString( )        'Y 坐标
        TextBox1. Text ="X:" + x + "    Y:" + y
    End Sub

    Private Sub Form1_MouseDown(sender As Object, e As MouseEventArgs) Handles Me. MouseDown
        If (e. Button = MouseButtons. Left) Then
            Me. BackColor = Color. Red
            Me. Text = "当前鼠标左键按下"
        End If
        If (e. Button = MouseButtons. Right) Then
            Me. BackColor = Color. Green
            Me. Text = "当前鼠标右键按下"
        End If
    End Sub

    Private Sub Button1_MouseDown(sender As Object, e As MouseEventArgs) Handles Button1. MouseDown
```

```
        intOrder += 1
        strOrder = strOrder +"MouseDown 事件第" + intOrder.ToString + "个发生" + vbCrLf
        End Sub

    Private Sub Button1_Click(sender As Object, e As EventArgs) Handles Button1.Click
        intOrder += 1
        strOrder = strOrder +"Click 事件第" + intOrder.ToString + "个发生" + vbCrLf
    End Sub

    Private Sub Button1_MouseClick(sender As Object, e As MouseEventArgs) Handles Button1.MouseClick
        intOrder += 1
        strOrder = strOrder +"MouseClick 事件第" + intOrder.ToString + "个发生" + vbCrLf
    End Sub

    Private Sub Button1_MouseUp(sender As Object, e As MouseEventArgs) Handles Button1.MouseUp
        intOrder += 1
        strOrder = strOrder +"MouseUp 事件第" + intOrder.ToString + "个发生" + vbCrLf
        MessageBox.Show(strOrder)
        intOrder = 0
        strOrder =""
    End Sub
End Class
```

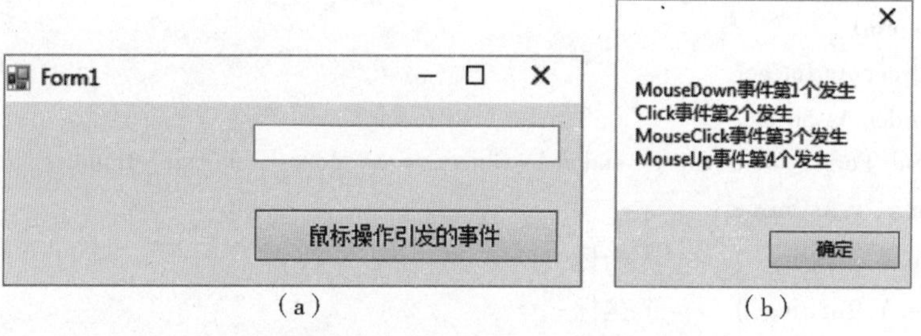


(a)　　(b)

图 3.2　鼠标事件示例

### 3.1.3　键盘输入焦点与键盘事件

#### 1. 键盘输入焦点

Windows 窗体程序作为以消息为导向的系统,无法主动获取键盘的状态而只能被动等待用户按键消息。在实际程序运行中,每当键盘上有键被按下,Windows 系统就会发出一个(按键)消息通知窗口程序,告之特定的键被按下。

Windows 系统可以同时运行多个程序,每个程序可以拥有多个窗口,每个窗口包含多个控件。键盘与它们之间是一对多的关系,如何判断哪个程序的哪个窗口的哪个控件接收键盘消息呢? Visual Basic 创建的程序通过引入"输入焦点"(input focus)技术来解决这一问题。

通过鼠标单击选取可以使得特定程序的特定窗口取得输入焦点,该程序窗口就会被提升到屏幕的最前面,颜色也会有所不同,所有的键盘消息就会导向该窗口,该窗口也成为活动窗口。可以进一步选择活动窗口上特定控件,使之成为焦点控件,所有键盘消息会导向该控件。

控件获取焦点的方法主要有以下 5 种：

(1)鼠标直接单击选取特定控件。

(2)使用 Tab 键正向顺序或 Shift+Tab 组合键反向顺序在多个控件中移动焦点。

(3)使用快捷键直接定位，如菜单控件。

(4)使用方向键移动焦点，如在列表框中选择特定项目。

(5)在程序中使用特定函数进行直接设置。

标签、定时器、形状、图片框等控件不支持键盘输入焦点。

**2. 与焦点有关的属性、事件和方法**

(1)*TabIndex 属性*。该属性决定用户使用 Tab 键或 Shift+Tab 组合键在控件对象之间切换焦点的顺序。窗体上添加的第一个支持焦点控件的 TabIndex 属性值为"0"，其后依次递增。窗体加载后，默认焦点落在 TabIndex 属性值为"0"的控件上。组框、面板等容器控件不能获取焦点，但其也有 TabIndex 属性，焦点会直接传递到这些容器内 TabIndex 属性值为"0"的控件上。

(2)*TabStop 属性*。该属性决定用户使用 Tab 键或 Shift+Tab 组合键在控件对象之间切换焦点时，控件是否可以被设置为焦点。当属性值为 True 时，可以设置焦点；当属性值为 False，切换焦点时直接跳过该控件。

(3)*Enabled 属性和 Visible 属性*。其值为 False 时，控件无法通过键盘或鼠标获取焦点。

(4)*CanFocus 属性和 Focused 属性*。这两个属性为只读属性，前者表示控件是否拥有获取焦点的能力，后者表示控件当前是否已经获取焦点，返回值为 True 或 False。

(5)*Focus 方法*。在程序运行过程中若想让某控件获得当前焦点可以使用该方法，成功返回 True，失败返回 False。用法如下：

控件对象名.Focus()

(6)*GotFocus 事件和 LostFocus 事件*。控件对象获得焦点时引发 GotFocus 事件，失去焦点引发 LostFocus 事件。

**3. 键盘事件**

当控件对象获取焦点时，键盘按键被按下时会依次触发 3 个键盘事件。

(1)KeyPress 事件。在程序运行过程中，当按下键盘上某个会产生 ASCII 码的键时，会触发当前拥有输入焦点的那个控件的 KeyPress 事件。当 KeyPress 事件发生时，通过 e.KeyChar 属性可以获得当前所按键字符的 ASCII 码值，值为 Char 类型。例如，按下 Enter 键时，可获得该键的字符 ASCII 码值 13。通过 e.Handled 属性可判断是否处理过 KeyPress 事件，值为 Boolean 类型。

KeyPress 事件可用于文本框、图片框、命令按钮、复选框、列表框、组合框、滚动条、窗体等有关控件。

KeyPress 事件能识别字母、数字、标点等键盘上的字符键。此外还能识别 Enter、BackSpace、Tab 等键，其他功能键不能识别。

**例 3.2** 在窗体上放一个文本框(TextBox1)，编写事件过程，保证在该文本框内只能输入字母。且无论大小写，都要以大写字母显示。

程序代码如下：

```
Private Sub TextBox1_KeyPress(sender As Object, e As KeyPressEventArgs) Handles TextBox1.KeyPress
    Dim str As String
    If e.KeyChar < "A" Or e.KeyChar > "z" Then
```

```
            e.KeyChar = ""
        ElseIf e.KeyChar >= "A" Or e.KeyChar <= "Z" Then
            TextBox1.Text = TextBox1.Text + UCase(e.KeyChar)
        Else
            str = UCase(e.KeyChar)
            TextBox1.Text = TextBox1.Text + str
        End If
    End Sub
```

(2)KeyDown 事件和 KeyUp 事件。KeyDown 和 KeyUp 事件是当一个对象具有焦点时按下或松开一个键时发生的。KeyDown 和 KeyUp 通常可以捕获键盘上除了 PrScrn 键的其他所有按键。当控制焦点位于某对象上时,按下键盘中的任一键,则会在该对象上触发产生 KeyDown 事件,当释放该键时,将触发产生 KeyUp 事件,之后产生 KeyPress 事件。

这两个事件都会接收一个 KeyEventArgs 类型的参数 e,通过 e.KeyCode 属性可以读取当前按键。利用 KeyEventArgs 类型的参数 e 的 Alt 属性、Ctrl 属性和 Shift 属性,可以测试是否同时按下了 Alt+Ctrl+Shift 组合键,每个属性都返回一个 Boolean 值。

## 3.2 窗体

窗体是 VB 最基本的对象,它是一个容器对象,可以在窗体上建立其他控件,从而完成程序设计的界面设计功能。窗体具有自己的属性、事件和方法。第 8 章的 8.2 节介绍了窗体的一些常用方法,下面介绍窗体的属性和事件。

### 3.2.1 窗体的属性

进入 Visual Studio 2017 集成开发环境,默认就有一个布满小网格的空窗体,如图 3.3 所示。

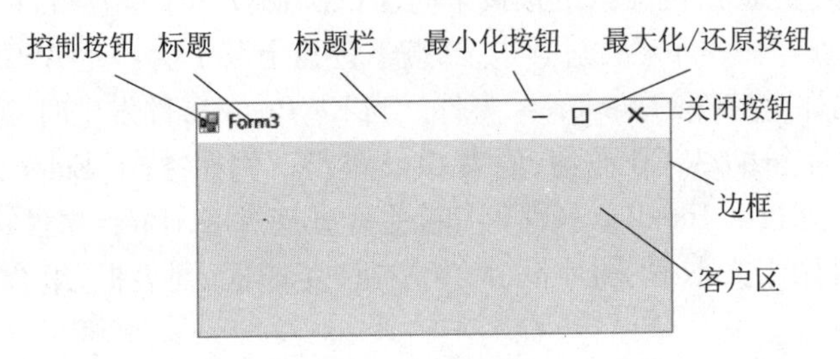


图 3.3　空窗体

单击工具条上的“启动”按钮▸切换到运行模式,可以看到窗体标题条上标有“Form1”,右上角有 Windows 标准窗口的最小化按钮、最大化/还原按钮和关闭按钮。左上角有一个小图标,称为窗口控制按钮,用鼠标单击,可以弹出控制窗口大小、位置的菜单。

为了在属性窗口设置对象的属性,必须先选择(激活)要设置属性的对象。如果设计界面只有窗体一个对象,则窗体就是激活的,其四周有 6 个控制柄,属性窗口显示的就是该窗体的属性。如果窗体上还有其他对象,应单击窗体上没有对象的地方,以激活窗体。激活窗体内的其他对象,只需单击相应对象内部。

每个对象有数十个属性，表3.2列出了窗体最主要的十几个属性。其中名称是所有对象都必须有的属性，用来标识和区别对象。

表3.2　窗体的主要属性

| 属性名 | 说　明 |
|---|---|
| Name | 窗体对象名称，应避免和其他公共对象或关键字重名 |
| Text | 设置窗体标题栏显示的内容 |
| ControlBox | 值为True或False，设置窗体左上角是否有控制按钮 |
| MaximizeBox | 值为True或False，设置窗体右上角是否有最大化控制按钮 |
| MinimizeBox | 值为True或False，设置窗体右上角是否有最小化控制按钮 |
| Width | 窗体宽度 |
| Height | 窗体高度 |
| Font | 设置窗体上显示的文字字体、名称、样式、大小等属性 |
| BackColor | 设置窗体背景颜色 |
| ForeColor | 设置窗体前景颜色（窗体中的字体颜色） |
| WindowState | 设置窗体执行时以什么状态显示 |
| Icon | 设置窗体最小化时的图标 |
| BackgroundImage | 设置窗体的背景图形 |

这些属性大多见名知义，且属性值可以从属性窗口右边一列中选择或重新输入。需要选择时，程序员只要选中某个属性，右边一列就会弹出一个小黑三角按钮▾。单击该按钮，弹出下拉列表，从中选择所需值即可。

## 3.2.2　窗体生命周期中的事件

在窗体的创建、显示、关闭、卸载等操作中，会引发一些相应的事件，正确处理这些事件，可实现一些特殊功能。

（1）Load事件。Load事件发生在窗体对象创建后，第一次显示前。通常在窗体的Load事件过程中加入代码来实现窗体和控件的初始化。如定义或设置模块级变量、全局变量初值，设置窗体或控件属性值，初始化列表框、组合框中的条目。在Load事件过程中通过代码对控件对象或窗体对象属性进行初始化与设计阶段通过“属性”窗口设置属性初始值相比，前者更加灵活和便捷。例如，可以通过Load事件，在窗体加载时设置窗体的前景色，代码如下：

```
Private Sub Form1_Load(sender As Object, e As EventArgs) Handles MyBase.Load
    Me.ForeColor = Color.Aqua
End Sub
```

由于Load事件发生时，窗体并未显示，所以不能使用绘图功能，也不能设置键盘输入焦点。

（2）HandleCreated事件和HandleDestroyed事件。窗体和一般控件都拥有这两个事件，分别在控件对象创建和销毁时触发，操作系统层面上使用Handle标识窗体或者控件的句柄。HandleCreated事件仅在窗体第一次显示时触发。

说明：句柄是Windows编程中使用的唯一的一个4字节（64位程序中为8字节）长的整数值，用于标识应用程序中的不同对象和同类中的不同的实例。

(3) VisibleChanged 事件。当窗体在显示和隐藏状态之间转化时触发该事件。如窗体的 Visible 属性设为 True 或 False,或调用窗体的 Show、ShowDialog、Hide 方法。

(4) Activated 事件和 Deactivate 事件。窗体激活为活动窗体时触发 Activated 事件,反之变为非活动窗体时引发 Deactivate 事件。鼠标单击激活非活动窗口,或调用窗体的 Activate 方法可触发 Activated 事件,同时触发原活动窗体的 Deactivate 事件。

(5) FormClosing 事件和 FormClosed 事件。关闭窗口,如调用窗体的 Close 方法或单击窗口的"关闭"按钮,触发窗体的 FormClosing 事件,进而触发 FormClosed 事件。FormClosing 事件为用户提供了判断是否真的要关闭窗口及关闭前是否对数据进行保存或者终止关闭的机会。通常在 FormClosing 事件响应过程中可进行数据保存、向父窗口返回值等操作。

(6) Disposed 事件。使用 Dispose 方法释放窗体对象所占资源,引发 Disposed 事件。

(7) Resize 事件。不论用什么方式,当窗体大小发生改变时触发该事件。

## 3.3 常用控件与组件

### 3.3.1 标签、文本框和按钮控件

Button 控件在程序中主要作为按钮使用。它提供了用户与应用程序交互的最简便的方法。

文本框是一个文本编辑区域,在设计阶段或运行期间可以在这个区域输入、编辑和显示文本,类似于一个简单的文本编辑器。

Label(标签控件)主要作用是显示文字信息,与文本框控件(TextBox)不同的是,标签控件中显示的文字不能在运行阶段修改,只能在设计阶段修改。如程序安装界面,在软件安装过程中,常常会显示一些帮助信息或与产品相关的介绍信息,而这些大多是用标签控件制成的。

在 Visual Studio 2017 的工具箱中分别选中 Button、TextBox 和 Label,在窗体上单击拖动即可添加一个新的标签控件。

#### 1. 属性

(1) 这三类控件的共有属性。

①Name(名称)和 Text(标题)属性。按钮的默认名称(Name)和标题(Text)为 ButtonX,文本框的默认名称(Name)和标题(Text)为空,标签的默认名称(Name)和标题(Text)为 LabelX,其中 X 为 1、2、3……参照第 1 章 1.3.2 中规范的命名方式,定义控件名称时可修改为 lblX、txtX 和 btnX,X 为自己定义的词,如 lblShow、txtRed 和 btnAction 等。

Text 属性用来设置在控件上显示的文本信息,可以在创建界面时设置,也可以在程序中改变文本信息。文本框的 Text 属性添加时默认为空。若要在程序中修改标题属性,代码格式如下:

```
标签对象.Text= "欲显示的文本"
```

例如:

```
Label1.Text1 = "请在文本框中输入姓名:"
```

②Font 属性。该属性用来设置控件显示文字的字体,既可以在设计界面时设定,也可以在程序运行过程中改变。在创建界面时设定,单击属性值右侧带省略号的按钮,可打开"字体"对话框,如图 3.4 所示,也可单击属性标签左侧"+"按钮,打开字体属性设置栏。

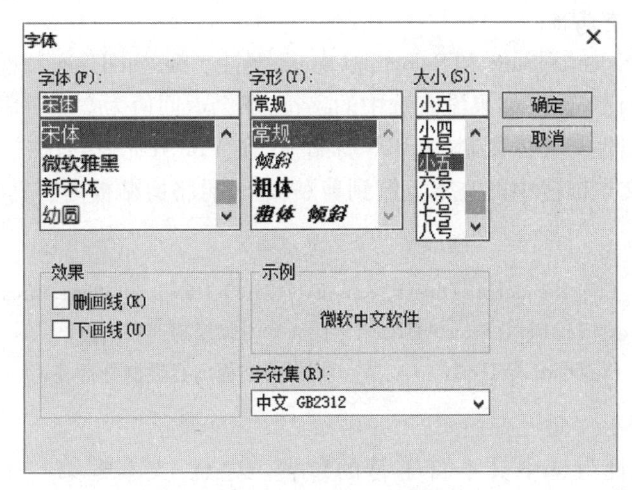


图 3.4 “字体”对话框

③Visible 属性。该属性在大多数控件中都有,它用于设定控件在运行时是否可见。当取值为 True 时,控件可见;当取值为 False 时,控件运行时不可见。代码格式如下:

```
标签对象名.Visible = True/False
```

④Enabled 属性。该属性在大多数控件中都有,它用于设定控件在运行时是否可以使用。当取值为 True 时,控件可以使用;当取值为 False 时,控件在运行时不可使用。

⑤Location 和 Size 属性。Location 属性用于确定控件在窗体客户区内位置的坐标(X,Y),Size 属性用于确定控件的宽度和高度(Width、Height)。

(2)文本框和标签的共有属性。

①BorderStyle 属性。该属性用来设置标签和文本框控件的边框类型,有 3 种值可选:0(None)、1(FixedSingle)和 2(Fixed3D),分别代表无边框、单线边框和 3D 效果边框。BorderStyle 属性可以在设计界面时指定,也可以在程序运行中通过代码改变(但通常不在程序运行时修改该属性),程序代码格式如下:

```
标签对象.BorderStyle = 0(或 1、2)
标签对象.BorderStyle= BorderStyle.None(或 FixedSingle、Fixed3D)
```

②TextAlign 属性。决定文本框和标签控件中文本的对齐属性。文本框对齐属性值有 0(Left)、1(Right)和 2(Center),分别代表左对齐、右对齐和居中。标签控件则有 9 个对齐位置,如图 3.5 所示。

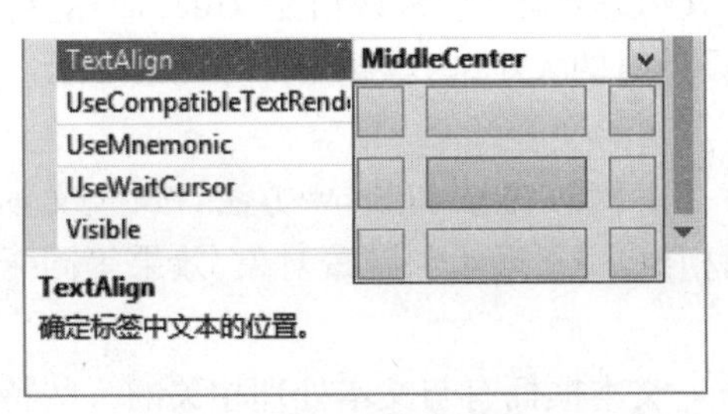


图 3.5 标签控件对齐属性

(3)文本框的特有属性。

①SelectedText、SelectionStart 和 SelectionLength 属性。SelectedText 属性用于设置或返回当前文本框所选文本的字符串，如果没有选中的字符，那么返回值为空字符串即""。

通常选中文本属性与文件复制、剪切等剪贴板(在 VB.NET 中，剪贴板用 Clipboard 表示)操作有关。如要将文本框选中的文本复制到剪贴板上，再将剪贴板内容复制到一个标签控件，代码如下：

```
Private Sub Button1_Click(sender As Object, e As EventArgs) Handles Button1.Click
    Clipboard.SetText(TextBox1.SelectedText)        '选中内容复制到剪贴板
    Label1.Text = Clipboard.GetText()               '将剪贴板内容复制到标签
End Sub
```

SelectionStart 属性为选中文本首字符的位置。注意：文本框第一个字符的位置为 0。SelectionLength 属性为被选中文本的长度。

②MaxLength 属性。用于设置文本框中可以输入字符个数的最大限度，默认值为 32 767，表示在文本框所能容纳的最大字符数之内没有限制，以字符为单位，单个字母、数字或汉字都算一个字符。

③MultiLine 属性。该属性决定了文本框是否可以显示或输入多行文本，取值为 True 时，文本框可以容纳多行文本；取值为 False 时，文本框则只能容纳单行文本，此时会忽略字符串中的回车符和换行符，通过左右方向键来完成插入点滚动。

本属性只能在界面设置时指定，程序运行时不能改变。

④ScrollBars 属性。当 Multiline 属性为 True 时，该属性决定文本框是否支持垂直与水平滚动条，以方便用户将文本框无法显示的文字移入文本框内方便阅读。属性值为0(None)，无滚动条；1(Horizonal)，水平滚动条；2(Vertical)，垂直滚动条；3(Both)，水平垂直滚动条都有。

⑤PasswordChar 属性。该属性用来作为口令功能输入。例如，若希望在密码框中显示星号，则可在"属性"窗口中将 PasswordChar 属性指定为"*"。运行时，无论用户输入什么字符，文本框中都显示星号。

⑥WordWrap 属性。该属性用于设置文本框是否自动换行。

⑦ReadOnly 属性。该属性值决定文本框内容是否可编辑，True 表示内容为只读，False 表示可编辑。

(4)标签的特有属性。AutoSize 属性是标签的特有属性。此属性用来设置标签的大小是否随内容的大小自动调整，其值是逻辑值，默认值是 True，即标签大小根据内容调整大小；当其值为 False 时，标签保持设计时的大小，内容超出部分无法显示。

### 2. 方法

(1)三种控件共有的方法。Hide 方法和 Show 方法：按钮、文本框和标签都拥有这两个方法，与窗体的同名方法作用相似，用于显示和隐藏对象，效果等同于将 Visual 属性设置为 True 或 False。

(2)文本框的特有方法。文本框拥有与文本处理相关的一些特有方法，如表 3.3 所示。

表 3.3 文本框控件特有方法

| 方法名 | 说　明 |
| --- | --- |
| Clear | 清空文本框内容 |
| AppendText(新文本) | 在文本框原内容后追加新文本 |
| Copy | 文本框内容复制到剪贴板,原内容不变 |
| Cut | 文本框内容复制到剪贴板,原内容清空 |
| Paste | 将剪贴板文本插入指定点位置或替换选中文本 |
| SelectAll | 选定文本框全部内容 |
| Undo | 撤销上一次对文本框的内容编辑 |

**3. 事件**

(1)键盘、鼠标事件。这3个控件的键盘、鼠标事件见本章3.1节。

(2)TextChanged事件。当Text属性值发生变化时触发该事件。与文本框控件不同,按钮与标签控件显示文本不能由操作程序的用户通过人机交互修改,只能通过程序代码运行来修改相应属性并触发该事件。

### 3.3.2 滚动条控件

滚动条控件常常用来附在某个窗口上帮助用户观察数据或确定位置,也可以用来作为数据输入的工具。在日常操作中,常常遇到这样的情况:在某些程序中,如Photoshop,一些具体的数值我们并不清楚,如调色板上的自定义色彩,这时可以通过滚动条,用尝试的办法找到自己需要的具体数值。滚动条的坐标系与它当前的尺寸大小没有关系。可以把每个滚动条当作有数字刻度的直线。VB中有水平滚动条HScrollBar和垂直滚动条VScrollBar。在工具箱上端搜索栏中输入“scroll”,或单击“所有Windows窗体”按字母顺序查找就可以看到这两个控件。

**1. 属性**

(1)Maximum(最大值)与Minimum(最小值)属性。滚动块处于最右边(横向滚动条)或最下边(竖向滚动条)时返回的值就是最大值,滚动块处于最左边或最上边时返回的值最小。

Maximum与Minimum是创建滚动条控件时必须指定的属性,在默认状态下,Maximum值为100,Minimum值为0。这两个属性既可以在界面设计过程中指定,也可以在程序运行中改变。

(2)Value(数值)属性。Value属性返回或设置滚动滑块在当前滚动条中的位置。Value值可以在设计时指定,也可以在程序运行中改变。

(3)SmallChange(最小改变)属性。当用户单击滚动条两端的箭头时,滚动条控件Value值的最小改变量就是SmallChange。

**2. 事件**

与滚动条控件相关的事件主要是Scroll与Change,当在滚动条内拖动滚动框时会触发Scroll事件(但要注意,单击滚动箭头或滚动条时不发生Scroll事件)。Scroll事件用来跟踪滚动条中的动态变化。

**例3.3** 创建如图3.6所示应用程序,当滚动条(HScrollBar1)的滚动块发生位移时,上面的显示标签(Label1)自动显示滚动条当前的值;在拖动滚动框的过程中,标签(Label1)会显示

“滚动条当前值为:……”的字样。

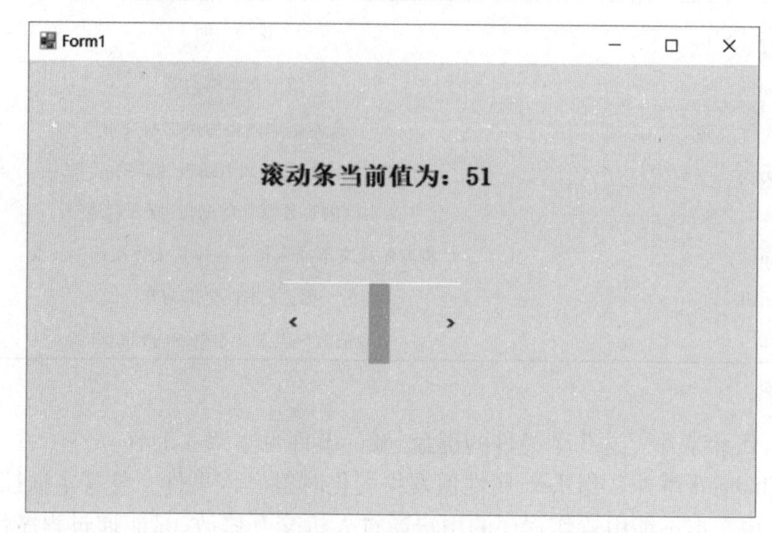


图 3.6　滚动条示例

具体操作过程如下:

(1)创建界面。其中,滚动条的 Minimum 的属性值设为 0 ,Maximum 的属性值设为 100。

(2)双击滚动条(HsbShow),进入代码编写窗口,编写代码:

```
Private Sub HScrollBar1_Scroll(sender As Object, e As ScrollEventArgs) Handles HScrollBar1.Scroll
    Label1.Text = "滚动条当前值为:" & HScrollBar1.Value
End Sub
```

### 3.3.3 单选按钮、复选框和组框

在 VB 中,单选按钮 RadioButton 和复选框 CheckBox 控件主要作为选项提供给用户选择。不同的是,在一组选择按钮中,单选按钮只能选择一个,其他单选按钮自动变为未被选中状态;而在一组复选框中,可以选定任意数量的复选框。

单选按钮也称为选项按钮,用于实现多选一的情况。选项按钮的外观有两种:⊙表示被选中,○表示未被选中。在选择了一个之后,组中其他选项按钮都自动变成未选择状态。复选框用于从一组可选项中同时选择若干项,复选框的外观也有两种:□表示未被选中, ☑ 表示被选中。

组框(GroupBox)作为容器,其主要作用是对窗体上的控件进行分组,不同的对象可以放在一个组框里,其提供了视觉上的区分和总体的激活与屏蔽特性。如使用单选按钮或复选框时,需要先绘制出组框,然后在组框内绘制需要组成一组的控件,也可以将已经绘制的控件用鼠标拖进组框,使得框架内的控件成为一个整体。

前面介绍的控件的大多数属性都适用于单选按钮与复选框,包括 Text、Enabled、Font(FontBold、FontItalic、FontName)、Name 等,此处不再赘述。

Checked 属性是单选按钮与复选框最主要的属性,为逻辑型,选中时为 True,未选中时为 False。这两种控件最主要的事件是 CheckedChanged 事件,当 Checked 属性发生变化时触发该事件。

**例 3.4** 创建如图 3.7 所示程序,创建相应的字体、字形和字号组框,并在里面设置相应的单选按钮或复选框,选中某单选按钮或复选框,标签控件中文本字体属性也发生相应的改变。代码如下:

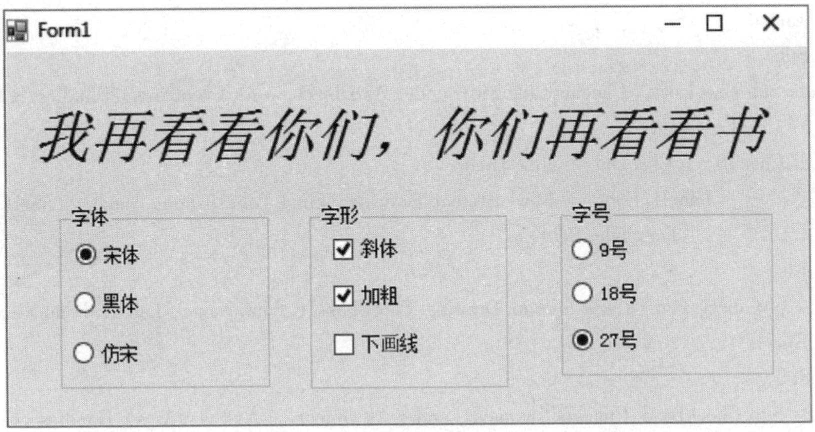

图 3.7 单选按钮和复选框应用示例

```
Public Class Form1
    Private Sub RadioButton1_CheckedChanged(sender As Object, e As EventArgs) Handles _
            RadioButton1. CheckedChanged
        Label1. Font = New System. Drawing. Font("宋体", Label1. Font. Size)
    End Sub
    Private Sub RadioButton2_CheckedChanged(sender As Object, e As EventArgs) Handles _
            RadioButton2. CheckedChanged
        Label1. Font = New System. Drawing. Font("黑体", Label1. Font. Size)
    End Sub
    Private Sub RadioButton3_CheckedChanged(sender As Object, e As EventArgs) Handles _
            RadioButton3. CheckedChanged
        Label1. Font = New System. Drawing. Font("仿宋", Label1. Font. Size)
    End Sub
    Private Sub RadioButton4_CheckedChanged(sender As Object, e As EventArgs) Handles _
            RadioButton4. CheckedChanged
        Label1. Font = New System. Drawing. Font(Label1. Font. Name, 9)
    End Sub
    Private Sub RadioButton5_CheckedChanged(sender As Object, e As EventArgs) Handles _
            RadioButton5. CheckedChanged
        Label1. Font = New System. Drawing. Font(Label1. Font. Name, 18)
    End Sub
    Private Sub RadioButton6_CheckedChanged(sender As Object, e As EventArgs) Handles _
            RadioButton6. CheckedChanged
        Label1. Font = New System. Drawing. Font(Label1. Font. Name, 27)
    End Sub
    Private Sub CheckBox1_CheckedChanged(sender As Object, e As EventArgs) Handles _
            CheckBox1. CheckedChanged
        If CheckBox1. Checked = True Then
```

```
            Label1.Font = New System.Drawing.Font(Label1.Font.Name, Label1.Font.Size, _
                FontStyle.Italic)
        Else
            Label1.Font =New System.Drawing.Font(Label1.Font.Name, Label1.Font.Size)
        End If
    End Sub
    Private Sub CheckBox2_CheckedChanged(sender As Object, e As EventArgs) Handles _CheckBox2.
        CheckedChanged
        If CheckBox1.Checked = True Then
            Label1.Font = New System.Drawing.Font(Label1.Font.Name, Label1.Font.Size, _
                FontStyle.Bold)
        Else
            Label1.Font =New System.Drawing.Font(Label1.Font.Name, Label1.Font.Size)
        End If
    End Sub
    Private Sub CheckBox3_CheckedChanged(sender As Object, e As EventArgs) Handles _CheckBox3.
        CheckedChanged
        If CheckBox1.Checked = True Then
            Label 1.Font = New System.Drawing.Font(Label1.Font.Name, Label1.Font.Size, _
                FontStyle.Underline)
        Else
            Label1.Font =New System.Drawing.Font(Label1.Font.Name, Label1.Font.Size)
        End If
    End Sub
End Class
```

### 3.3.4 列表框

列表框控件(ListBox)用于列出可供用户选择的项目列表。列表框中可以有多个项目供选择,用户通过单击某一项选择自己所需要的项目,被选定的项目加亮显示。如果项目太多,超出了列表框设计时的长度,则自动增加竖向滚动条。

**1. 属性**

(1)Items 属性。Items 是列表框重要的属性之一,其作用是用于添加、删除和访问列表框中的列表项。也可以在界面设置时直接输入内容。

(2)Items. Count 属性。本属性返回列表框表项数量的数值,只能在程序运行时起作用。

(3)SelectedIndex(列表项索引)属性。该属性用来返回或设置控件中当前选择项目的索引号,只能在程序运行时使用。第一个选项的索引号是0,第二个选项的索引号是1,第三个选项的索引号是2……ListCount 始终比最大的 ListIndex 值大 1。当列表框没有选择项目时,ListIndex 值为 -1。

(4)Sorted 属性。该属性用于指示列表框控件中的列表项排列顺序,属性为 True 时按字母顺序排序,为 False 时按项目添加顺序排列。

(5)SelectedMode 属性。该属性决定列表框是否支持多选,属性值为:0(None),表示不可选;1(One),表示单一条目可选并支持鼠标单击和方向键;2(MultiSimple),允许多选并支持鼠标单击和空格键选择及方向键移动光标;3(MultiExtended),支持 Ctrl+鼠标单击多选或 Shift+鼠标单击选择连续多个条目。

**2. Items 方法**

(1)Add 方法。为列表框增加一个列表项,代码格式如下:

列表框名称 . Items. Add(欲增项目)

(2)Clear 方法。用 Clear 可以清除列表框中所有的内容,代码格式如下:

列表框名称 . Items. Clear()

(3)RemoveAt 方法。此方法可以删除列表框中指定的项目,代码格式如下:

列表框名称 . Items. RemoveAt(索引)

其中索引表示欲删除条目的索引值。

(4)Insert。该方法用于在列表项中指定位置插入一个项目,代码格式如下:

列表框名称 . Items. Insert(索引,列表项)

**3. 事件**

(1)Click 事件和 DoubleClick 事件。在列表框条目上、空白区单击或双击都可以发出这两个事件。通过代码修改 SelectedIndex 属性也会触发 Click 事件。

(2)SelectedIndexChanged 事件。当被选中的条目发生改变时触发该事件。

**例 3.5** 设计如图 3.8 所示的界面,单击"添加"按钮,实现将文本框中的内容添加到列表框的后面,单击"插入"按钮实现将文本框的内容插入列表框中指定的位置,单击"删除"按钮删除选中的条目,单击"清空"按钮将清空列表框中的所有内容。鼠标单击条目时显示选中的项目名称、索引及总的项目数。

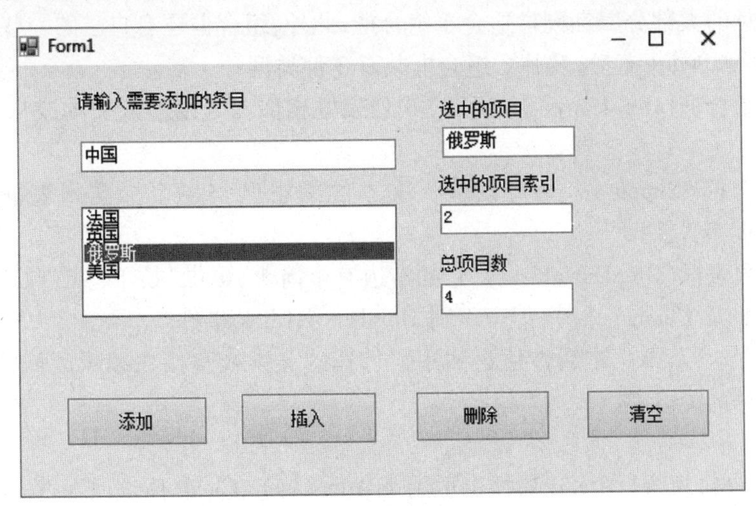


图 3.8 列表框应用举例

代码如下:

```
Public Class Form1
    Private Sub Button1_Click(sender As Object, e As EventArgs) Handles Button1. Click
        ListBox1. Items. Add(TextBox1. Text)
    End Sub
    Private Sub Button2_Click(sender As Object, e As EventArgs) Handles Button2. Click
```

```
        ListBox1. Items. Insert( ListBox1. SelectedIndex, TextBox1. Text)
    End Sub
    Private Sub Button3_Click( sender As Object, e As EventArgs) Handles Button3. Click
        ListBox1. Items. Clear( )
    End Sub
    Private Sub Button4_Click( sender As Object, e As EventArgs) Handles Button4. Click
        ListBox1. Items. RemoveAt( ListBox1. SelectedIndex)
    End Sub
     Private Sub ListBox1 _ SelectedIndexChanged ( sender As Object, e As EventArgs ) Handles _
                ListBox1. SelectedIndexChanged
        TextBox2. Text = ListBox1. SelectedItem
        TextBox3. Text = ListBox1. SelectedIndex
        TextBox4. Text = ListBox1. Items. Count
    End Sub
End Class
```

### 3.3.5 组合框

组合框控件(ComboBox)是将文本框控件(TextBox)与列表框控件(ListBox)的特性结合为一体的控件,兼具文本框控件与列表框控件两者的特性。它既可以如同列表框一样,让用户选择所需项目,又可以如文本框一样通过输入文本来选择表项。

1. 属性

列表框控件的大部分属性同样适合于组合框,此外,组合框还有自己的一些属性。

(1)DropDownStyle(类型)属性。组合框共有3种类型:

①下拉式组合框(DropDown)。与下拉式列表框相似。可以输入文本或从下拉列表中选择表项。

②简单组合框(Simple)。由可以输入文本的编辑区与一个标准列表框组成,可识别Change、DblClick事件。

③下拉式列表框(DropDownList)。它的右边有个箭头,可供"拉下"或"收起"操作。它不能识别DblClick及Change事件,但可识别DropDown、Click事件。

(2)Text(文本)属性。本属性值返回用户选择的文本或直接在编辑区域输入的文本,可以在界面设置时直接输入。

2. 方法

与列表框一样,组合框Items属性也适用于Add、Insert、Clear、RemoveAt等方法。

3. 事件

组合框响应的事件主要依赖于其Style属性。根据组合框的类型,它们所响应的事件是不同的。例如,当组合框的Style属性为1时,能接收DblClick事件,而其他两种组合框能够接收Click与DropDown事件;当Style属性为0或1时,文本框可以接收Change事件。

### 3.3.6 计时器

在Windows应用程序中常常要用到时间控制功能,如在程序界面显示当前时间,或者每隔多长时间触发一个事件,等等。VB 中的 Timer(时间)控制器就是专门解决这方面问题的控件。与其他控件不同的是,Timer 控件只有在程序设计过程中看得见,在程序运行时是看不见的。注意:在 2017 版的 Visual Studio 编辑器中该对象放置在组件中。

1. 属性

(1)Enabled 属性。该属性用于设置控件是否可用,默认值为 True,这样才能使计时器按指定的时间间隔显示,可用于计时过程的启动。

(2)Interval 属性。该属性是时间间隔属性。Interval 属性决定了时钟事件之间的间隔,以 ms 为单位,如果把 Interval 属性设置为 1000 ,则表示每隔 1 s 触发一个 Timer 事件。其语法格式如下:

```
Timer. Interval = X
```

其中,X 代表具体的时间间隔。

2. 事件

当一个 Timer 控件经过预定的时间间隔,将激发计时器的 Timer 事件。使用 Timer 事件可以完成许多实用功能,如显示系统时钟、制作动画等。

**例 3.6** 设计一个应用程序,使得标签能够自动显示当前时间,效果如图 3.9 所示。先在项目中添加一个 Timer 控件、两个标签、标签 Label1 的文本用于显示系统当前时间,将 Timer 控件的 Enabled 属性设置为 True。

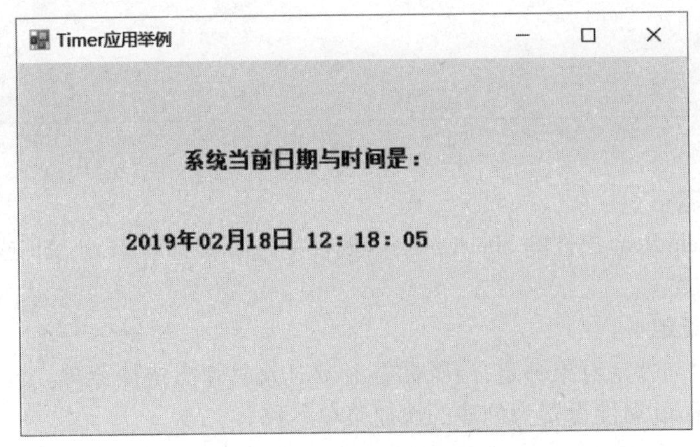


图 3.9 Timer 对象应用示例

代码如下:

```
Private Sub Timer1_Tick(sender As Object, e As EventArgs) Handles Timer1. Tick
    Label1. Text = DateTime. Now. ToString("yyyy 年 MM 月 dd 日 hh:dd:ss")
End Sub
```

提示:Date 函数返回系统的日期,Now 函数返回系统的日期和时间。

### 3.3.7 菜单

菜单是软件设计中界面部分重要的元素之一,软件所有的功能都可以通过菜单来实现。菜单可视为多个按钮控件的组合。菜单主要有两种形式:主菜单和上下文菜单。

1. 添加菜单控件

选择工具箱中的菜单和工具栏中的 MenuStrip 控件，默认部署在窗体顶端。同时窗体下方组件面板出现菜单控件图标。

选择工具箱中的菜单和工具栏中的 ContextMenuStrip 控件，程序启动时，该控件不可见。同时窗体下方出现快捷菜单控件图标。单击该图标可以对其进行编辑。

2. 在菜单栏中创建菜单

如图 3.10 所示，直接在"请在此处键入"处添加主菜单项名称，也可以在 ToolStripMenuItem 控件的 Text 属性中进行修改获得，然后在菜单栏下面继续输入子菜单项名称。其后可带"(&F)"以指明热键为 F，子菜单项之间如需要加分隔线，输入"-"即可。还可以进一步创建子菜单项的子菜单。

提示：每一个独立的菜单项均对应一个 ToolStripMenuItem 控件，属于"寄宿控件"，隶属于 MenuStrip 和 ContextMenuStrip 控件。

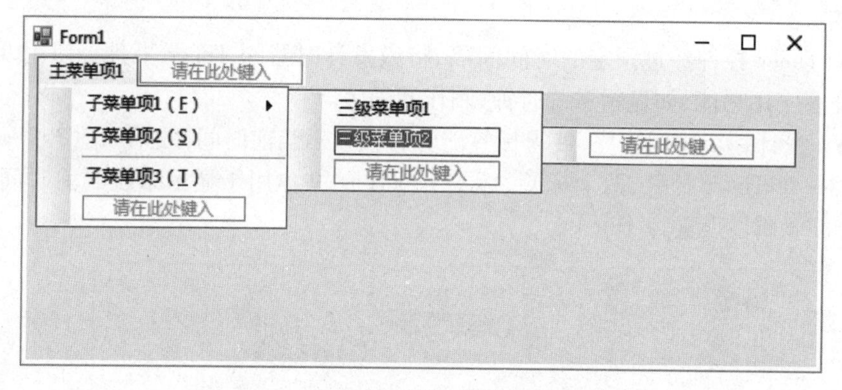


图 3.10　添加菜单项

3. 设置快捷键

在 ToolStripMenuItem 控件的 ShortCutKeys 属性中选择修饰符(Ctrl、Alt 或 Shift)与对应的"键"，创建快捷方式。

4. 绑定快捷菜单

快捷菜单需要与特定对象绑定，当鼠标右击该对象时弹出快捷菜单。设置方法为将该对象的 ContextMenuStrip 属性设置为创建的快捷菜单名称。

5. 菜单修改

在组建面板的 MenuStrip 控件上右击，在快捷菜单上选择"编辑项"命令，弹出如图 3.11 所示的"项集合编辑器"对话框，这是用于编辑集合中项目的通用对话框，可用于编辑 MenuStrip 第一级菜单项组成的集合。二级及以上子菜单可以直接通过鼠标拖动来交换位置，或者单击右键在快捷菜单中进行删除。

6. 触发 Click 事件

菜单项的常用事件为 Click 事件，单击菜单项、按菜单项热键或快捷键都可以触发该事件。

### 3.3.8　对话框

在应用程序中，经常需要用到打开和保存文件、选择颜色和字体等对话框，它们都是

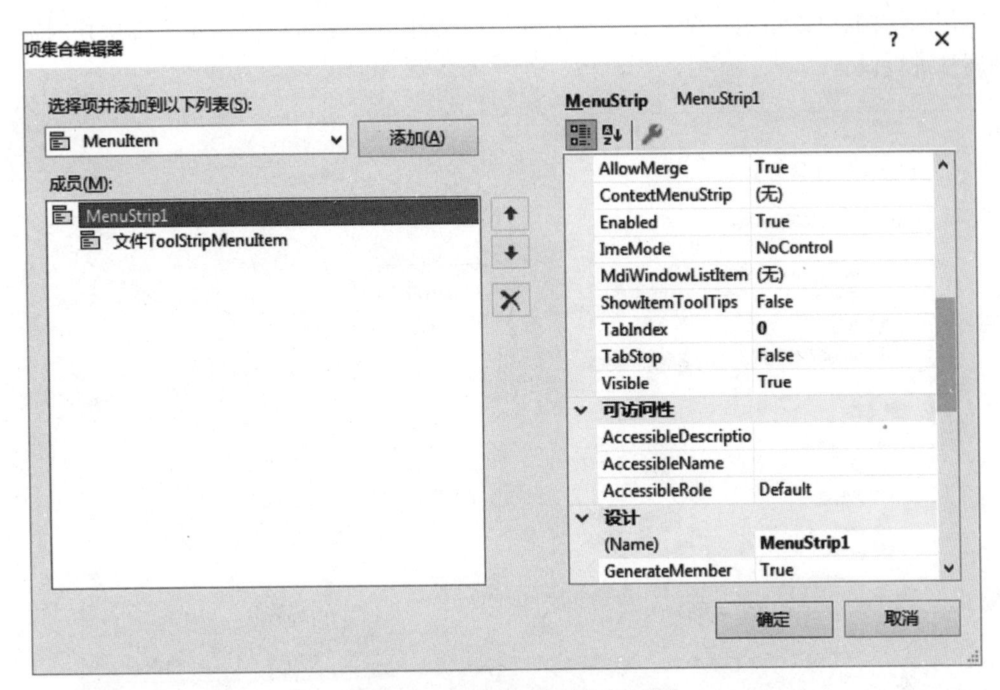


图 3.11 “项集合编辑器”对话框

Windows 的通用对话框。在 VB 中可以使用通用对话框控件来创建这些通用对话框，不必自己去编写。

对话框作为一种特殊的窗口，它通过显示和获取信息与用户进行交流，一个对话框可以很简单，也可以很复杂，前面介绍的 MsgBox 和 InputBox 函数可以建立简单的对话框，即信息框和输入框。但是当定义的对话框较复杂时，将会花较多的时间和精力设计与书写代码，为此，VB 提供了通用对话框控件，通过这些对话框可以轻松实现文件的打开、保存，以及文字颜色、字体与字号的设置等。在 VB 中提供的通用对话框控件如图 3.12 所示。

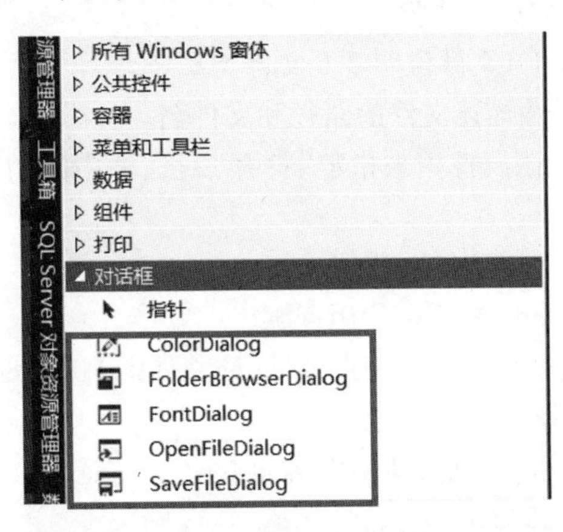


图 3.12 通用对话框控件

### 1. 文件对话框

文件对话框有打开文件对话框(OpenFileDialog)和保存文件对话框(SaveFileDialog)，如图 3.13 所示为“打开”对话框，在该对话框中用户可以打开一个文件供程序调用。“保存”对话框有类似的结构,可以指定一个文件名来保存当前文件。通用对话框用于文件操作时需要对下列属性进行设置。

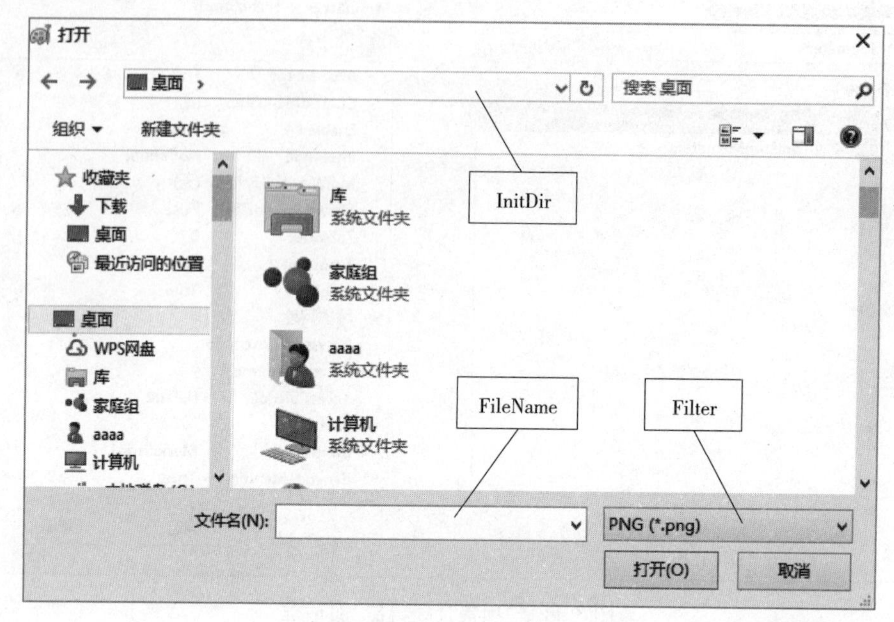


图 3.13 "打开"对话框

(1)属性。

①DefaultEXT 属性。设置对话框中默认的文件类型,即扩展名。该扩展名出现在"文件类型"栏内。如果在打开或保存的文件名中没有给出扩展名,会自动将 DefaultEXT 属性值作为其扩展名。

②Filter 属性。该属性用来过滤文件类型,使文件列表框中显示指定的文件类型。可以在设计时设置该属性,也可以在代码中设置该属性。Filter 的属性值由一对或多对文本字符组成,每对字符串间要用"|"隔开,格式为:

文件说明 1 | 文件类型 1 |文件说明 2 | 文件类型 2

③FileName 属性。该属性描述文件的路径和文件名。

④InitialDirectory 属性。该属性用来指定"打开"对话框中的初始目录。如果要显示当前目录,则该属性不需要设置。

(2)方法。

①Dispose 方法。释放 Open 对话框使用资源。

②OpenFile 方法。用制度权限打开用户文件,该文件由 FileName 属性确定。

③Reset 方法。将所有属性设为默认值。

④ShowDialog 方法。显示对话框,使用方法如下:

OpenFileDialog1. ShowDialog( )

**例 3.7** 编写程序,建立"打开"和"保存"对话框,如图 3.14 所示。根据上述方法在窗体上分别添加一个 OpenFileDialog 通用对话框,一个 SaveFileDialog 通用对话框,在工具箱搜索获取并添加 RichTextBox 控件用于接收文本,再建立两个命令按钮 Button1 和 Button2,然后编写两个事件过程。

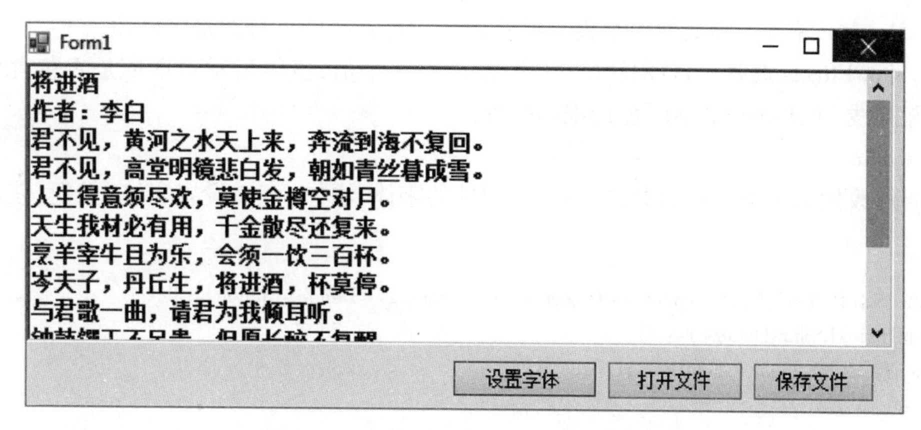


图 3.14　文件对话框和字体对话框示例

代码如下：

```
Public Class Form1
    Private Sub Button1_Click(sender As Object, e As EventArgs) Handles Button1.Click
        Dim filename As String
        OpenFileDialog1.Title ="打开文本文件"
        OpenFileDialog1.Filter ="文本文件(*.txt)|*.txt|所有文件(*.*)|*.*"
        OpenFileDialog1.ShowDialog()
        filename = OpenFileDialog1.FileName
        If filename.Length > 0 Then
            RichTextBox1.LoadFile(filename, RichTextBoxStreamType.PlainText)
        End If
    End Sub

    Private Sub Button2_Click(sender As Object, e As EventArgs) Handles Button2.Click
        SaveFileDialog1.Title ="保存文本文件"
        SaveFileDialog1.Filter ="文本文件(*.txt)|*.txt|所有文件(*.*)|*.*"
        SaveFileDialog1.ShowDialog()
        RichTextBox1.SaveFile(SaveFileDialog1.FileName, RichTextBoxStreamType.PlainText)
    End Sub
End Class
```

提示：RichTextBox 控件允许用户输入和编辑文本的同时提供比普通的 TextBox 控件更高级的格式特征。

### 2. 字体对话框

字体对话框(FontDialog)控件用来对选择的文本设置字体，可获取用户选择字体的名称、大小、样式及一些修饰效果。

FontDialog 控件的主要属性：

(1)Font 属性。通过该属性设定或获取字体信息，它是 FontDialog 控件的重要属性。

(2)Color 属性。该属性用来设定或获取字符的颜色。

(3)ShowColor 属性。该属性用来获取或设置一个值，该值指示对话框是否显示颜色选择框。

(4) MaxSize 属性。该属性用来设置或获取用户可选择的字号的最大磅值。

(5) ShowEffects 属性。该属性用来获取或设置一个值,该值指示对话框是否包含允许用户指定删除线、下画线和文本颜色选项的控件。

FontDialog 控件在运行时显示效果如图 3.14 所示。

如要修改例 3.7 中界面的 RichTextBox 控件的字体,添加一个"设置字体"按钮,使用如下代码:

```
Private Sub Button3_Click(sender As Object, e As EventArgs) Handles Button3.Click
  FontDialog1.ShowDialog()
  RichTextBox1.Font = FontDialog1.Font
End Sub
```

### 3. InputBox 函数和 MsgBox 函数

(1) InputBox 函数。该函数在运行时显示一个输入框,并提示用户在文本框中输入文本、数字或选中某个单元格区域,当单击"确定"按钮后返回包含文本框内容的字符串。

语法格式如下:

```
InputBox(Prompt[,Title][,DefaultResponse][,Xpos][,Ypos][,Helpfile,Context]) As String
```

参数说明:

① Prompt。必需的参数,作为输入框中提示信息出现的字符串,其最大长度约为 1 024 个字符,由所使用字符的宽度决定。如果 Prompt 包含多个行,则可在各行之间用回车符(Chr(13))、换行符(Chr(10))或回车换行符的组合(Chr(13)&Chr(10))来分隔。

②Title。可选的参数,作为输入框标题栏中的字符串。若省略该参数,则在标题栏中显示应用程序名称。

③DefaultResponse。可选的参数,作为输入框中默认的字符串,在没有其他输入时作为默认值。若省略该参数,则文本框为空。

④ Xpos、Ypos。可选的参数,为数值,成对出现,指定输入框与屏幕的距离。

⑤Helpfile。可选的参数,为字符串,表示帮助文件,用该文件为输入框提供上下文相关的帮助。若有 Helpfile,则必须有 Context。

⑥ Context。可选的参数,为数值,帮助文件中某帮助主题的上下文编号。若有 Context,则必须有 Helpfile。

用户单击 OK 按钮或按 Enter 键,则得到 InputBox 函数中文本框的内容。如果单击 Cancel 按钮,则此函数返回一个长度为 0 的字符串。InputBox 函数返回的是一个字符串,若需要得到数值,则需要使用 Val 函数将字符串转换为一个值。

(2) MsgBox 函数。通过 MsgBox 函数可以创建、显示和操作一个消息对话框。消息对话框含有应用程序定义的消息和标题,加上预定义图标与 Push(下按)按钮的任何组合。

其语法格式如下:

```
MsgBox(Prompt,[Button],[Title]) As MsgBoxResult
```

参数说明:

①参数 Prompt。String 类型,指定消息对话框中显示的消息内容,如需要使消息内容多行

显示,可在字符串中插入回车符和换行符。

②参数 Button。MsgBoxStyle 枚举类型,可选项,指定显示在该对话框底部的按钮,如表 3.4 所示。显示消息对话框五个方面内容:值(0,1,2,3,4,5)描述了按钮类型与数目,值(16,32,48,64)描述了图标的样式,值(0,256,512,768)指定了默认按钮,值(0,4096)则决定消息框的强制返回性,值(16384,65536,524288,1048576)指定消息框是否为前台窗口及文本对齐方式和方向等。将这些数字相加生成 Buttons 参数值的时候,只能由每组值取用一个数字。这些常数都是指定的,可以在程序代码中使用这些常数名称代替实际数值。

**表 3.4 MsgBoxStyle 枚举常量**

| 常　量 | 值 | 说　明 |
|---|---|---|
| vbOKOnly | 0 | 只显示"确定"按钮 |
| vbOKCancel | 1 | 显示"确定"和"取消"按钮 |
| vbAbortRetryIgnore | 2 | 显示"终止""重试""忽略"按钮 |
| vbYesNoCancel | 3 | 显示"是""否""取消"按钮 |
| vbYesNo | 4 | 显示"是"和"否"按钮 |
| vbRetryCancel | 5 | 显示"重试"和"取消"按钮 |
| vbCritical | 16 | 显示"关键信息"图标 |
| vbQuestion | 32 | 显示"警告询问"图标 |
| vbExclamation | 48 | 显示"警告消息"图标 |
| vbInformation | 64 | 显示"通知消息"图标 |
| vbDefaultButton1 | 0 | 第一个按钮是默认值(默认设置) |
| vbDefaultButton2 | 256 | 第二个按钮是默认值 |
| vbDefaultButton3 | 512 | 第三个按钮是默认值 |
| vbDefaultButton4 | 768 | 第四个按钮是默认值 |
| vbApplicationModal | 0 | 应用程序强制返回;应用程序一直被挂起,直到用户对消息框做出响应才继续工作 |
| vbSystemModal | 4096 | 系统强制返回;全部应用程序都被挂起,直到用户对消息框做出响应才继续工作 |
| vbMsgBoxHelpButton | 16384 | 将 Help 按钮添加到消息框 |
| vbMsgBoxSetForeground | 65536 | 指定消息框窗口作为前景窗口 |
| vbMsgBoxRight | 524288 | 文本为右对齐 |
| vbMsgBoxRtlReading | 1048576 | 指定文本应为在希伯来和阿拉伯语系统中的从右到左显示 |

③Title。指定消息对话框标题栏中显示的消息,如缺省则显示项目名称。

④MsgBox 函数返回值,MsgBoxResult 枚举常量。当用户选择消息对话框中任一个按钮后,返回代表所选按钮的整数,程序根据这个返回值进行相应处理,如表 3.5 所示。

**表 3.5 MsgBoxResult 枚举常量**

| 常数 | 值 | 说明 |
|---|---|---|
| vbOK | 1 | 确定 |
| vbCancel | 2 | 取消 |
| vbAbort | 3 | 终止 |

（续）

| 常数 | 值 | 说明 |
|---|---|---|
| vbRetry | 4 | 重试 |
| vbIgnore | 5 | 忽略 |
| vbYes | 6 | 是 |
| vbNo | 7 | 否 |

如果应用程序需要显示一段简短信息(比如显示出错、警告等信息),没有必要从头创建窗口、安排控件,使用 MsgBox 函数既简单又方便。用户只有响应该窗口后,程序才能继续运行下去。例如:

信息通知:

```
MsgBox("操作成功!",vbOKOnly+vbInformation,"提示")
```

操作选择:

```
If MsgBox("是否继续?",vbYesNo+vbQuestion,"选择")= MsgBoxResult.OK Then
    '继续
Else
    '否则退出,或做其他操作
End If
```

问题警告:

```
If MsgBox("存储空间不足,请删除冗余文件!", _
        vbOKOnly + vbExclamation,"警示") = MsgBoxResult.Ignore Then
Else
    Exit Sub
End If
```

提示:使用 MessageBox.Show()可以弹出消息对话框。

## 3.4 综合实例开发

**例 3.8** 设计一个类似于记事本的简单文字编辑处理软件,综合应用菜单、对话框等控件。在该记事本中添加一个 MenuStrip 主菜单控件,添加打开、保存和字体设置 3 个对话框控件,用于实现文件的保存与打开及字体设置。再添加一个 Timer 时钟控件,该控件用于判断文本编辑框中有没有选定文本,如果当前没有选定文本,则“剪切”与“复制”两个按钮以灰色显示,以及判断系统剪切板中有没有内容,如果没有内容,则“粘贴”按钮的颜色为灰色。

```
Public Class Form1
    '新建菜单
    Private Sub mnuNewText_Click(sender As Object, e As EventArgs) Handles mnuNewText. Click
        RichTextBox1. Text = ""
```

```
End Sub
'打开文件
Private Sub mnuOpenFile_Click(sender As Object, e As EventArgs) Handles mnuOpenFile.Click
    Dim filename As String
    OpenFileDialog1.Title ="保存文件"
    OpenFileDialog1.Filter ="文本文件(*.txt)|*.txt|所有文件(*.*)|*.*"
    OpenFileDialog1.ShowDialog()
    filename = OpenFileDialog1.FileName
    If filename.Length > 0 Then
        RichTextBox1.LoadFile(filename, RichTextBoxStreamType.PlainText)
    End If
End Sub
'保存文件
Private Sub mnuSaveFile_Click(sender As Object, e As EventArgs) Handles mnuSaveFile.Click
    SaveFileDialog1.Title ="保存文本文件"
    SaveFileDialog1.Filter ="文本文件(*.txt)|*.txt|所有文件(*.*)|*.*"
    SaveFileDialog1.ShowDialog()
    RichTextBox1.SaveFile(SaveFileDialog1.FileName, RichTextBoxStreamType.PlainText)
End Sub
'剪切
Private Sub mnuCutText_Click(sender As Object, e As EventArgs) Handles mnuCutText.Click
    Clipboard.SetText(RichTextBox1.SelectedText)
    RichTextBox1.SelectedText =""
End Sub
'复制
Private Sub mnuCopyText_Click(sender As Object, e As EventArgs) Handles mnuCopyText.Click
    Clipboard.SetText(RichTextBox1.SelectedText)
End Sub
'粘贴
Private Sub mnuPasteText_Click(sender As Object, e As EventArgs) Handles mnuPasteText.Click
    RichTextBox1.SelectedText = Clipboard.GetText()
End Sub
'设置字体
Private Sub mnuSetFont_Click(sender As Object, e As EventArgs) Handles mnuSetFont.Click
    FontDialog1.ShowDialog()
    RichTextBox1.Font = FontDialog1.Font
End Sub
'自动换行
Private Sub mnuWrapText_Click(sender As Object, e As EventArgs) Handles mnuWrapText.Click
    If RichTextBox1.WordWrap = False Then
        RichTextBox1.WordWrap =True
    Else
        RichTextBox1.WordWrap =False
    End If
```

```
    End Sub
    '运用时钟控件判断剪贴板状态,决定菜单项是否可用
    Private Sub Timer1_Tick(sender As Object, e As EventArgs) Handles Timer1.Tick
        If Clipboard.GetText = "" Then
            mnuPasteText.Enabled = False
        Else
            mnuPasteText.Enabled = True
        End If
        If RichTextBox1.SelectedText = "" Then
            mnuCutText.Enabled = False
            mnuCopyText.Enabled = False
        Else
            mnuCutText.Enabled = True
            mnuCopyText.Enabled = True
        End If
    End Sub
End Class
```

提示:时钟控件用于检测文本编辑框中有无选择的数据,以及检测剪贴板中有无数据,没有必要检测太频繁,间隔时间太长也不好,因此使用该控件要先设置其 InterVal=100,单位是 ms。另外,程序运行前该控件的 Enabled 属性要设置为 True。

## 习　题

### 一、选择题

1. VB 采用(　　)的编程方法。

A. 面向对象　　B. 面向过程

C. 面向问题　　D. 面向用户

2. 将数据项"China"添加到列表框 List1 中并使之成为第一项,应使用的语句是(　　)。

A. List1. AddItem "China",0　　B. List1. AddItem "China",1

C. List1. AddItem "China"　　D. List1. AddItem "1,China"

3. 要想让 txtshow 文本框中显示文本"GOOD LUCK!",可以实现的方法有(　　)。

A. 在程序中加入代码 txtshow. Text="GOOD LUCK !"

B. 将 txtshow 文本框的 Text 属性值设置为"GOOD LUCK !"

C. 将 txtshow 文本框的 Caption 属性值设置为"GOOD LUCK !"

D. 将 txtshow 文本框的 Font 属性值设置为"GOOD LUCK !"

4. 无论何种控件,共同具有的属性是(　　)。

A. Text 属性　　B. Caption 属性

C. Autosize 属性　　D. Name 属性

5. 下面关于 PictureBox 控件与 Image 控件说法不正确的是(　　)。

A. PictureBox 控件可以作为控件容器,因此比 Image 控件占用资源多

B. Image 控件能够自动调整大小以适应载入的图片

C. PictureBox 控件除具有 Image 控件的特性外,还能作为容器

D. PictureBox 控件能使图片自动调整大小以适应 PictureBox 控件的大小。

6. 为了使文本框同时具有水平和垂直滚动条,应先把 Multiline 属性设置为 True ,然后再把 Scrollbars 属性设置为(　　)。

A. 1　　B. 0　　C. 3　　D. 2

7. 使文本框获得焦点的方法是(　　)。

A. Change　　B. SetFocus　　C. GotFocus　　D. LostFocus

8. 下列控件中可设置滚动条的是(　　)。

A. 复选框　　B. 框架　　C. 文本框　　D. 标签框

9. 可以得到焦点的控件是(　　)。

A. 标签　　B. 框架　　C. 文本框　　D. 计时器

10. 文本框不具有的属性是(　　)。

A. Caption　　B. Multiline　　C. Font　　D. Height

11. 下列对象不能响应 Click 事件的是(　　)。

A. 列表框　　B. 图片框　　C. 窗体　　D. 计时器

12. 对于定时器(Timer)控件,设计其定时是否开启的属性是(　　)。

A. Interval　　B. Enabled　　C. Index　　D. Enable

13. 下列控件不能够改变大小的是(　　)。

A. 标签　　B. 框架　　C. 文本框　　D. 计时器

14. 将定时器的时间间隔设置为 1 s,则定时器的 Interval 属性值应设为(　　)。

A. 100　　B. 1000　　C. 10　　D. 1

15. 不能作为容器的对象是(　　)。

A. 窗体　　B. 框架　　C. 图片框　　D. 图像框

16. 若要使某命令按钮获得控制焦点,可使用的方法是(　　)。

A. LostFocus　　B. SetFocus　　C. Point　　D. Value

17. 文本框控件中将 Text 的内容全部显示为所定义的字符的属性项是(　　)。

A. PasswordChar　　B. 需要编程来实现　　C. Password　　D. 以上都不是

**二、填空题**

1. VB 提供了列表框控件,当列表框中的项目较多、超过了列表框的长度时,系统会自动在列表框边上加一个__________。

2. __________属性用来设置窗体的标题。它确定和改变显示在窗体标题栏中的文本。

3. 假设有一复选框控件,名为 Check1,在程序中用“Check1. Value = 1”语句设置 Value 属性的值,则该程序执行后,复选框处于__________状态。

4. 滚动条响应的重要事件有__________和__________。

5. 如果有 3 个单选按钮直接画在窗体上,另有 4 个单选按钮画在框架中,则运行时可以同时选中__________个选项按钮。

6. __________属性为列表框中的每个列表项设置一个对应的数值,它是一个整数数组,数组大小与列表项的个数一致。

7. 当程序开始运行时,要求窗体中的文本框呈现空白,则在设计时,应当在此文本框的属性窗口中把此文本框的__________属性设置为空。

8. 为了能自动放大或缩小图像框中的图形以与图像框的大小相适应,必须把该图像框的 Stretch 属性设置为__________。

9. 假定在 C 盘根目录下有一个名为 pic2.gif 的图形文件,要在运行期间把该文件装入一个图片框,应执行的语句为__________。

10. 要禁用计时器控件,需要将 Visible 属性设置为__________。

11. 滚动条所处的位置可由__________属性标识。

12. 将命令按钮 Command1 设置为不可见,应修改该命令按钮的__________属性。

**三、简答题**

1. 简述建立下拉菜单的步骤。

2. 在 KeyDown 事件中如何判断 Ctrl+P 组合键是否同时按下?

# 第4章 Visual Basic语言基础

数据类型是高级语言的一大特点，为了快速地对数据进行运算并有效地利用存储空间，Visual Basic把各种不同的数据归纳为多种数据类型。每种类型的数据都有类型名称及对应的存储形式，其取值范围也不同。

数据类型可以用来定义变量、数组、常量、过程的参数与返回值、类和结构体的数据成员等。

## 4.1 数据类型、常量与变量

### 4.1.1 Visual Basic基本数据类型

数据是指可以被计算机处理的信息。不同类型的数据有不同的操作方式及取值范围。Visual Basic的数据包括数值型、字符型、字符串型、逻辑型以及日期时间型。

**1. 数值型**

该类型数据如表4.1所示。前8种表示整数，使用二进制补码形式存储数据。精度越高的数据表示范围越大，其所占的存储空间也越大，运算速度越慢。

Visual Basic提供了类型字符和类型符号，用于强制指定常量类型，如不加则按输入的方式给予默认的类型：

```
TextBox1. Text = Information. TypeName(314&)        '长整型
TextBox2. Text = Information. TypeName(314. 0!)     '单精度型
TextBox3. Text = Information. TypeName(314)         '整型
TextBox4. Text = Information. TypeName(314. 0)      '双精度型
TextBox5. Text = Information. TypeName(314S)        '短整型
```

类型字符仅可用于修饰常量，类型符号还可以用来定义变量，如：

```
Dim Pi! '定义单精度类型变量 Pi
```

**2. 字符型(Char)、字符串型(String)**

Char型使用2字节保存16位编码，可以表示0~65 535之间的一个整数，也可以表示单个Unicode字符。其默认类型字符为“C”。0~127个码位对应ASCII字符集，128~256个码位对应货币符号、重音符号、分数等特殊字符，256~65 535对应其他类型符号，如各种文本字符、数学或技术字符等。

String 型用来描述字符串,其类型符号为“ $ ”。字符串是指由多个字符组成的有序队列,由若干 16 位编码序列组成。该类型数据可以用于存放文字信息,其占用存储空间的大小由存储的字符数量确定,因此属于变长类型。

```
TextBox6. Text = Information. TypeName( " A" C)        '字符型
TextBox7. Text = Information. TypeName( " A" )         '字符串型
```

提示:一般提到的空字符串是指" ",它还是字符串,只不过是一种长度为零的字符串,在内存中与非空字符串一样是以一个 Unicode 字符“Null”结尾。

在 Visual Basic 字符串中使用" "表示单个双引号," " " "表示双引号。

```
TextBox8. Text =" abc" " def" " " " ghi"    '输出:abc" def" " ghi
```

3. 逻辑型(Boolean)

逻辑型也称为布尔型,该类型数据占 2 字节的存储空间,取值只有两个值:True 和 False。常被用于描述 “是”与“否”、“对”与“错”等只有两种取值情况的应用。

4. 日期时间型(Date)

Date 类型数据用 8 个字节表示日期和时间。表示的日期和时间范围分别为公元 100 年 1 月 1 日—9999 年 12 月 31 日以及 12:00:00AM—11:59:59. 9999999PM。

表 4.1 数值型数据类型

| 序号 | 类型名称 | 中文名称 | 类型字符 | 类型符号 | 字节数 | 可表示值的范围 | 别称 |
|---|---|---|---|---|---|---|---|
| 1 | SByte | 有符号字节型 | | | 1 | 整数,-128~127 | |
| 2 | Byte | 字节型 | | | 1 | 整数,0~255 | |
| 3 | Short | 短整型 | S | | 2 | 整数,-32 768~32 767 | Int16 |
| 4 | UShort | 无符号短整型 | US | | 2 | 整数,0~65 535 | UInt32 |
| 5 | Integer | 整型 | I | % | 4 | 整数,-2 147 483 648~2 147 483 647 | Int32 |
| 6 | UInteger | 无符号整型 | UI | | 4 | 整数,0~4 294 967 295 | UInt32 |
| 7 | Long | 长整型 | L | & | 8 | 整数,-9 223 372 036 854 775 808~9 223 372 036 854 775 807 | Int64 |
| 8 | ULong | 无符号长整型 | UL | | 8 | 整数,0~18 446 744 073 709 551 615 | UInt64 |
| 9 | Single | 单精度浮点型 | F | ! | 4 | 实数,$-3.402\ 823\times 10^{38}$ ~ $3.402\ 823\times 10^{38}$,6~77 位有效数字 | |
| 10 | Double | 双精度浮点型 | R | # | 8 | 实数,$-1.797\ 693\ 134\ 862\ 32\times 10^{308}$ ~ $1.797\ 693\ 134\ 862\ 32\times 10^{308}$,14~15 位有效数字 | |
| 11 | Decimal | 实型 | D | @ | 16 | 定点实数,+/-79 228 162 514 264 337 593 543 950 335,29 个有效位数 | |

注:Visual Basic 除以上数据类型外,还包括 Object 通用类型,以及枚举类型、结构体和类等自定义数据类型。

### 4.1.2 常量

常量是指在程序运行过程中其值始终保持不变的量,不能修改和赋值。Visual Basic 常量共有四种:直接常量、(自定义)符号常量、(自定义)枚举常量和系统常量。

### 1. 直接常量

直接常量是指在程序代码中,以直接明了的方式给出的数,其值反映了类型。

(1)整型常量。整型常量有十进制表示法、八进制表示法以及十六进制表示法。十进制表示法与人们的日常书写方法相同,下面是一些常见的十进制整型常量:

8　10　-12　2000　2367

在 Visual Basic 中,整型常量默认是整型类型,如果超出了整型类型表示范围,则默认是长整型的整型常量。均为十进制整型常量。

八进制表示法以进制表(字母 O)开头,后面接由 0~7 组成的八进制数。八进制常量如下所示:

```
&O11    &O123    &O777    &O146
```

十六进制表示法以进制表(字母 H)开头,由 0~9、A~F 字符构成。十六进制常量如下所示:

```
&H13    &HAA    &HBBB    &HAA374
```

(2)实数常量。实数常量可以使用日常的书写方式。若整数部分或小数部分为 0,则可以省略该部分,但要保留小数点。如 3.14159、0.23、24.、-.45、-0.5。

实数常量也可以用指数形式来表示,通常采用 mEn 的结构,其中 m 是一个整型常量或者实数常量,n 为整数常量,m 和 n 均不能省略。如 1E2、13.22E0。

需要注意的是,实数常量中的“E”可以使用小写字母“e”替代。在 Visual Basic 中,实数常量默认为双精度浮点型。

(3)字符串型常量。字符串型常量必须以一对英文的双引号" "把实际的文本包括起来。双引号称为字符串的“界定符”,表示字符串的开始与结束。下面是几个字符串常量:

```
" VB"    "中国"    " ,"    " 123.25"    "H365 "    " "
```

如果两个引号之间没有任何字符,表示一个空字符串。空字符串是特殊的字符串,可以用于清空文本框的内容:

```
TextBox1.Text=""                    '清空文本框
```

(4)逻辑型常量。逻辑型常量只有两个:True 和 False。

(5)日期时间型常量。日期时间型常量表示一个确切日期与时间,使用“#”号作为界定符。如日期 2018 年 1 月 2 日可以表示如下:

```
#1/2/2018#    #2018/1/2#    #Jan 2  2018#    #January 2  2018#
```

### 2. 符号常量

符号常量使用 Const 语句来声明,并设置它的值,其格式为:

```
Const 符号常量名[As 类型]=表达式
```

其命名规则应符合标识符规范,采用易于理解的名称来替代数字或字符串。通常为了与变量有明显的区分,符号常量名一般全部采用大写字母的组合或加上“con”作为前缀。可以使用类型符号替代“As 类型”,或者直接根据表达式的类型确定所定义常量的类型。例如:

```
Const FOUNDATIONDAY As date=#1/10/1949#
Const STUDENTID $ ="1920173034"
Const PI=3.1415926
```

### 3. 枚举常量与枚举类型

枚举(Enum)是批量定义相关常量的一种方法,被定义的枚举类型由多个枚举常量组成,枚举常量是由一个有意义的名称代表一个整数。定义枚举常量的语法格式为:

```
[Public|Private] Enum 枚举类型名[As 数据类型]
枚举常量 1[=整数值 1]
枚举常量 2[=整数值 2]
……
End Enum
```

枚举类型名和枚举常量名的命名规则遵循 Visual Basic 对标识符的要求。数据类型可以是 Byte、Long、Short、UInteger、ULong 等整数类型之一,默认为 Integer 型。

以下的语句定义了枚举类型 WeekDays,包括了 7 个枚举常量,对应一个星期中的 7 天。因未显式地指定整数值,默认地从上到下一次赋予了 0、1、2、…、6。

```
Public Enum WeekDays
    Sunday
    Monday
    Tuesday
    Wednesday
    Thursday
    Friday
    Saturday
End Enum
```

等价于:

```
Public Enum WeekDays
    Sunday = 0
    Monday = 1
    Tuesday = 2
    Wednesday = 3
    Thursday = 4
    Friday = 5
    Saturday = 6
End Enum
```

定义枚举变量之后,相应的整数值便可用该常量代替,如 5 可以用 Friday 代替,必要时可以使用类型名修饰,即 WeekDays. Friday。

使用枚举常量的好处是,可以用一些便于记忆、有特定意义的“单词”代替一些整数。也可以使用枚举类型来定义变量,如以下语句定义 WeekDays 类型的变量 workday:

```
Dim workday As WeekDays                '定义枚举类型的变量
```

可以使用枚举常量为变量赋值:

```
workday = WeekDays. Friday
workday = WeekDays. Monday
```

除了自定义的枚举变量外,系统还包含了大量 Visual Basic 预定义的枚举变量,这些系统定义的枚举变量可以直接使用。“属性”窗口中以列表形式提供可选项的属性,其值类型一般均为枚举常量。此外,枚举常量还经常被用于函数的参数。

**4. 系统常量**

VB. NET 提供了大量系统内部预先定义的内部符号常量与枚举常量。

(1) *内部符号常量*。VB. NET 内部符号常量通常以小写的“vb”开头。例如 vbCrlf,表示回车换行符,相当于 Chr(13) + Chr(10),又如 vbTab 代表制表跳格符。

(2) *内部枚举常量*。VB. NET 内部可视化控件的一些属性,如颜色、边框线型通常只有几个固定的选项,为方便直观地描述这些有限且不相关的集合,使用了系统定义的枚举类型。如 FontStyle 是枚举名,可以取值 Bold、Underline、Italic 等枚举常量,例如:

```
TextBox1. Font = New Font("宋体", 12, FontStyle. Bold)
```

## 4.1.3 变量

**1. 变量的声明**

变量是指在程序运行时其值可以被改变的量。不同于常量,变量可以多次赋值,因此常用于保存程序中的临时数据。变量命名时应遵循以下规则:

①名字只能由字母、数字和下画线组成。

②名字的第一个字符必须是英文字母,最后一个字符可以是类型说明符。

③名字的有效字符为 255 个。

④不能用 Visual Basic 的保留字作为变量名,但可以把保留字嵌入变量名中。

下面是一些合法的变量名:

```
A13bc    Na1me    intAge    x12My_string    _x2
```

以下是一些非法的变量名:

```
3X    a. 68    Public    +x    we $
```

**2. 定义变量**

定义变量是指为变量指定变量名、数据类型及作用域,也称为声明变量。其语法格式如下:

```
Public|Private|Dim|Static 变量名[As 数据类型名][=初值]
```

其中关键字 Public|Private|Dim|Static 用来指明变量的作用范围(作用域)。

(1)语句块级变量。是指在语句块中定义的变量,其语法结构为:

```
Dim 变量名[As 数据类型名][=初值]
```

常见的语句块主要包括 Do…Loop、For[Each]…Next、If…End If、Select…End Select、With…End With、While…End While,后续章节将介绍这些语句块结构。语句块是过程中的一部分,因为块级变量的作用域小于过程级变量。

(2)过程级变量。又称为局部变量,定义在过程内、语句块结构之外,其作用域为所在的过程。定义过程级变量的语法结构为:

```
Dim|Static 变量名[As 数据类型名][=初值]
```

使用 Dim 关键字定义的过程级变量是"动态变量",即当所在的过程执行完毕后,变量就会消失并释放其所占用的内存。过程再次启动时,需要给变量重新分布空间。

使用 Static 定义的变量为静态变量,它与 Dim 定义的变量不同之处在于:当执行一个过程结束时,过程中所用到的 Static 变量的值会保留,下次再调用此过程时,变量的初值是上次调用结束时被保留的值;而 Dim 定义的变量在过程结束时不保留,每次调用时需要重新初始化。

下面的语句定义了 3 个不同类型的过程级变量:

```
Dim intAge As Integer=18        '定义整型变量 intAge,赋初值 18
Dim blnFlag As Boolean          '定义逻辑型变量 blnFlag
Static strName As String        '定义静态字符串型变量 strName
```

(3)模块级变量。定义在窗体模块(或标准模块、结构体和类模块)的内部、模块内的所有过程外面的变量,作用域为所在的模块。其语法格式为:

```
Private|Dim 变量名 [As 数据类型名][=初值]
```

其中关键字 Private 和 Dim 是等效的。模块级变量在程序启动时被创建,程序结束时被清除。

(4)全局变量。是指在本程序的所有模块中都可以对其值进行存取操作的变量,也称为公有变量。全局变量定义的位置与模块级变量相同,在程序启动时创建,程序结束时被清除。公有变量使用 Public 关键字定义:

```
Public 变量名[As 数据类型名][=初值]
```

各级变量的作用域大小如图 4.1 所示。

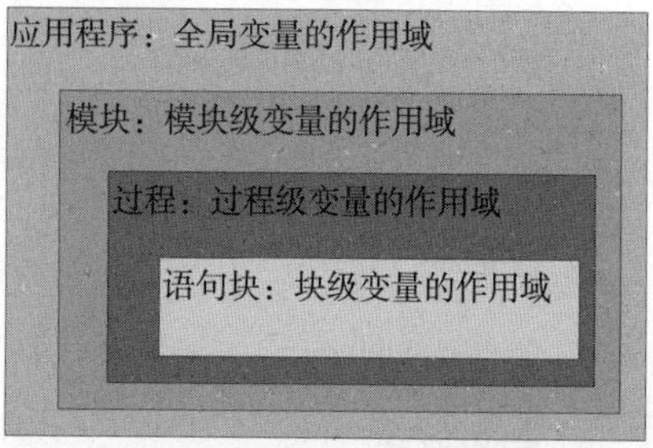

(5)一条语句定义多个变量。Visual Basic 允许使用一条语句定义多个变量。语法格式如下:

```
Public|Private|Dim|Static 变量 1[As 类型][,变量 2[As 类型],…]
```

应用程序:全局变量的作用域
模块:模块级变量的作用域
过程:过程级变量的作用域
语句块:块级变量的作用域

图 4.1 变量的作用域

如果相邻的变量数据类型相同,则可以省略前面的"[As 类型]"。例如,下面两条变量定义语句功能相同:

```
Dim a,b,c As Integer
Dim a As Integer,b As Integer, c As Integer
```

(6)变量的初值与默认值。可以在定义变量的语句中直接给变量赋初值,例如:

```
Dim score As Single=85.8
```

如果定义变量时未赋初值,根据其数据类型不同,系统按照以下规则自动赋给变量默认值:

①所有数值型变量的默认值为0(或者0.0)。

②逻辑型变量的默认值为False。

③日期时间型变量的默认值为#0001/1/1 0:00:00#。

④字符串变量的默认值为Nothing,不是空字符串。

⑤字符型变量的默认值为内码为0的特殊字符。

⑥Object变量的默认值为Nothing。

**3. Option Explicit On|Off**

该语句用于决定变量定义时是否需要强制显式说明。当设置为On时强制要求变量必须先定义后使用。如设置为Off,变量类型将由被赋值的类型决定或为Object类型。

# 4.2 运算符与表达式

## 4.2.1 运算符

按照运算量类型的不同,Visual Basic提供的运算符主要包括算术运算符、比较运算符、逻辑运算符以及字符串运算符。

**1. 算术运算符**

常用的算术运算符见表4.2

**表4.2 算术运算符**

| 运算符 | 意义 | 示例 | 运算结果 |
|---|---|---|---|
| + | 加法运算 | 2.4+1.3 | 3.7 |
| - | 减法运算 | 3-6 | -3 |
| + | 取正数 | +3.5 | 3.5 |
| - | 取负数 | -3 | -3 |
| * | 乘法运算 | 2.3*6 | 13.8 |
| / | 除法运算 | 2/8 | 0.25 |
| ^ | 幂运算 | 3^2 | 9 |

（续）

| 运算符 | 意义 | 示例 | 运算结果 |
|---|---|---|---|
| \ | 整除运算 | 7\2 | 3 |
| Mod | 求余运算 | 5 Mod 2 | 1 |

说明：\是整除运算符，如果参加运算的两个量是整数，则取其商的整除部分，如 5\2，得 2。如果参加运算的两个量（除数和被除数）是实数，则先按四舍五入原则变成整数，然后取其商的整除部分，如 4.6\2.4，先变成 5\2，结果为 2。

### 2. 比较运算符

比较运算符也称为关系运算符，用来对两个数值的大小进行比较，其运算结果为 True 或者 False。表 4.3 给出了常见的 6 种比较运算符。

**表 4.3　比较运算符**

| 运算符 | 意义 | 示例 | 运算结果 |
|---|---|---|---|
| < | 小于 | 2.4<1.3 | False |
| > | 大于 | 6>3 | True |
| <= | 小于或等于 | 3<=5 | True |
| >= | 大于或等于 | -1>=-2 | True |
| = | 等于 | 2.3=6 | False |
| <> | 不等于 | 2<>8 | True |

需要注意的是，比较运算符要注意和赋值运算符严格区分。下面的语句中有两个等号，左边的“=”是赋值，右边的“=”是比较运算符，不要认为是连续赋值语句。

```
a=b=c          '两个等号从左至右依次为赋值号和比较运算符
```

### 3. 逻辑运算符

逻辑运算符是专门对逻辑值进行运算的运算符，参与运算的值是 True 或 False，其结果也为 True 或 False。Visual Basic 提供了 6 个逻辑运算符，其运算规则如表 4.4 所示。

①“与”运算符 And。

②“短路与”运算符 AndAlso。

③“或”运算符 Or。

④“短路或”运算符 OrElse。

⑤“非”运算符 Not。

⑥“异或”运算符 Xor。

AndAlso 运算符与 And 运算符规则相同，都是双目运算符。但当第一个操作数是 False 时，AndAlso 不再计算第二个操作数。同理，OrElse 与 Or 的运算规则相同，但当第一个操作数的值为 True 时，不再计算第二个操作数，直接返回 True 作为计算结果。

**表 4.4　逻辑运算符**

| a | b | a And b | A AndAlso b | a Or b | a OrElse b | Not a | a Xor b |
|---|---|---|---|---|---|---|---|
| True | True | True | True | True | True | False | False |
| True | False | False | False | True | True | False | True |
| False | True | False | False | True | True | True | True |
| False | False | False | False | False | False | True | False |

## 4.2.2　表达式

表达式(expression)是指由运算符和运算量组成的式子,用来描述对什么数据按什么顺序进行何种运算。表达式的最终结果称为表达式的值,也有相应的数据类型。表达式是语句的一部分,不能单独用作语句,可以用来为变量和属性赋值,也可以作为函数、过程及方法的参数调用。

### 1. 表达式的运算及运算符优先级

一般而言,如果表达式中运算符个数不止一个,在优先级相同的情况下,表达式的运算顺序总是从左到右进行。如赋值表达式:

```
x=2+3-4+4-6
```

按照从左往右的顺序计算,变量 x 被赋的值为-1。

不是所有的表达式都是按由左往右的顺序进行计算,运算符有不同的优先级。当一个表达式中有多个运算符时,先进行优先级高的运算,再进行优先级低的运算。表 4.5 按优先级从高到低的顺序给出了 Visual Basic 中所有的运算符。

**表 4.5　运算符的优先级(由高到低)**

| 序号 | 运算符 | 说　明 | 类　型 |
|---|---|---|---|
| 1 | ^ | 幂运算 | 算术运算符 |
| 2 | +,- | 取正,取负 | |
| 3 | *,/ | 乘法,除法 | |
| 4 | \ | 整除 | |
| 5 | Mod | 求余(取模)运算 | |
| 6 | +,- | 加法(字符串连接),减法 | |
| 7 | & | 字符串连接 | 字符串连接运算符 |
| 8 | <<,>> | 左移位,右移位 | 移位运算符 |
| 9 | =,<>,<,>,<=,>=, | 相等, 不相等,小于,大于,小于或等于,大于或等于 | 比较运算符 |
| | Like,Is,IsNot,TypeOf…Is | 字符串匹配,对象型比较,类型比较 | |
| 10 | Not | 非 | 逻辑运算符 |
| 11 | And,AndAlso | 与,短路与 | |
| 12 | Or,OrElse | 或,短路或 | |
| 13 | Xor | 异或 | |

由表 4.5 可知，算术运算符优先级>比较运算符优先级>逻辑运算符优先级。所有比较运算符的优先级相同。

2. 表达式书写与求值

Visual Basic 表达式和代数中的算式很相似，然而它们是两个不同的概念。代数中的算式书写比较随意，而 Visual Basic 中的表达式却要遵循严格的语法要求。

**例 4.1** 写出代数式 $\frac{-b-\sqrt{b^2-4ac}}{2a}$ 的 Visual Basic 语句。

```
(-b-Sqrt(b^2-4 * a * c))/(2 * a)
```

**例 4.2** 写出判断一个变量 x 的值是不是“可以被 3 整除的奇数”的逻辑表达式。

```
x Mod 3=0 And x Mod 2<>0
(x Mod 3=0) And (x Mod 2<>0)
x Mod 2=1 And x Mod 3=0
```

**例 4.3** 已知 a=3,b=4,c=5，计算下列表达式的值。

①Not(a+b)+c-1 And b+c/2

计算过程：先将变量值代入，分别计算(a+b)+c-1 和 b+c/2 的值，得到 Not 11 And 6，由于 Not 优先级高于 And，把整数写成二进制的形式，得到：

Not 00001011 And 00000110

上述表达式中，先计算 Not，然后进行 And 运算操作，得到 00000100，转化为十进制得到结果为 4。

②a=b=c

计算过程：a=b=c→3=4=5→False=5→False

故最终输出为 False。

需要注意的是，“a=b=c”作为单独的语句使用时，意义和表达式不一样。作为语句使用时，“a=b=c”是一个赋值语句，先计算 b=c 的结果，再把该结果赋值给变量 a，即 a=(b=c)，在本例中，得到 a=False。

### 4.2.3 字符串比较

字符串运算符包括连接运算符、比较运算符以及匹配运算符。

1. 连接运算符

连接运算符是指把两个字符串首尾连接成一个字符串，实现该功能的运算符有“+”和“&”。以下是几个使用“+”和“&”实现字符串连接的例子：

```
"40" &"25"      '运算结果为 4025
"40"+"25"       '运算结果为 4025
"abcd"+" efgh"  '运算结果为 abcdefgh
```

需要注意“+”还具有算术运算的功能：

```
"40"+25        '运算结果为 65
40+"25"        '运算结果为 65
```

### 2. 比较运算符

比较运算符实现字符串的比较。两个字符串比较按字符串的对应字符从左到右逐个比较。当第一个字符串的第一个字符与第二个字符串的第一个字符相同时,比较第一个字符串的第二个字符与第二个字符串的第二个字符,以此类推,直到比较出大小。如果两个字符串完全相同,则相等;如果一个字符串是另一个字符串的前半部分,则字符数多的字符串大于字符数少的。字符的大小一般按照字符的内码来比较,即内码大的字符大于内码小的字符。例如:

```
"A">"B"      '结果是 False
"ab"<"ac"    '结果是 True
```

### 3. 匹配运算符

字符串的匹配是指被比较字符串的内容是否符合模板字符串规定的样子,比较的语法如下:

```
s1 Like s2
```

其中 s1 和 s2 都是字符串值,s1 是被比较的字符串;s2 充当模板。如果 s1 与 s2 定义的模板匹配,运算的结果为 True,否则为 False。常见的模板字符如表 4.6 所示。

**表 4.6　Like 运算中的模板字符**

| 模板字符 | 意　义 | 示　例 |
| --- | --- | --- |
| ? | 通配符,代表任一个字符 | |
| * | 通配符,代表任意多个字符(可以是 0 个) | |
| # | 通配符,代表任一个数字(0~9) | |
| [多个字符] | 方括号内的任一个字符 | [xyz]表示 xyz 中之一 |
| [! 多个字符] | 不在方括号内的任一个字符 | [! xyz]不是 xyz 之一 |
| [字符 1-字符 2] | 字符 1 和字符 2 之间的任一个字符 | [a-d]表示 abcd 之一 |
| [! 字符 1-字符 2] | 不在字符 1 和字符 2 之间的任一个字符 | [! a-d]除 abcd 之外的任一个其他字符 |

如果 s2 中没有表 4.6 中的模板字符,则当 s1 和 s2 完全相等时,则被认为是匹配的。例如:

```
"xyz" Like "xyz"       '结果为 True,匹配
"xyz" Like "XYZ"       '结果为 True
"xb"  Like "xc"        '结果为 False,不匹配
```

如果 s2 中有模板字符,则当 s1 中的每个字符与 s2 中的对应非模板字符相等、模板字符意义相符时,s1 和 s2 是匹配的。例如:

```
"xYYx" Like "x*x"          '匹配,结果为 True
"B" Like "[A-Z]"           '匹配,结果为 True
```

```
"xyz" Like "[abc]"          '不匹配,结果为 False
"x" Like "[!xyzabc]"        '不匹配,结果为 False
```

# 4.3 公共函数

## 4.3.1 与数学相关的函数

### 1. 常用数学函数

本节介绍的数学函数(表 4.7),属于 System. Math 命名空间,调用时需要在函数名前加"Math."限定符。若在模块代码的顶部有以下语句,可不用限定符。

```
Imports System.Math
```

表 4.7 数学函数

| 序号 | 函数 | 参数类型 | 返回值类型 | 功能简介 |
|---|---|---|---|---|
| 1 | Sin(a) | Double | Double | 返回参数的正弦值,参数单位为弧度 |
| 2 | Cos(a) | Double | Double | 余弦函数,参数单位为弧度 |
| 3 | Tan(a) | Double | Double | 正切函数,参数单位为弧度 |
| 4 | Atan(d) | Double | Double | 反正切函数,返回值单位为弧度 |
| 5 | Sqrt(d) | Double | Double | 返回参数的算术平方根,参数不能为负值 |
| 6 | Log(d)<br>Log(a,newbase) | Double | Double | Log(d)计算 d 的自然对数值;Log(a,newbase)计算以 newbase 为参数、a 为底的对数值 |
| 7 | Log(d) | Double | Double | 返回参数 d 以 10 为底的对数值即 $\log_{10}d$ |
| 8 | Exp(d) | Double | Double | 计算 $e^d$ 的值,其中 e 为自然对数的底 |
| 9 | Pow(x,y) | Double | 数值型 | 返回 x 的 y 次幂 $x^y$ 的值 |
| 10 | Abs(value) | 数值型 | 数值型 | 返回参数 value 的绝对值 |
| 11 | Sign(value) | 数值型 | Integer | 如果参数 value=0,返回 0;如果 value<0,返回-1 |
| 12 | Max(val1,val2) | 数值型 | 数值型 | 返回两个参数中较大的参数值 |
| 13 | Min(val1,val2) | 数值型 | 数值型 | 返回两个参数中较小的参数值 |
| 14 | Sinh(value)<br>Cosh(value)<br>Tanh(Value) | Double | Double | 返回参数 value 的双曲正弦、双曲余弦和双曲正切函数值 |

### 2. 取整函数

System. Math 模块中提供了 Fix 和 Int 两个求整函数,其使用方法如下:

```
Fix(number)
Int(number)
```

其中 number 可以是任意数值类型。Fix 函数截去 number 的小数部分,返回整数部分;Int 函数返回小于或者等于 number 的最大整数。

Fix 和 Int 的区别在于对负数的处理方式不同。前者返回大于或者等于 number 的最小整数,后者返回小于或者等于 number 的最大整数。例如,Fix(-7.4)=-7,Int(-7.4)=-8。

### 3. 随机函数

随机函数由 Microsoft.VisualBasic.VBMath 类提供,常用的包括 Rnd 函数和 Randomize 函数。Rnd 函数的语法形式如下:

```
Rnd([number])
```

每次调用 Rnd 函数可返回一个[0,1)区间中的 Single 类型随机值。如果 number 小于零,则 Rnd 函数每次都使用 number 作为种子生成相同的数值;如果参数 number 大于零,则 Rnd 函数生成序列中的下一个随机数;如果 number 等于零,则 Rnd 函数生成最近生成的数值。参数 number 可以省略,此时生成序列中的下一个随机数。

Randomize 函数的语法形式如下:

```
Randomize([number])
```

Rnd 函数生成的随机数需要提供一个"种子",如果种子相同,Rnd 函数生成的随机值也相同。在调用 Rnd 函数前,可以先用 Randomize 函数建立新的随机值"种子"。

Rnd 函数直接返回的是[0,1)区间内的 Single 类型值,如果要生成其他区间的随机数,则需要做相应的变换,常见的变换包括:

①生成[0,x)区间的随机浮点数,表达式为 Rnd()*x。

②生成[m,n)区间的随机浮点数,表达式为 m+Rnd()*(n-m)。

③生成[m,n]区间的随机整数,表达式为 Int(m+Rnd()*(n-m+1))。

## 4.3.2 字符串函数

### 1. 常用字符串函数

Visual Basic 提供了大量的用于生成字符串或处理字符串的函数,这些函数可以用于实现诸如字符串与数值之间的转换、字母大小写转换、字符串搜索等功能。常用的字符串函数如表 4.8 所示。

表 4.8 常用的字符串函数

| 序号 | 函数 | 参数类型 | 返回值类型 | 功能 |
|---|---|---|---|---|
| 1 | Space(Number) | Integer | String | 返回一个由 Number 个空格组成的字符串 |
| 2 | Len(Expression) | String 或者其他类型 | Integer | 如果参数是字符串类型,Len 返回字符串中字符个数。如果参数是其他类型的变量,Len 返回变量所占用内存的字节数 |
| 3 | Trim(str) | String | String | 删除参数 str 字符串中的前导和尾随空格并返回剩余部分 |
| 4 | LTrim(str)<br>RTrim(str) | String | String | 分别删除参数 str 字符串中的前导(LTrim)和尾随(RTrim)空格,返回剩余部分 |
| 5 | Chr(CharCode)<br>ChrW(CharCode) | Integer | Char | Chr 和 ChrW 按参数 CharCode 指定的内码返回相应的字符<br>Chr 函数对应单字节字符集(SBCS,内码为 0~255)或双字节字符集(DBCS,内码为 32 768~65 535) |

（续）

| 序号 | 函　数 | 参数类型 | 返回值类型 | 功　能 |
|---|---|---|---|---|
| 6 | AscW(String)<br>Asc(String) | Char 或 String | Integer | 返回参数指定的字符或字符串首字符的内码值，功能分别与 Chr 和 ChrW 相反 |
| 7 | GetChar(str, Index) | String, Integer | Char | 返回 str 字符串第 Index 个字符(字符序号从 1 开始)。参数 Index 不能小于 1 或大于字符串的字符总数 |
| 8 | UCase(Value)<br>LCase(Value) | Char 或 String | Char 或 String | UCase 和 LCase 分别将 Value 参数指定的字符、字符串中的字母转换为大写或小写字母，非字母字符不变 |
| 9 | Mid(str, start, [length]) | String, Integer, Integer | String | 返回 str 字符串从第 start 个字符开始的连续 length 个字符组成的子串。如果省略 length 参数，则返回从 start 个字符开始的后面的所有字符。如果 start 参数大于字符串的长度，则返回空字符串 |
| 10 | InStr ([Start], String1, String2, [Compare]) | Integer, String, Compare, Method | Integer | InStr 函数从字符串 String1 左端搜索字符串 String2 首次出现的位置，返回位置序号。如果指定 Start 参数，则从该参数指定的位置开始搜索。返回值总是从字符 String1 左端第 1 个字符算起。如果没有搜索到，则返回 0。最后一个参数 Compare 是 Compare Method 枚举类型值：Binary 或 Text，前者区分西文字符的大小写，后者不区分 |
| 11 | Right(str, Length)<br>Left (str, Length) | String, Integer | String | Right 返回 str 字符串最右边(最后)的 Length 个字符组成的子串。Left 返回最左边的子串。如果参数 Length 大于字符串的长度，则返回整个字符串 |
| 12 | Split(Expression, [Delimit] [Limit] [Compare]) | String, String, Integer, Compare Method | | Split 将 Expression 参数指定的长字符串，用 Delimit 参数指定的单字符作为分隔符，切割为多个子字符串，作为数组返回。省略 Delimit 参数表示使用空格做分隔符。Limit 参数指定最多分隔多少份，如果省略 Limit 参数，表示不限制。Compare 参数指定文本比较模式，见 Instr 函数 |
| 13 | StrReverse (Expression) | String | String | 将参数指定的字符串的字符前后颠倒后返回，即产生反向字符串 |
| 14 | LSet(Source, Length)<br>RSet(Source, Length) | String, Integer | String | LSet 创建一个长度为 Length 的空字符串，并将 Source 字符串放置到该字符串的左端，剩余位置由空格填补。RSet 函数把 Source 字符串放到右端，其他同 LSet |
| 15 | Val(InputStr) | String | Double | Val 函数将字符串中连续的数值型字符转换为数值并返回。从左到右，遇到第一个非数值字符结束。Val 函数认为是数值有效组成部分的字符有：0~9 的十个数字，正负号，小数点，组成浮点常量的 E、e、D、d 四个字符，以及表示八进制数的 &O 和十六进制数的 &H。忽略空格、制表符与换行符 |
| 16 | Hex(Number)<br>Oct(Number) | 整数型 | String | 分别将参数 Number 转换为十六进制和八进制表示形式的字符串 |
| 17 | Str(Number) | Object | String | 把各种类型(数值型、逻辑型、日期型等)的参数 Number 转换为字符串。正数转换为字符串时有一个前导空格 |

### 2. 字符串函数应用举例

(1)Str 与 CStr 函数。当参数 Number 为正数时，Str 返回的字符串第一个字符为空格(相当于符号位)，而 CStr 没有空格。例如 Str(-3.14)的返回值为"-3.14"，CStr(-3.14)的返回值也为"-3.14"。Str(11)的返回值为"-11"(3 个字符)，CStr(11)的返回值为"11"(两个字符)。

(2) Val 函数。Val 函数将字符串转换为数值，当无法转换为数值时，Val 函数返回 0，不会出现类型无法转换的错误。例如：

```
Val("36.5th No, 118th ")            '返回值为 36.5
Val("+798.3e-2")                    '返回值为 7.983
Val("&HFFFF")                       '返回值为十进制数-1
```

注意：Val 的返回值是 Int 类型，用两个字节表示。

(3) LTrim 函数、RTrim 函数、Trim 函数。这 3 个函数主要用于去除字符串左右空格，例如：

```
LTrim("   Listen To The Radio   ")       '返回"Listen To The Radio   "
RTrim("   Listen To The Radio   ")       '返回"   Listen To The Radio"
Trim("   Listen To The Radio   ")        '返回"Listen To The Radio"
```

(4) Mid 函数。Mid 主要用于提取字符串指定位置上的字符。下面给出 Mid 的用法：

```
Mid("earth",2,1)    '返回"a"
Mid("earth",2)      '返回"arth"
```

此外，Mid 函数还可以用来修改字符串中指定位置上的字符，格式为：

```
Mid(string1,start[,length])=string2
```

即将字符串变量 string1 从第 start 个字符起的 length 个字符用字符串 string2 来替换。例如：

```
Dim tmpString As String
tmpString="This is a book"
Mid(tmpString,11,4)= "bike"        'tmpString 的值为 This is a bike
```

(5) Len 函数。Len 函数可以返回字符串中字符的个数，即字符长度。也可以返回其他类型变量或常量所占的内存字节数。

```
Dim s1 As String   ="南京农业大学"
Dim s2 As String   ="NJAU"
Dim s3 As Integer   =2019
TextBox1=Len(s1)   'Len 函数返回值为 6
TextBox2=Len(s2)   'Len 函数返回值为 4
TextBox2=Len(s3)   'Len 函数返回值为 4
```

(6) Format 函数。通过 Format 函数可获取特定格式的输出。Format 函数的语法形式为：

```
Format(Expression As Object,Style As String) As String
```

Format 将任意类型的表达式 Expression 的值,按照字符串参数 Style 指定的格式转换为字符串。Style 是可选参数,若只有一个 Expression 参数,则按默认的转换方式转换为字符串。Style 参数既可是 Visual Basic 预定义的字符集(表 1.3),也可以使用格式控制字符来定义。常用的转换格式如表 4.9 所示。

表 4.9 数值转换格式控制符

| 序号 | 控制符 | 意　义 |
|---|---|---|
| 1 | 0 | 数字占位符。代表一位数字或者零 |
| 2 | # | 数字占位符。代表一位数字或者什么都不显示 |
| 3 | Percent | 被转换的数字乘以 100,结果采用%显示,小数点右边总是两位数 |
| 4 | , | 千分位占位符,将小数点左边超过 4 位数以上的分为千位 |
| 5 | "Yes/No" | 如果被转换的数值为 0,则输出"No",否则输出"Yes" |

下面是一些格式控制输出的例子：

```
Format(5459.4,"##,##0.00")      '返回值为 5459.40
Format(334.9,"###0.00")         '返回值为 334.90
Format(5459243, "")             '返回值为 5,459,243
Format(12, "P")                 '返回值为 1200.00%
Format(12,"Yes/No")             '返回值为 Yes
```

## 4.3.3 日期与时间函数

Visual Basic 提供了大量处理日期和时间数据的函数,这些函数属于 DateAndTime 类的属性和方法,可以直接调用。

### 1. Now 属性、Today 属性、TimeOfDay 属性

Now 是只读属性,用于获取计算机当前的日期和时间。Today 和 TimeOfDay 属性是可读可写属性,用于设置或者获取计算机当前日期和时间。

```
Dim cTime as Date
cTime=Today                 '返回系统的日期赋值给变量 cTime
cTime=TimeOfDay             '返回系统的时间赋值给变量 cTime
cTime=Now                   '返回系统的日期和时间赋值给变量 cTime
Today=#8/25/2019#           '设置系统的日期为 2019 年 8 月 25 日
TimeOfDay=#8:00:00AM#       '设置系统的时间为上午 8:00
```

### 2. DateString 属性、TimeString 属性

用于以字符串的形式获取或者设置计算机系统日期和时间。日期字符串默认格式为"MM-dd-yyyy",时间字符串格式为"HH:mm:ss"。

```
TextBox1.Text= DateString       '把系统当前日期以字符串形式赋值给文本框
TimeString="20:22:00"           '设置系统时间
```

### 3. Year 函数、Month 函数、Day 函数

用于返回给定日期型参数 DateValue 的年份数值、月份数值、日期数值(Integer 类型),其语法形式如下:

```
Year( DateValue As Date) As Integer
Month( DateValue As Date) As Integer
Day( DateValue As Date) As Integer
```

例如:

```
Day( #3/5/2018#)        '返回值为 3
```

### 4. Hour 函数、Minute 函数、Second 函数

这 3 个函数用于返回参数 TimeValue 的小时数值、分钟数值和秒钟数值。

```
Hour( #2018-11-5 8:00:00AM#)   '返回值为 8
```

### 5. Weekday 函数

Weekday 函数的语法形式为:

```
Weekday( DateValue As DateTime, DayOfWeek As FirstDayOfWeek) As Integer
```

其返回值是一个整数,表示 DateValue 是一周中的第几天,FirstDayOfWeek 参数用于指定星期几是一周中的第一天,取值与意义如表 4.10 所示。

**表 4.10　FirstDayOfWeek 枚举常量**

| 数值 | 枚举常量 | 意　义 |
|---|---|---|
| 0 | System | 使用系统设置 |
| 1 | Sunday | 星期日(默认) |
| 2 | Monday | 星期一 |
| 3 | Tuesday | 星期二 |
| 4 | Wednesday | 星期三 |
| 5 | Thursday | 星期四 |
| 6 | Friday | 星期五 |
| 7 | Saturday | 星期六 |

### 6. Timer 属性

为只读属性,返回从当日午夜零点到当前时刻所经历的秒数。

```
Microsoft. VisualBasic. Timer
```

## 4.3.4　类型测试函数

类型函数是属于 Information 类的方法,在使用时可以直接调用,不用添加 Information 类名限定。

### 1. TypeName 函数

TypeName 的语法格式为：

```
TypeName(VarName As Object) As String
```

TypeName 函数以字符串形式返回给定参数 VarName 的数据类型，参数 VarName 可以是常量、变量、数组和表达式等。

(1)若 VarName 是普通变量名，将以字符串形式返回数据类型名称，如"Integer"、"Double"等。

(2)若 VarName 是对象型变量，则返回具体对象类型，如"TextBox"、"Button"等。

(3)若 VarName 是一个数组名，则返回数组类型名加一个空括号，如"Integer()"等。TypeName 的详细返回结果如表 4.11 所示。

**表 4.11　TypeName 函数参数与返回值对照**

| 序号 | VarName 参数值类型 | 返回值 |
|---|---|---|
| 1 | 16 位 True 或 False 值类型 | "Boolean" |
| 2 | 8 位二进制类型 | "Byte" |
| 3 | 16 位字符值类型 | "Char" |
| 4 | 64 位日期和时间值类型 | "Date" |
| 5 | 128 位定点型数值类型 | "Decimal" |
| 6 | 64 位浮点数值类型 | "Double" |
| 7 | 32 位整型值类型 | "Integer" |
| 8 | 64 位整型值类型 | "Long" |
| 9 | 8 位有符号整数值类型 | "SByte" |
| 10 | 16 位整数值类型 | "Short" |
| 11 | 32 位浮点数值类型 | "Single" |
| 12 | 指向由 16 位字符组成的字符串的引用类型 | "String" |
| 13 | 32 位无符号整数类型 | "UInteger" |
| 14 | 64 位无符号整数类型 | "ULong" |
| 15 | 16 位无符号整数类型 | "UShort" |
| 16 | 指示缺少数据或者不存在数据的引用类型 | "DBNull" |
| 17 | 指向专用对象的引用类型 | 对象类型 |
| 18 | 指向不专用对象的引用类型 | "Object" |
| 19 | 当前未赋予任何对象的引用类型 | "Nothing" |
| 20 | 数组名 | 类型加括号，如"Integer()" |

### 2. VarType(VarName)函数

VarType(VarName)函数的语法形式如下：

```
VarType(VarName As Object) As VariantType
```

其中 VarName 可以是变量名、数组名或者表达式。VarType 函数可用于测试参数的当前类型或者当前值，返回值为 VariantType 枚举常量。具体返回值信息如表 4.12 和表 4.13 所示。

**表 4.12　VarType 函数的返回值**

| 序号 | VarName | VarType 函数的返回值 |
| --- | --- | --- |
| 1 | 普通变量 | 变量数据类型的枚举值，见表 4.13 |
| 2 | Nothing | VariantType. Object |
| 3 | DBNull | VariantType. Null |
| 4 | 枚举值 | 基础数据类型 |
| 5 | 数组 | 数组元素类型和 VariantType. Array 的按位 Or 运算结果 |
| 6 | 嵌套数组 | VariantType. Object 和 VariantType. Array 的按位 Or 运算 |
| 7 | 结构体 | VariantType. UserDefinedType |
| 8 | Exception | VariantType. Error |
| 9 | 未知 | VariantType. Object |

**表 4.13　VariantType 枚举常量**

| 数值 | 枚举常量 | 说明 |
| --- | --- | --- |
| 0 | Empty | Null 引用 |
| 1 | Null | Null 对象 |
| 2 | Short | Short |
| 3 | Integer | Integer |
| 4 | Single | Single |
| 5 | Double | Double |
| 7 | Date | Date |
| 8 | String | String |
| 9 | Object | Object |
| 10 | Error | System Exception |
| 11 | Boolean | Boolean |
| 13 | DataObject | DataObject |
| 14 | Decimal | Decimal |
| 17 | Byte | Byte |
| 18 | Char | Char |
| 20 | Long | Long |
| 36 | UserDefinedType | 结构体 |
| 8192 | Array | 数组 |

如果被测试的是一个数组名，返回值为 8192 加上它的类型所代表的值；如果是数组元素，则返回值与同种类型的变量的返回值一样。

```
Dim intArr(3,4) As Double
i=VarType(intArr)          '返回值为 8197=8192+5
```

```
i=VarType(intArr(1,1))    '返回值为 5
```

如果被测试的是一个空数组名,则返回值为 9。

3. IsNumeric 函数

IsNumeric 函数的语法如下:

```
IsNumeric(Expression As Object) As Boolean
```

如果 Expression 是一个有效的数值,则返回 True,否则返回 False。

4. IsDate 函数

IsDate 函数的语法如下:

```
IsDate(Expression As Object) As Boolean
```

如果 Expression 是一个有效的日期时间值,则返回 True,否则返回 False。

5. IsArray 函数

IsArray 函数的语法如下:

```
IsArray(Expression As Object) As Boolean
```

如果 Expression 是一个数组名或引用了数组的 Object 类型变量名,则返回 True,否则返回 False。如果是空数组,则返回 False。

6. IsNothing 函数

IsNothing 函数的语法如下:

```
IsNothing(Expression As Object) As Boolean
```

如果表达式 Expression 是未引用任何对象的对象型变量,则返回 True,否则返回 False。

```
Dim x As Object
IsNothing(x)    '返回值为 True,x 未引用任何对象
```

7. IsReference 函数

IsReference 函数的语法如下:

```
IsReference(Expression As Object) As Boolean
```

如果表达式 Expression 表示引用类型,则返回 True,否则返回 False。

### 4.3.5 分支函数

本节介绍几个属于 Interation 类常用的分支函数,用于实现简单的分支选择。

1. IFF 函数

IFF 函数的语法形式为:

```
IFF(Expression As Boolean, TruePart As Object,FalsePart As Part) As Object
```

当逻辑型表达式 Expression 的值为 True,函数返回第二个参数 TruePart 的值;否则,返回

第三个参数 FalsePart 的值。例如,可以使用 IFF 函数求出 a、b 两个值中的较大值: max=IFF(a>b,a,b),如果 a=3,b=4,则 max=IFF(a>b,a,b)的值为 4。

#### 2. Choose 函数

Choose 函数的语法如下:

```
Choose(Index As Double,ParamArray Choice As Object()) As Object
```

Choose 函数第一个参数为整型表达式,调用时第二个参数可以是数组也可以是多个值。参数 choice1、choice2……可以是任何类型的表达式。当 Index 参数为 1 时,此时函数返回 choice1 的值或数组第一个元素值;当 Index 参数为 2 时,此时函数返回 choice2 的值或数组第二个元素值,以此类推。如果参数的 Index 的值小于 1 或者超出可选项数,则返回 Nothing。

以下控制台程序代码的第一个输出返回“星期三”,第二条输出返回 Nothing。

```
Dim s1 As String, s2 As String
s1 = Choose(3,"星期一", "星期二", "星期三")
s2 = Choose(4,"星期一", "星期二", "星期三")
Console.WriteLine(s1)
Console.WriteLine(s2)
Console.ReadLine()
```

#### 3. Switch

Switch 函数的语法如下:

```
Switch(ParamArrayVarExpr As Object()) As Object
```

Switch 支持不定数量的参数,参数个数必须是偶数,从左往右依次计算奇数序号参数 VarExpr1、VarExpr3……的值,遇到第一个值为 True 的参数时,返回下一个相邻偶数序号参数的值;如果 VarExpr3 值为 True,则返回 VarExpr4 的值,以此类推。当有参数的值为 True 时,只返回最前面参数对应的值。如果所有的奇数参数值均不为 True,则返回 Nothing。以下程序的输出结果为 8。

```
Module Module1
    Sub Main()
        Dim intValue As Integer = -8
        Console.WriteLine("Absolute value: " & _
            Microsoft.VisualBasic.Switch(intValue < 0, -1 * intValue, intValue >= 0, intValue))
        Console.ReadLine()
    End Sub
End Module
```

### 4.3.6 My 功能

Visual Basic 提供了用于快速开发应用程序的新功能。这些新功能不仅功能强大,还提高了生产效率和易用性。其中一种功能是“My”,通过它可以访问与应用程序及其运行环境相关的信息和默认对象实例。My 功能是通过层次结构提供的,如图 4.2 所示。如果“My”为顶级,常用的一级成员包括 My. Computer、My. Application、My. Forms、My. User 等，二级成员有 My. Computer. Audio、My. Computer. Info、My. Application. Info 等，还有三级、四级成员。

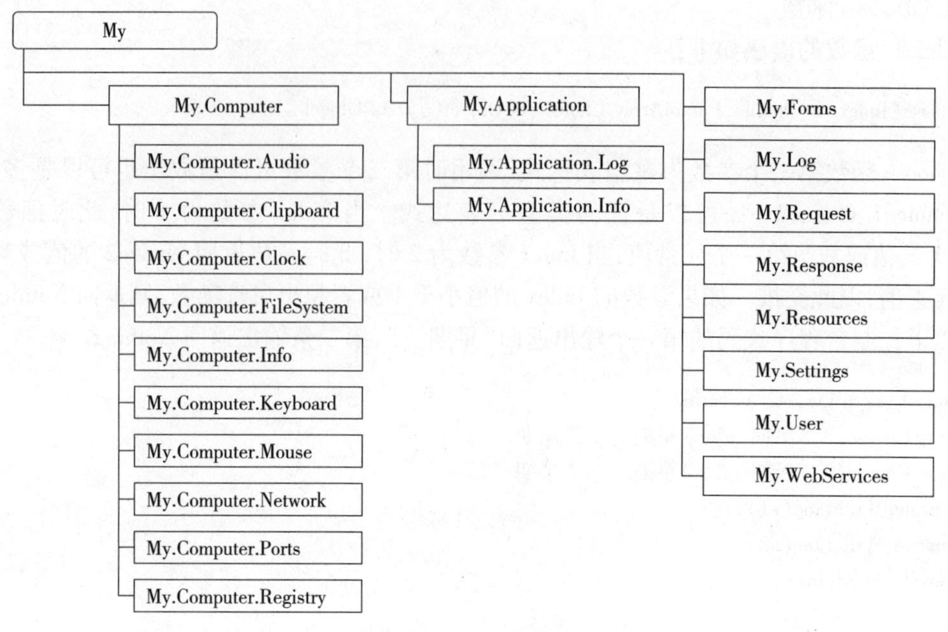


图 4.2　My 功能结构

本节只简单介绍 My. Computer，其他内容可查阅相关文档。

My. Computer 实际上是 Computer 类的实例，它提供了对计算机硬件的访问能力，其类成员如表 4. 14 所示。

**表 4. 14　My. Computer 的类成员**

| 序号 | 名称 | 说　明 |
|---|---|---|
| 1 | Audio | 用于播放声音 |
| 2 | Clipboard | 用于操作剪贴板 |
| 3 | Clock | 用于从系统时钟访问当前的本地时间和协调通用时间 |
| 4 | FileSystem | 用于处理驱动器、文件和目录 |
| 5 | Info | 用于获取有关计算机内存、已加载的程序集、名称和操作系统的信息 |
| 6 | Keyboard | 用于访问键盘当前状态，并提供向活动窗口发送击键的方法 |
| 7 | Mouse | 用于获取有关本地计算机中安装的鼠标的格式和配置信息 |
| 8 | Name | 计算机名称 |
| 9 | Network | 用于与计算机所连接的网络交互 |
| 10 | Ports | 用于访问计算机的串行端口 |
| 11 | Registry | 用于访问操作注册表 |
| 12 | Screen | 用于获取计算机主显示屏幕的信息 |

上述表格所述的二级成员大多都是对象，它们还有各自的下一级成员（属性或者方法），例如：

```
My. Computer. Info. TotalPhysicalMemory          '得到计算机的物理内存数量
My. Computer. Name                               '得到计算机名称
My. Computer. Audio. Play("d:\OK. wav")          '播放音乐文件
```

## 4.4 语句

语句是一个在语法上自成体系的单位，一条语句能够表达一个完整的语义，是程序的基本功能单位。在 Visual Basic. NET 中有两种语句：声明语句和可执行语句。

### 4.4.1 声明语句

声明语句用于定义变量、常量、过程、属性和数组，还可以用于定义数据类型。以下代码包含了 3 个声明语句：

```
Public Sub compute()
    Const pi As Double=3. 1415
    Dim r As Double
End Sub
```

第一个语句是 Sub 语句，和与其匹配的 End Sub 语句一起，声明了一个 compute 过程。第二个语句是声明了 pi 常量，并指定其类型为 Double 数据类型以及数值为 3. 1415。第三个语句是 Dim 语句，它声明变量 r。

### 4.4.2 可执行语句

可执行语句用于执行一项操作，它可以调用过程、分支到代码中的另一个位置，也可以循环执行多个语句，计算表达式的值。其中赋值语句是最简单的可执行语句。以下是一些可执行语句的示例：

```
Dim score As Single
Score=80
If Score<60
    Console. WriteLine("成绩不及格")
Else
    Console. WriteLine("成绩为:",Score)
End If
```

### 4.4.3 赋值语句

赋值语句是任何程序设计中最基本的语句，赋值语句都是顺序执行的，形式为：

```
变量名=表达式
```

它的作用是计算右边表达式的值，然后赋给左边的变量，表达式的类型应该与变量名的类型一致。当系统执行一个赋值语句时，将先求出赋值操作符"="右边表达式的值，然后再把该

值保存到"="左边的变量中,这就是所谓的"赋值"。使用赋值语句可使变量或某个对象的某个属性获得一个新值。例如:

```
a="This is a Visual Basic.NET book!"
x=y+z
c=2^c
Label1.Text="姓名:"
```

通过赋值语句的使用,可以获取一个对象某个属性当前的取值。在应用程序中,常常需要通过对某个对象当前的属性值进行判断,以决定程序流程下一步的走向。比如,在修改一个文本框的内容之前,首先需要知道当前的文本内容,使用下面的方法可以获取一个对象的属性值:

```
var=对象属性
```

其中 var 是变量名,它的取值就是对象的某个属性值。

在程序执行过程中,赋值语句以及各种操作对象的方法等都是顺序执行的。

## 4.5 类型的转换

数据的类型决定了存储值在计算机内存中的存在方式与大小。当数据从一种类型转换为另一种类型时,其在内存中的形态将发生相应的变化,存储的空间也会相应扩大或减小(可能会伴随信息丢失)。

类型的转换通常有以下 4 种情况:

(1)不同数据类型之间的赋值。当"="右侧表达式结果的类型与左侧被赋值的类型不一致时,右侧类型向左侧类型转换,不能转换的类型则报错。

(2)在表达式运算中,数据类型向运算符所要求的类型转换。

(3)当过程调用时,实参类型向形参类型转换。

(4)使用类型转换函数进行类型转换。

前 3 种都属于隐式转换,第 4 种属于显式转换,在编程的过程中应尽量避免隐式转换的使用。

### 4.5.1 不同数值类型之间的转换

不同数值类型之间转换遵循以下规则:当整数转化为浮点数时,内存存储格式发生改变,大小不变。当浮点数转化为整数时,遵循"四舍六入",正数进位方向为正,负数进位方向为负,当进位小数为 0.5 时,向最近的偶数靠拢。转换时若超出目标类型的表示范围,则不能进行转换。

```
Dim d1, d2, d3, d4 As Integer
d1 = 4.5
d2 = -4.5
d3 = 3.5
d4 = -3.5
TextBox1.Text = d1    '4
TextBox2.Text = d2    '-4
```

```
TextBox3.Text = d3      '4
TextBox4.Text = d4      '-4
d1 = 4.4
d2 = -4.4
d3 = 3.4
d4 = -3.4
TextBox1.Text = d1      '4
TextBox2.Text = d2      '-4
TextBox3.Text = d3      '3
TextBox4.Text = d4      '-3
d1 = 4.6
d2 = -4.6
d3 = 3.6
d4 = -3.6
TextBox1.Text = d1      '5
TextBox2.Text = d2      '-5
TextBox3.Text = d3      '4
TextBox4.Text = d4      '-4
```

提示:使用类型转换函数进行浮点数到整型数的显式转换时,进位的规则和进位的方向会有所不同。读者可模仿上面的例子进行研究。

当表达式中运算符号两侧数据类型不同时运算结果低精度类型向高精度类型转换。当进行除法运算时,结果为双精度型。

```
Dim d1, d3 As Integer, d2 As Single
d1 = 5
d2 = 2.5
d3 = 10
TextBox1.Text = Information.TypeName(d1 + d2)   '结果为单精度型
TextBox2.Text = Information.TypeName(d1 / d3)   '结果为双精度型
```

## 4.5.2 字符串类型与数值类型之间的转换

数值类型可以直接转化为字符串类型。仅以数值类字符(可包括小数点或 e 在内)组成的字符串才可以转化为数值型。实数形式的字符串转化为整型时会产生两次隐式转换,先转化为单精度型,再转为整型。

```
Dim d1 As Single, d2 As Integer
d1 ="3.14"
TextBox1.Text = d1      '3.14
d2 ="3.14"
TextBox2.Text = d2      '3
d3 ="3.14e16"
TextBox3.Text = d3      '31400000000000000
```

### 4.5.3 逻辑类型与数值类型、字符串类型之间的转换

数值类型转化为逻辑类型时,0 转化为 False,非零值均转化为 True;逻辑类型转化为数值类型时,False 转化为 0,True 转化为-1。下面的例子在计算关系表达式时,“>”右侧的逻辑变量发生了隐式转换,先将逻辑类型转化为数值类型,然后再进行比较。

```
Dim d1 As Integer, d3 As Boolean
d1 = -2
d3 =False
TextBox1.Text = d1 > d3   'False
```

逻辑类型与字符串类型只有逻辑真 True 与"True",逻辑假 False 与"False"之间可以互相转化,大小写不限。

### 4.5.4 日期时间类型与字符串类型之间的转换

日期时间类型可直接转化为字符串类型,“#”不会保留。只有表示有效时间日期格式的字符串方可转化为日期时间类型,但日期时间表示的方式较为自由,支持自动识别功能。

```
Dim d1, d2 As String, d3, d4 As Date
d1 ="0:57 5-20"
d3 = #5/20/2019 0:57:00#
d4 = d1
d2 = d3
TextBox1.Text = d4   '2019/5/20 0:57:00
TextBox2.Text = d2   '2019/5/20 0:57:00
```

### 4.5.5 类型转换函数

Visual Basic 提供类型转换函数进行显式转换。在编程过程中使用类型强制转换可以增加程序可读性,避免歧义性错误。使用 Visual Basic 类型转换函数优先于 .NET Framework 方法,如 ToString()。

CBool(expression):Boolean 数据类型
CByte(expression):Byte 数据类型
CChar(expression):Char 数据类型
CDate(expression):Date 数据类型
CDbl(expression):Double 数据类型
CDec(expression):Decimal 数据类型
CInt(expression):Integer 数据类型
CLng(expression):Long 数据类型
CObj(expression):Object 数据类型
CSByte(expression):SByte 数据类型
CShort(expression):Short 数据类型
CSng(expression):Single 数据类型

CStr(expression):String 数据类型
CUInt(expression):UInteger 数据类型
CULng(expression):ULong 数据类型
CUShort(expression):UShort 数据类型

## 习　　题

### 一、选择题

1. 代数运算式$\frac{a}{b+\frac{c}{d}}$对应的 Visual Basic 表达式是(　　)。

A. a/b+c/d　　B. a/(b+c)/d　　C. (a/b+c)/d　　D. a/(b+c/d)

2. 已知变量 a、b、c 中 c 值最小,下列表达式中可以判断 a、b、c 的值可否构成三角形三条边的是(　　)。

A. a>=b　And　b>=c　And　c>0　　B. a+c>b　And　b+c>a　And　c>0
C. (a+b>=c　Or　a-b<=c)　And　c>0　　D. a+b>c　And　a-b<c　And　c>0

3. 假设 b 是逻辑型变量,下面赋值语句中不出错的是(　　)。

A. b='True'　　B. b=. True.
C. b=#True#　　D. b=3<4

4. 下面表达式的值为 False 的是(　　)。

A. "n"&"969"<"967"
B. InStr("visualbasic","b")<>Len("basic")
C. Str(2000)<"1997"
D. Ucase("aBC")>"aBC"

5. 设 s1 和 s2 都是字符串型变量,s1="VisualBasic":s2="b",则下列表达式中结果为 True 的是(　　)。

A. Mid(s1,8,1)>s2
B. Len(s1)<>2 * Instr(s1,"1")
C. Chr(66)&Strings. Right(s1,4)="Basic"
D. Instr(Left(s1,6),"a")+60>Asc(UCase(s2))

6. 下面函数中返回值不是字符串的是(　　)。

A. Chr　　B. InStr　　C. Val　　D. Asc

7. Format(1732. 46,"+##,##0. 0%")的返回值为(　　)。

A. "173,236. 0"　　B. "1732. 5%"
C. "+173,246. 0%"　　D. "+173,246%"

8. Format(1732. 46,"+##,##0. 0%")的返回值为(　　)。

A. "173,236. 0"　　B. "1732. 5%"
C. "+173,246. 0%"　　D. "+173,246%"

9. 要判断两个整型变量 a 和 b 是否只有一个为零,下面的表达式不正确的是(　　)。

A. a * b=0　And　a<>b

B. (a=0 Or b=0) And a<>b

C. a=0 And b=0 Or a<>0 And b=0

D. a=0 Xor b=0

E. a * b=0 And a+b<>0

F. (a=0 Or b=0)And(a<>0 Or b<>0)

G. Not(a=0 And b=0)And(a=0 Or b=0)

H. a * b=0 And (a=0 Or b=0)

10. 下列5个表达式中,值为True的是(　　)。

1. False Or True　2. 4>=4　3. 2=2=2　4. 5>3>2　5. InStr("VisualBasic","Basic")

A. 全部　　B. 1、2、3、4　　C. 1、2　　D. 3、4

## 二、简答题

1. 简要叙述浮点数取整的方法及各方法间的差异。
2. 哪些情况会导致类型无法转换?
3. 请写出[99,999]区间内的随机整数表达式。
4. 叙述变量的命名规则及限制。
5. 请简述VB.NET中变量的作用域及定义方法。

# 第5章　流程控制

流程控制(也称为控制流程)是指计算机程序运行时,个别的指令(或陈述、子程序)运行或求值的顺序。计算机按照事先编制好的程序语句序列,完成相应的“计算”工作。程序通过算法实现流程控制,以便做出决策。因此算法包含决策,正确的决策才能得到正确的结果。编写代码时,通常需要两种决策:

(1)确定当前正在处理的是算法的哪一部分,以及算法的哪一部分可以解决当前的问题。

(2)根据一个或多个事实判决执行算法的不同部分。

需要一套机制来实现上述两种决策,进而合理描述程序流程,使得编写的代码满足逻辑自洽并最终能获得正确的结果,该机制称为流程控制结构。

面向过程的结构化程序设计提供了三种主要的控制结构来帮助编程人员完成决策:顺序结构、选择结构(分支结构)、循环结构。本章将详细介绍这三种控制结构。

做出决策最简单的方式就是分支结构,如决定向左走或向右走,就需要根据条件进行判断,根据测试结果执行不同的操作。Visual Basic. NET 提供了 If 语句和 Select Case 语句作为选择结构语句。

在计算机代码中,常常需要重复多次执行某项任务,达到目的后才终止,称为循环。Visual Basic. NET 提供了多种不同风格的循环结构语句,包括 Do…Loop、While…Wend、For…Next、For Each…Next 等,其中最常用的是 For…Next 语句和 Do…Loop 语句。条件型循环是根据某个条件决定循环的次数。

## 5.1　If 语句

### 5.1.1　单分支结构条件语句

语法格式如下:

(1)单行形式:

```
If <表达式> Then <语句>
```

(2)块形式:

```
If <表达式> Then
   <语句块>
End If
```

语句功能:当表达式的值为 True 或非零时,执行 Then 后面的语句或语句块,否则不做任何操作,实现单分支选择结构,其流程如图 5.1 所示。

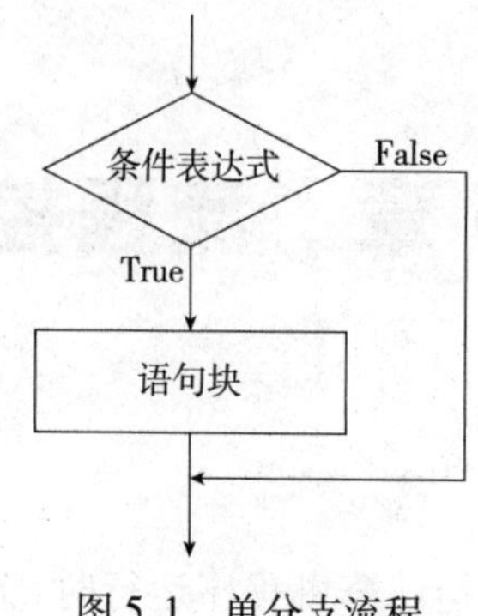


图 5.1 单分支流程

说明:

①表达式一般为关系表达式或逻辑表达式,也可为算术表达式。例如:

```
If n=0 Then End
If 年龄<=35 And 职称="讲师"   Then n=n+1
```

②格式(1)中的语句是单行语句,若要执行多条语句,语句间用冒号分隔,且必须在一行上。格式(2)中的语句块可以是一条或多条语句。

例如,语句 If x>y Then x=x-5:y=y+5 也可写成如下形式:

```
If x>y Then
    x=x-5
    y=y+5
End If
```

**例 5.1** 输入 x 的值,并输出其绝对值。程序代码如下:

```
Private Sub Button1_Click(sender As Object, e As EventArgs) Handles Button1.Click
    Dim x!
    x = InputBox("请输入一个数")
    If x < 0 Then x = -x
    Label1.Text ="绝对值是:" & x
End Sub
```

### 5.1.2 双分支结构条件语句

语法格式如下:

(1)单行形式:

```
If <表达式> Then <语句 1> Else <语句 2>
```

(2)块形式:

```
If <表达式> Then
```

```
    <语句块 1>
  Else
    <语句块 2>
End If
```

语句功能:当表达式的值为 True 或非零时,执行 Then 后面的语句或语句块,否则执行 Else 后面的语句或语句块,实现双分支选择结构,其流程如图 5. 2 所示。

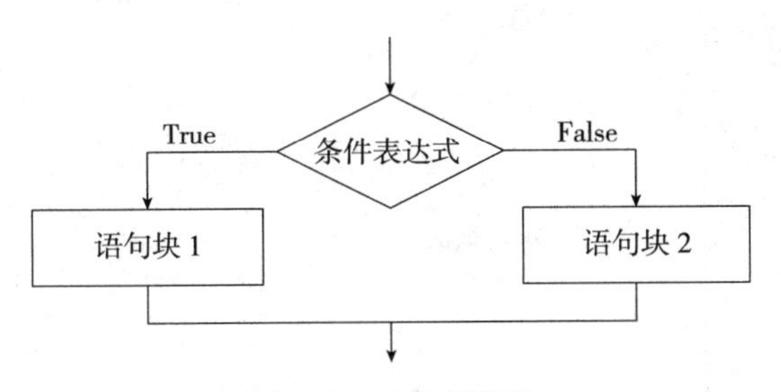


图 5. 2 双分支流程

**例 5. 2** 输入一个整数,判断其奇偶性。程序代码如下:

```
Private Sub Button1_Click(sender As Object, e As EventArgs) Handles Button1. Click
    Dim x As Integer
    x = InputBox("请输入一个整数")
    If x Mod 2 = 0 Then
        Label1. Text = x &"是偶数"
    Else
        Label1. Text = x &"是奇数"
    End If
End Sub
```

### 5. 1. 3 多分支结构语句

语法格式如下:

```
If <表达式 1> Then
  <语句块 1>
ElseIf <表达式 2> Then
  <语句块 2>
  ⋮
[Else
  <语句块 n+1>]
End If
```

语句功能:根据不同的表达式值确定执行哪个语句块,实现多分支选择结构,其流程如图 5. 3所示。

说明:先计算表达式 1 的值,若为真,则执行语句块 1,并跳过其他分支语句执行 If 语句的后续语句(即 End If 后面的语句);若为假,则计算表达式 2 的值,以此类推,直到找到一个为真的条件时,才执行相应的语句块,然后执行 End If 后面的语句。格式中的 Else 是可选项,表示若无任何表达式值为真,则执行语句块 $n+1$;若无 Else 项,且所有条件表达式值都不为真,则不执行 If 语句中的任何语句块。

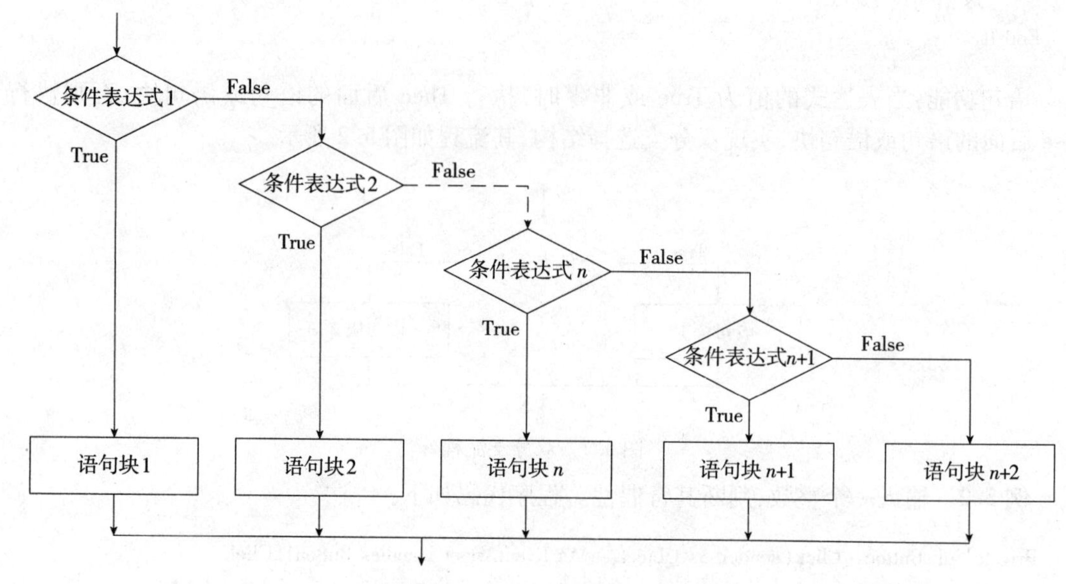


图 5.3　多分支选择结构流程

**例 5.3**　编写一个求成绩等级的程序,要求输入一个学生的百分制成绩,输出对应的等级。等级共分为五级。程序代码如下:

```
Private Sub Button1_Click(sender As Object, e As EventArgs) Handles Button1.Click
    Dim score As Integer
    Dim st As String
    score = Val(TextBox1.Text)
    If score >= 90 Then
        st ="A"
    ElseIf score >= 80 Then
        st ="B"
    ElseIf score >= 70 Then
        st ="C"
    ElseIf score >= 60 Then
        st ="D"
    Else
        st ="E"
    End If
    Label1.Text = st
End Sub
```

## 5.2　Select Case 语句

### 5.2.1　Select Case 语法结构

Select Case 语句是多分支结构的另一种表示形式,它可使程序代码更加简单、清晰、易读,通常根据一个表达式的不同值来决定执行多个语句块中的某一个。

语法格式如下：

```
Select Case  <测试表达式>
       Case  <条件 1>
             <语句块 1>
       Case  <条件 2>
             <语句块 2>
             ⋮
      [Case Else
             <语句块 n>]
End Select
```

语句功能：根据条件表达式的值转向相应的语句块，实现多路分支，其流程如图 5.4 所示。

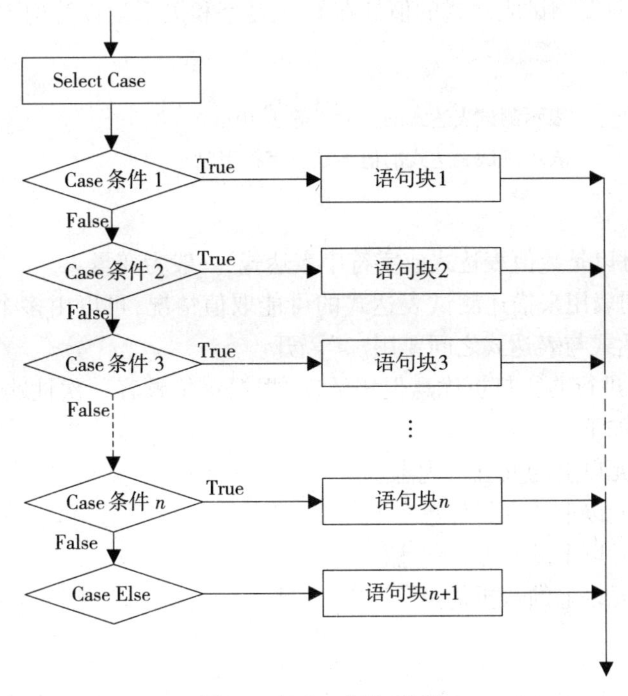


图 5.4　Select 语句流程

说明：

①先求出测试表达式的值，然后从上到下与各个 Case 子句中的条件值进行匹配，如果找到了相匹配的值，则执行该子句下的语句块。

②若有多个 Case 子句的值与测试表达式的值相匹配，则只执行第一个与之匹配的 Case 子句后面的语句块。

③如果没有任何 Case 子句中的表达式的值与之匹配，则执行 Case Else 子句中的语句块。

## 5.2.2　条件匹配形式

(1) 条件表达式值匹配形式。

①枚举型:条件表达式1[,条件表达式2][,…][,条件表达式 $n$]。

在这种形式中,只要测试表达式的值与给出的一个枚举值相等就可以匹配。例如:

```
Case "A", "B", "C"    '表示测试表达式的值可以是字符"A""B"或"C"中的一个
Case 1, 2, 3          '表示测试表达式的值可以等于数值1、2或3中的一个
Case a, b, c          '表示测试表达式的值可以等于变量a、b或c中的一个的值
```

②范围型:<表达式1> To <表达式2>。

在这种形式中,只要测试表达式的值处在范围区间(闭区间)内就可以匹配。例如:

```
Case -10 To 10        '表示测试表达式的值处在区间[-10,10]内
Case"A" To"F"         '表示测试表达式的值处在字母区间A~Z内
```

③关系型:Is <关系操作符> <表达式>。

在这种形式中,只要测试表达式的值处在Is关键字和关系运算符构建的开区间范围内就可以匹配。例如:

```
Case Is >= 10         '表示测试表达式的值大于等于10
Case Is <> ""         '表示测试表达式的值不是空字符串""
```

(2)格式说明。

①条件表达式可以是数值表达式或字符串表达式,一般为变量。

②条件表达式列表用来描述测试表达式的可能取值情况,可以由多个表达式(匹配形式可以不同)组成,表达式与表达式之间要用","隔开。

**例5.4** 某商店进行购物打折优惠促销活动,根据每位顾客一次性购物的消费额给予不同的折扣,具体方法如下:

(1)购物1 000元以上的九五折优惠。

(2)购物2 000元以上的九折优惠。

(3)购物3 000元以上的八五折优惠。

(4)购物5 000元以上的八折优惠。

程序代码如下:

```
Private Sub Button1_Click(sender As Object, e As EventArgs) Handles Button1.Click
    Dim x, y As Single
    x = Val(InputBox("请输入购物金额:"))
    Select Case x
        Case Is < 1000
            Label1.Text ="不优惠"
            y = x
        Case Is < 2000
            Label1.Text ="九五折优惠"
            y = 0.95 * x
        Case Is < 3000
            Label1.Text ="九折优惠"
```

```
            y = 0.9 * x
        Case Is < 5000
            Label1.Text ="八五折优惠"
            y = 0.85 * x
        Case Is >= 5000
            Label1.Text ="八折优惠"
            y = 0.8 * x
    End Select
    Label2.Text ="优惠后应收款额为:" & y.ToString
End Sub
```

**例 5.5** 判断在文本框中输入的字符所处的范围。程序代码如下：

```
Private Sub TextBox1_KeyPress(sender As Object, e As KeyPressEventArgs) Handles TextBox1.KeyPress
    Select Case e.KeyChar
        Case "a", "b", "c", "d"
            MessageBox.Show("您按下的键在""a~d""之间")
        Case "e" To "p"
            MessageBox.Show("您按下的键在""e~p""之间")
        Case "p" To "s", "t"
            '多个条件同时满足时,执行第一个条件对应的语句块
            MessageBox.Show("您按下的键在""q~t""之间")
        Case "u", "v" To "x", Is >= "y"
            MessageBox.Show("您按下的键在""u~z""之间")
        Case Else
            MessageBox.Show("未按下任何字母键")
    End Select
End Sub
```

### 5.2.3 Exit Select 语句

在 Select Case 语句结构中,可以使用 Exit Select 语句强制跳出该结构,直接执行 End Select 后面的语句,而无须再比对后面的条件表达式。

## 5.3 选择结构嵌套

### 5.3.1 同一种选择结构的嵌套

将一个选择语句结构放在另一个选择语句结构中,称为选择结构的嵌套,如图 5.5 所示。If 结构中可以嵌套另一个 If 结构,同理 Select Case 结构中的 Case 条件后的语句块中也可以嵌套另一个 Select Case 语句结构。

**例 5.6** 判断三条线段是否可以组成一个直角三角形。程序代码如下：

```
Private Sub Button1_Click(sender As Object, e As EventArgs) Handles Button1.Click
    Dim a, b, c As Single
    a = Val(TextBox1.Text)
```

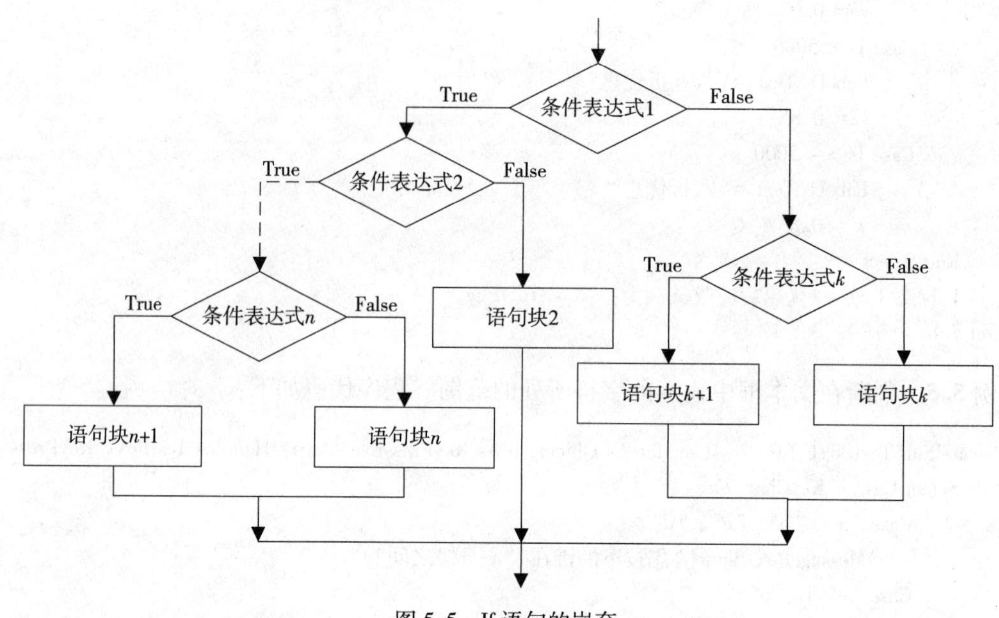


图 5.5　If 语句的嵌套

```
        b = Val(TextBox2.Text)
        c = Val(TextBox3.Text)
        If a + b > c And b + c > a And a + c > b Then
            MessageBox.Show("a、b、c 可以组成三角形")
            If a * a + b * b = c * c Or b * b + c * c = a * a Or a * a + c * c = b * b Then
                MessageBox.Show("并可以组成一个直角三角形")
            Else
                MessageBox.Show("但不能组成一个直角三角形")
            End If
        Else
            MessageBox.Show("a、b、c 不能组成一个三角形")
        End If
    End Sub
```

嵌套的层数没有限制，但随着嵌套层数的增多，设计者将难以确定代码中内在逻辑的完整性。If 语句的多分支格式实际上是一种 If 结构的多层嵌套形式。

提示：VB.NET 提供编写嵌套语句代码时的自动缩进功能，注意观察嵌套层次的缩进，这有助于对代码的理解。

## 5.3.2　选择结构的混合嵌套

选择结构的嵌套既可以是同一种结构的嵌套，也可以是不同结构之间的嵌套。例如，可以在 If 结构中包含 Select Case 语句，或在 Select Case 结构中包含 If 语句等形式。

**例 5.7**　求一元二次方程的根。程序代码如下：

```
Private Sub Button1_Click(sender As Object, e As EventArgs) Handles Button1.Click
    Dim a%, b%, c%, disc%, s!
```

```
a = Val(InputBox("输入系数 a"))
b = Val(InputBox("输入系数 b"))
c = Val(InputBox("输入系数 c"))
If a = 0 Then                '系数 a 为零时
    MessageBox.Show("方程只有一个根" & vbCrLf & "x=" & -c / b)
Else                         '系数 a 不为零时
    disc = b * b - 4 * a * c
    Select Case disc
        Case Is > 0
            s = Math.Sqrt(disc)
            MessageBox.Show("方程有两个不同实根" & vbCrLf & "x1=" _
                    & (-b + s) / (2 * a) & "x2=" & (-b - s) / (2 * a))
        Case Is = 0
            MessageBox.Show("方程有两个相同实根" & vbCrLf & "x1=x2=" & -b / (2 * a))
        Case Else
            MessageBox.Show("方程无解")
    End Select
End If
End Sub
```

# 5.4 Do…Loop 语句

## 5.4.1 语法结构

Do…Loop 语句是实现循环的方式之一,语法结构如下:

```
Do [While|Until 条件表达式]
    语句块|[Exit do]|[Continue Do]
Loop [While|Until 条件表达式]
```

如图 5.6 所示,在这种语法结构中循环目标的实现主要有两种方式:一种是当型循环,即当满足某个条件时,执行循环任务,条件不满足则终止循环;另一种是直到型循环,即执行循环,当满足某个条件时跳出循环。

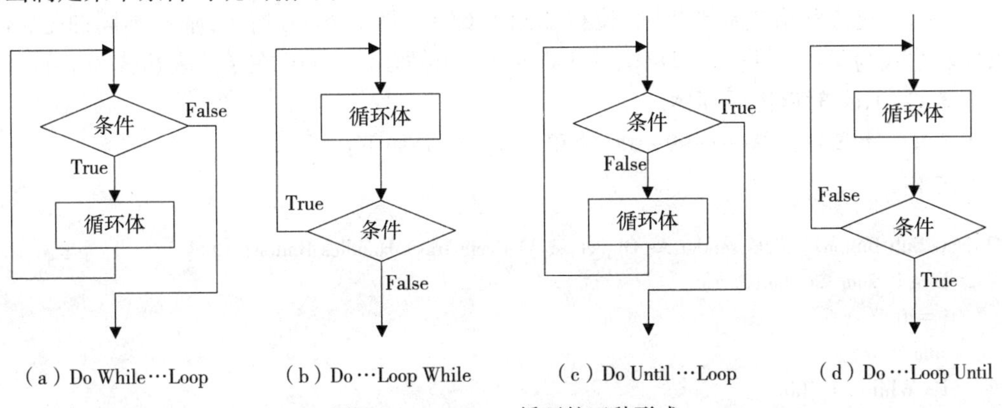


图 5.6 Do…Loop 循环的四种形式

(1)当型循环。

- Do While…Loop 形式。
- Do…Loop While 形式。

(2)直到型循环。

- Do Untile…Loop 形式。
- Do…Loop Until 形式。

注意:关键字 While 和 Until 可以放置在 Do 后,也可以放置在 Loop 后,差别主要是,前者,先进行条件判断,后执行循环体,条件不满足时循环体可能一次也不会被执行;后者,先执行循环体,后进行条件判断,条件不满足时循环体至少会被执行一次。

说明:While…Wend 循环结构与 Do While…Loop 本质相同,是早期 Basic 语言的循环语句,两者条件判断和循环体可直接互换使用。

除了当型循环和直到型循环,在 Do…Loop 中可以不使用“While”和“Until”关键字,构建无限循环结构。

(3)死循环。

- Do…Loop 形式。

说明:Do…Loop 结构可以配合分支语句与 5.4.5 中提及的 Exit Do 构造出当型循环与直到型循环。

## 5.4.2 先判断条件的 Do…Loop 循环

先判断条件的循环语法格式为:

```
Do While <条件表达式>
    语句块|[Exit Do]|[Continue Do]
Loop
```

或

```
Do Until <条件表达式>
    语句块|[Exit Do]|[Continue Do]
Loop
```

语句执行过程和格式基本相同,流程如图 5.6(a)、图 5.6(c)所示,唯一不同的是,While 在条件表达式为 True 时进入循环体,为 False 时退出循环体;Until 在条件表达式为 False 时进入循环体,为 True 时退出循环体。

**例 5.8** 计算 1+2+3+…+99+100 的和。程序代码如下:

**解法 1:**

```
Private Sub Button1_Click(sender As Object, e As EventArgs) Handles Button1.Click
    Dim i, sum As Short
    i = 0
    sum = 0
    Do While i < 100
        i += 1 'i=i+1
```

```
        sum = sum + i
    Loop
    Label1.Text = sum.ToString
End Sub
```

**解法2：**

```
Private Sub Button2_Click(sender As Object, e As EventArgs) Handles Button2.Click
    Dim i, sum As Short
    i = 0
    sum = 0
    Do Until i >= 100
        i += 1
        sum = sum + i
    Loop
    Label1.Text = sum.ToString
End Sub
```

通过比较当型循环和直到型循环,可以发现差别仅仅是条件表达式不同,且逻辑互逆。

### 5.4.3 后判断条件的Do…Loop循环

后判断条件的循环语法格式为：

```
Do
    语句块|[Exit Do]|[Continue Do]
Loop While <条件表达式>
```

或

```
Do
    语句块|[Exit Do]|[Continue Do]
Loop Until <条件表达式>
```

语句执行过程和格式基本相同,流程如图5.6(b)、图5.6(d)所示。例5.8使用后判断条件的代码如下：

**解法3：**

```
Private Sub Button1_Click(sender As Object, e As EventArgs) Handles Button1.Click
    Dim i, sum As Short
    i = 0
    sum = 0
    Do
        i += 1
        sum = sum + i
    Loop While i < 100
    Label1.Text = sum.ToString
```

```
End Sub
```

**解法4：**

```
Private Sub Button2_Click(sender As Object, e As EventArgs) Handles Button2.Click
    Dim i, sum As Short
    i = 0
    sum = 0
    Do
        i += 1
        sum = sum + i
    Loop Until i >= 100
    Label1.Text = sum.ToString
End Sub
```

与先判断条件的Do…Loop循环相同,当型循环和直到型循环仅仅是条件表达式不同,且逻辑互逆。

当把i的初值设为100时,解法1和解法2的结果为"0",解法3和解法4的结果为"101",这说明当条件不满足时,后判断条件的Do…Loop循环的循环体至少被执行一次,先判断条件的Do…Loop循环的循环体一次也不会被执行。

### 5.4.4 影响循环的变量初值与代码顺序

如果满足循环的条件永远有效,循环就会无限次地重复执行下去,这被称为无限循环或死循环,绝大多数情况下达到目标条件只需执行有限次数的循环,其关键在于,条件表达式中所用到的变量在一次次的循环中值不断被修改,当某一次循环完成后,该变量值使得表达式的结果满足终止循环的条件,循环结束。影响条件表达式结果的变量通常在两个地方会被改变,一个是在循环开始前,一个是在循环中。基于这两点,下面给出例5.8新的解决方法,仔细比较与解法1的差异。程序代码如下：

**解法5：**

```
Private Sub Button5_Click(sender As Object, e As EventArgs) Handles Button5.Click
    Dim i, sum As Short
    i = 1
    sum = 0
    Do While i <= 100
        sum = sum + i
        i += 1
    Loop
    Label1.Text = sum.ToString
End Sub
```

解法5与解法1比较,可以发现控制循环条件表达式的变量i的初值从"0"变成了"1"。为了适应这一变化,程序在两处进行了调整：循环条件从"i<100"修改为"i<=100","i+=1"从"sum=sum+i"前移到了后面执行。

**解法 6：**

```
Private Sub Button6_Click(sender As Object, e As EventArgs) Handles Button6.Click
    Dim i, sum As Short
    i = 1
    sum = 1
    Do While i < 100
        i += 1
        sum = sum + i
    Loop
    Label1.Text = sum.ToString
End Sub
```

解法 6 与解法 5 比较，变量 sum 的初值从“0”变成了“1”。为适应这一变化，程序在两处进行了调整：将循环条件“i<=100”修改为“i<100”，“i+=1”从“sum=sum+i”后移到了前面执行。与解法 1 比较，“i”和“sum”的初值从“0”变为“1”对后继程序代码没有任何影响，依然可以得到正确结果。

**解法 7：**

```
Private Sub Button7_Click(sender As Object, e As EventArgs) Handles Button7.Click
    Dim i, sum As Short
    i = 0
    sum = 0
    Do While i <= 100
        sum = sum + i
        i += 1
    Loop
    Label1.Text = sum.ToString
End Sub
```

解法 7 与解法 1 比较，可以发现仅仅是“i+=1”与“sum=sum+i”两行代码执行顺序发生了颠倒，将循环判决条件“i<100”修改为“i<=100”。

从上述例子的分析可知，开始撰写循环语句时，需要认真考虑循环开始和终止时影响循环的变量的初值与终值，这些会引起循环判决条件的改变。反之，亦是如此。

### 5.4.5 Exit Do 语句与 Continue Do 语句

在 Do…Loop 循环结构中，如放置了 Exit Do 语句，当执行到该语句时，可以强制程序跳出当前的循环，但不能跳出外层的嵌套循环。Exit Do 对 5.4.1 中提到的五种结构都是有效的。下面基于 Do…Loop 死循环结构与 Exit Do 来构建例 5.8 的当型循环和直到型循环。程序代码如下：

**解法 8：**

```
Private Sub Button8_Click(sender As Object, e As EventArgs) Handles Button8.Click
    Dim i, sum As Short
```

```
        i = 0
        sum = 0
        Do
            If i < 100 Then
                i += 1
                sum = sum + i
            Else
                Exit Do
            End If
        Loop
        Label1. Text = sum. ToString
    End Sub
```

解法 8 与解法 1 比较,可知在 Do…Loop 循环中嵌套了 If 分支语句,通过分支语句来决定循环体内需要执行的代码,以及决定在什么时候强制退出循环。

**解法 9:**

```
    Private Sub Button9_Click(sender As Object, e As EventArgs) Handles Button9. Click
        Dim i, sum As Short
        i = 0
        sum = 0
        Do
            If i >= 100 Then
                Exit Do
            Else
                i += 1
                sum = sum + i
            End If
        Loop
        Label1. Text = sum. ToString
    End Sub
```

解法 9 和解法 8 比较,可发现 If 后面的分支判决条件的差别与算法 1 和算法 2 的差别是一样的,逻辑互逆。前者通过满足条件,在循环体内运行累加代码,后者通过满足条件强制跳出循环。

从以上代码的对比分析可知,Do…Loop 循环结构中的 While 和 Until 关键字是为当型循环和直到型循环问题专门进行设计的。

通过对例 5.8 解法 1~解法 9 的比较,可以了解到当型循环和直到型循环,即先判断条件还是后判断条件,其代码逻辑是可以互相转化的。

在 Do…Loop 循环结构中,如放置了 Continue Do 语句,当执行到该语句时,程序将不再执行循环体内剩余的语句,而是直接结束当轮循环,跳转到下一次循环。注意:不是跳出整个循环。如图 5.7 所示为 Exit Do 和 Continue Do 在 Do Until…Loop 循环中的作用。

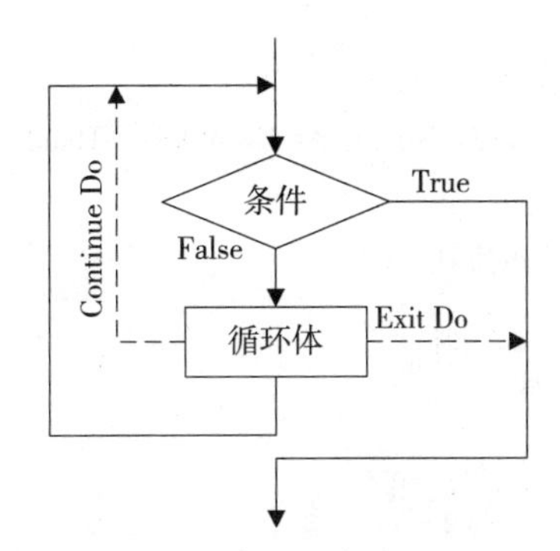


图 5.7 Exit Do 和 Continue Do 在 Do Until…Loop 中的作用

## 5.5 For…Next 循环

### 5.5.1 For…Next 语句

For 循环又称计数循环，常用于循环次数预知的场合。语法格式如下：

```
For <循环变量>[As 数据类型] = <初值> To <终值> [Step <步长>]
    [<语句块>]|[Exit For]|[Continue For]
Next [<循环变量>]
```

说明：

(1)参数循环变量、初值、终值和步长都是数值型。循环变量可以在 For…Next 语句前定义，也可以在 For…Next 语句中定义。

(2)语句块内是一系列 VB.NET 合法的语句，构成循环体。

(3)步长为可选参数，如果没有指定，则默认值为 1。步长可以为正，也可以为负。若为正，则初值应小于或等于终值；若为负，则初值应大于或等于终值，这样才能保证执行循环体内的语句；若为零，循环永远不能结束(即出现死循环)。

(4)For…Next 语句一旦执行，循环的初值、终值和步长如都用变量表示，在循环体执行过程中即使被修改，也不会影响循环本身的初值、终值和步长。唯一在循环体内可以修改的是循环体变量。

该语句的执行过程如图 5.8 所示。

①把“初值”赋给“循环变量”，仅被赋值一次。

②检查循环变量的值是否超过终值，若不超过就执行循环体，若超过，执行 Next 后的下一个语句；否则执行一次循环体。

③执行 Next 语句，循环变量的值增加一个步长，转②继续循环。

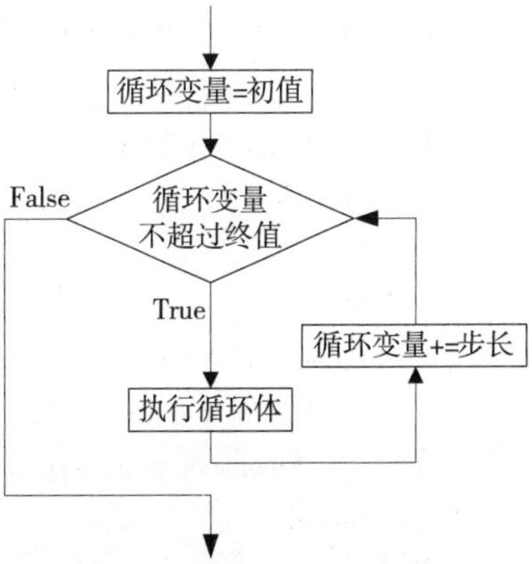

循环变量=初值
False
循环变量
不超过终值
True
循环变量+=步长
执行循环体

图 5.8 For…Next 循环流程

For…Next 结构的实质为当型循环，其把循环变量计数环节和循环条件判断环节做成了整体结构，使得循环逻辑更加清晰与直接。用 For…Next 结构求解例 5.8，则程序代码如下：

**解法 10:**

```
Private Sub Button10_Click(sender As Object, e As EventArgs) Handles Button10.Click
    Dim i, sum As Short
    sum = 0    '给变量 sum 赋初值 0
    For i = 1 To 100
        sum = sum + i    '累加
    Next i
    Label1.Text = sum.ToString
End Sub
```

对比解法 10 与解法 1~解法 9,可以发现解法 10 的代码对问题的描述更加直观,通过 For…Next 语句同时完成了循环变量赋初值、循环变量更新和循环条件判断三件事情,因此可以说 For…Next 循环就是针对计数循环的特别设计。

提示:对可以事先明确循环次数的情况首选 For…Next 结构,对于无法事先确定循环次数的情况首选 Do…Loop 结构。

**例 5.9** 求 Fibonacci 数列的前 30 个数,每行 6 个在文本框中输出。这个数列有如下特点:前两个数为 1,从第三个数开始,其值是前两个数的和,即:

$F_1=1 \quad (n=1)$

$F_2=1 \quad (n=2)$

$F_n=F_{n-1}+F_{n-2} \quad (n\geqslant 3)$

程序代码如下:

```
Private Sub Button1_Click(sender As Object, e As EventArgs) Handles Button1.Click
    Dim Fibonacci As String
    Dim f1 As Long, f2 As Long, fn As Long
    f1 = 1
    f2 = 1
    Fibonacci = f1.ToString & vbTab & f1.ToString & vbTab
                                            'VB 常量 vbTab 相当于键盘 Tab 键
    For i As Long = 3 To 30                 'f1,f2 已知,从第三个数开始计算
        fn = f1 + f2
        f1 = f2
        f2 = fn
        Fibonacci = Fibonacci & fn.ToString & vbTab '通过 vbTab 实现列对齐
        If i Mod 6 = 0 Then
            Fibonacci = Fibonacci & vbCrLf
        End If
    Next
    TextBox1.Text = Fibonacci
End Sub
```

说明:程序在 For …Next 循环中嵌套一个分支结构,用于每 6 列进行换行的决策。

### 5.5.2 Exit For 语句与 Continue For 语句

Exit For 语句与 Continue For 语句在 For…Next 结构中的作用与 Exit Do 和 Continue Do 在 Do…Loop 语句中的作用是一样的,强制终止循环或直接跳入下一轮循环。

### 5.5.3 循环变量初值、终值和步长对循环的影响

循环变量初值、终值、步长以及循环体内对循环变量的修改都会影响到循环,循环次数受到这几个条件的约束。需要注意下面四种情况:

(1)一般在循环体内不建议修改循环变量的值,否则会影响原有的循环控制状况,导致无法对循环次数进行准确估计。例如以下程序段:

```
Sub Main()
    For i As Integer = 1 To 5
        If i Mod 2 = 0 Then i = i + 1
        Console.Write(i &"   ")
    Next i
    Console.ReadLine()
End Sub
```

程序执行输出结果为"1　3　5",循环体执行了 3 次,若没有第三行,则程序应执行 5 次。

(2)如果在循环体中没有修改循环变量的值,则循环的次数可以从 For 语句中通过指定的参数直接计算出来。

循环次数=Int((循环终值-循环初值)/步长)+1

例如以下程序段:

```
Sub Main()
    Dim count As Short
    count = 0
    For i As Integer = 1 To 10 Step 3
        count += 1
        Console.Write(i &"   ")
    Next i
    Console.WriteLine(vbCrLf & count.ToString)
    Console.ReadLine()
End Sub
```

循环次数为 Int((10-1)/3)+1=4。

(3)当型循环变量为整型,而步长为非整数时,每一次循环中都将自动按照偶进奇不进的规则取整来计算循环变量的更新值。例如以下程序段:

```
Sub Main()
    Dim count As Short, fStep As Single
    count = 0
    fStep = 1.5
```

```
    'fStep = 2.5
    For i As Integer = 1 To 10 Step fStep
        count += 1
        Console.Write(i &"   ")
    Next i
    Console.WriteLine(vbCrLf & count.ToString)
    Console.ReadLine()
End Sub
```

步长无论选择 1.5 还是 2.5,都是循环 5 次。

(4)循环变量受到循环初值、终值和步长的约束,对于 For…Next 结构而言,循环一旦开始,循环的初值、终值和步长将不再改变。在下面的程序中将用变量来代表循环的三个参数,并在循环过程中修改变量,观察其变化是否会影响到循环的执行。程序代码如下:

```
Sub Main()
    Dim i, j1, j2, k As Short
    j1 = 1
    j2 = 10
    k = 2
    For i = j1 To j2 Step k
        j1 += 3
        j2 -= 1     'j=j-1
        k += 1      'k=k+1
        Console.Write(i &"   ")
    Next i
    Console.ReadLine()
End Sub
```

## 5.6 循环嵌套

在一个循环语句的循环体内又包含另一个循环语句,称为循环的嵌套。循环的嵌套既可以是同一种循环结构的嵌套,也可以是不同循环结构的嵌套。例如,可以在 For 循环中包含另一个 For 循环,也可以在 Do 循环中包含一个 For 循环,等等。VB.NET 提供了内层控制结构整体向右缩进的功能,有助于阅读和防止差错。

嵌套规则:

①嵌套层数不限。

②内层控制结构语句块必须完全处在外层结构的内部语句块中。

③对于 For…Next 结构嵌套时,不能共用同一个循环变量。

For…Next 循环嵌套在使用中需要注意以下三点:

(1)内外循环不能交叉。例如,以下程序段是错误的:

```
For i=1 To 10                  For i=1 To 10
  For j=1 To 10      应改为       For j=1 To 10
     ⋮                              ⋮
  Next i                         Next j
Next j                         Next i
```

(2)两个并列的循环结构的循环变量可以同名,但嵌套结构中的内循环变量不能与外循环变量同名。例如:

正确的程序段:

```
For i=1 To 10
     ⋮
Next i
For i=1 To 10
     ⋮
Next i
```

错误的程序段:

```
For i=1 To 10
  For i=1 To 10
     ⋮
  Next i
Next i
```

(3)多个 For…Loop 循环嵌套使用时,如果 Next 语句之间没有其他语句,可以使用一个 Next 语句。例如:

正常的语法格式:

```
Fori = 1 To 5
   ⋮
   For  j = 1 To 10
      ⋮
      For  k = 1 To 20
         ⋮
      Next  k
   Next  j
Next  i
```

精简的语法格式:

```
For  i = 1 To 5
   ⋮
   For  j = 1 To 10
      ⋮
      For  k = 1 To 20
         ⋮
Next  k,  j,  i
```

# 5.7 控制结构应用

**例 5.10** 判断文本框输入的内容是否为素数。

**解法 1:**

```
Private Sub Button1_Click(sender As Object, e As EventArgs) Handles Button1.Click
    Dim intPrime As Long, flag As Boolean
    flag =True
    If IsNumeric(TextBox1.Text) Then                '判断文本框中输入的是否为纯数字
        intPrime = Val(TextBox1.Text)
        If Int(intPrime) = intPrime And intPrime > 0 Then
                                                    '判断文本框中输入的是否为自然数
            For i As Long = 2 To Math.Sqrt(intPrime)
                If intPrime Mod i = 0 Then
```

```
                    flag =False
                    Exit For
                End If
            Next
            If flag Then
                MessageBox.Show(TextBox1.Text &"是一个素数")
            Else
                MessageBox.Show(TextBox1.Text &"不是一个素数")
            End If
        Else
            MessageBox.Show("请输入自然数")
        End If
    Else
        MessageBox.Show("请输入纯数字")
    End If
End Sub
```

**解法2:**

```
Private Sub Button2_Click(sender As Object, e As EventArgs) Handles Button2.Click
    Dim intPrime As Long, i As Long
    If IsNumeric(TextBox1.Text) Then          '判断文本框中输入的是否为纯数字
        intPrime = Val(TextBox1.Text)
        If Int(intPrime) = intPrime And intPrime > 0 Then
                                              '判断文本框中输入的是否为自然数
            For i = 2 To Math.Sqrt(intPrime)
                If intPrime Mod i = 0 Then
                    Exit For
                End If
            Next
            If i > Math.Sqrt(intPrime) Then
                MessageBox.Show(TextBox1.Text &"是一个素数")
            Else
                MessageBox.Show(TextBox1.Text &"不是一个素数")
            End If
        Else
            MessageBox.Show("请输入正整数")
        End If
    Else
        MessageBox.Show("请输入数字")
    End If
End Sub
```

解法1和解法2都是在分支结构内嵌套分支结构,并在嵌套的结构内部再嵌套循环结构。外层的嵌套分支结构解决文本框输入是否为纯数字或自然数。最内层嵌套的循环结构则用来判断输入的自然数是否为素数。

判断素数的核心在于确定除了1和它本身以外,是否有其他数字可以整除测试数。解法1巧妙地引入一个逻辑变量作为标志来记录这一判断,如果有就表明被测试数不是素数;解法2运用了反证法,假设被测试数是素数,否则循环变量最终的值将小于循环终值,就说明被测试数不是素数。

提示:引入标记变量和采用反证法是程序设计中两种较常用的编程策略方法。

**例5.11** 输出3~100范围内的素数。程序代码如下:

```
Private Sub Button1_Click(sender As Object, e As EventArgs) Handles Button1.Click
    Dim m, i, k As Integer
    Dim Flag As Boolean
    For m = 3 To 100
        Flag =True
        For i = 2 To Math.Sqrt(m)        '内循环判断m是否为素数
            If (m Mod i) = 0 Then Flag = False
        Next i
        If Flag Then
            k = k + 1
            Label1.Text = Label1.Text & m &" "
        End If
    Next m
End Sub
```

采用循环嵌套结构,外层For…Loop循环负责遍历自然数3~100,内层For…Loop循环负责对每一遍历的数进行素数判断,如确认则输出显示。

**例5.12** 验证"角谷猜想"。"角谷猜想"指出:对于一个自然数,若该数为偶数则除以2,若该数为奇数则乘以3并加1;将得到的数再重复按该规则运算,最终可得到1。程序代码如下:

```
Private Sub Button1_Click(sender As Object, e As EventArgs) Handles Button1.Click
    Dim m, n As Long
    n = Val(InputBox("请输入任意自然数进行验证"))
    m = n
    Do
        If n Mod 2 = 0 Then          'n为偶数时
            n = n / 2
        Else                         'n为奇数时
            n = n * 3 + 1
        End If
        Label1.Text = n
        If n = 1 Then
            MessageBox.Show(m.ToString &",该数符合角谷猜想")
            Exit Do
        End If
    Loop
End Sub
```

**例 5.13** 运用辗转相除法求两个正整数 $m$、$n$ 的最大公约数。求最大公约数算法如下：

①对于已知两数 $m$、$n$，使得 $m>n$。

② $m$ 除以 $n$ 得余数 $r$。

③令 $m \leftarrow n, n \leftarrow r$。

④若 $r \neq 0$，转到②重复执行，直到 $r=0$，并求得最大公约数为 $m$，循环结束。

程序代码如下：

```
Private Sub Button1_Click(sender As Object, e As EventArgs) Handles Button1.Click
        Dim m1, n1, m, n, r, k As Integer
L1:     m1 = Val(InputBox("输入 m 的值"))
        n1 = Val(InputBox("输入 n 的值"))
        If m1 = n1 Then
            MessageBox.Show("m,n 值不能相同,请重新输入")
            GoTo L1          '使用 GoTo 语句,可以实现跳转结构
        ElseIf m < n Then  '确保 m>n
            k = m1
            m1 = n1
            n1 = k
        End If
        m = m1
        n = n1
        Do
            r = m Mod n
            m = n
            n = r
        Loop Until (r = 0)
        MessageBox.Show(m1.ToString &"和" & n1.ToString & "的最大公约数为:" _
        & m.ToString)
End Sub
```

**例 5.14** 打印 9×9 乘法口诀表左上三角阵和右下三角阵，结果如图 5.9 所示。

左上三角阵解法：

```
Module Module1
    Sub Main()
        Dim i As Integer, j As Integer,ss As String
        For i = 1 To 9
            For j = 9 To i Step-1
                ss = j &" * " & i & "=" & i * j & vbTab  '使用 vbTab 进行列对齐
                Console.Write(ss)
            Next
            Console.WriteLine()
        Next
        Console.Read()
    End Sub
```

```
End Module
```

右下三角阵解法：

```
Module Module1
    Sub Main()
        Dim i As Integer, j As Integer, ss As String
        For i = 1 To 9
            For j = 10 - i To 9
                ss = j &" * " & i & " = " & i * j
                Console.SetCursorPosition((j - 1) * 8 + 1, i - 1) '设置光标位置
                Console.Write(ss)
            Next
            Console.WriteLine()
        Next
        Console.Read()
    End Sub
End Module
```

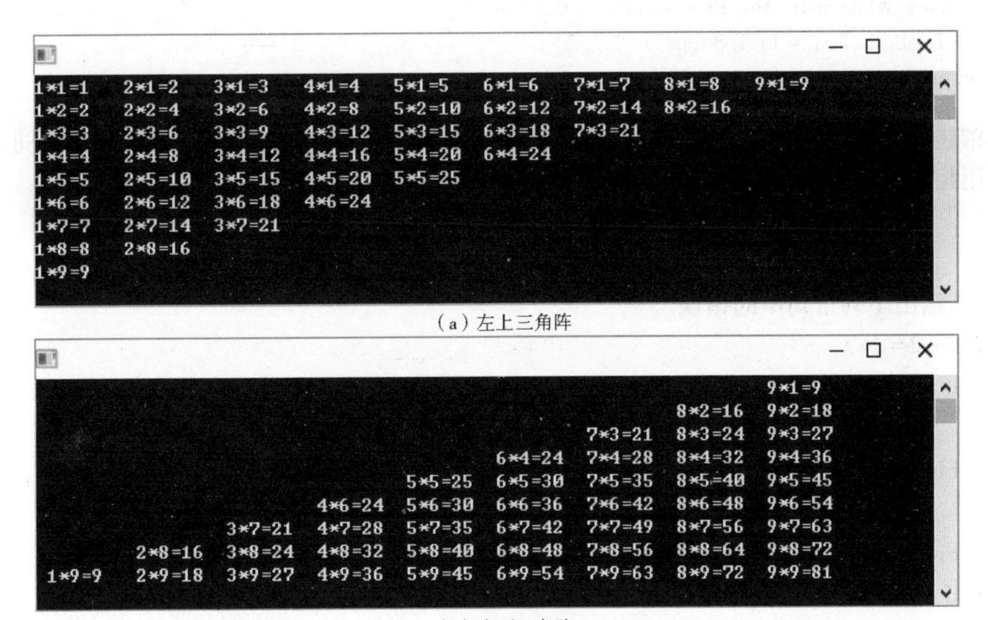


（a）左上三角阵

（b）右下三角阵

图 5.9 九九乘法口诀表

通过 For…Next 循环嵌套，实现了九九乘法口诀表行和列的输出，配合 vbTab 和 Console.SetCursorPosition(x,y)确保输出格式的整齐性。

**例 5.15** 输入有效位数，按公式计算圆周率 π 的有效值，如图 5.10 所示。

$$\pi = 2 \cdot \frac{2}{\sqrt{2}} \cdot \frac{2}{\sqrt{2+\sqrt{2}}} \cdot \frac{2}{\sqrt{2+\sqrt{2+\sqrt{2}}}} \cdot \cdots$$

程序代码如下：

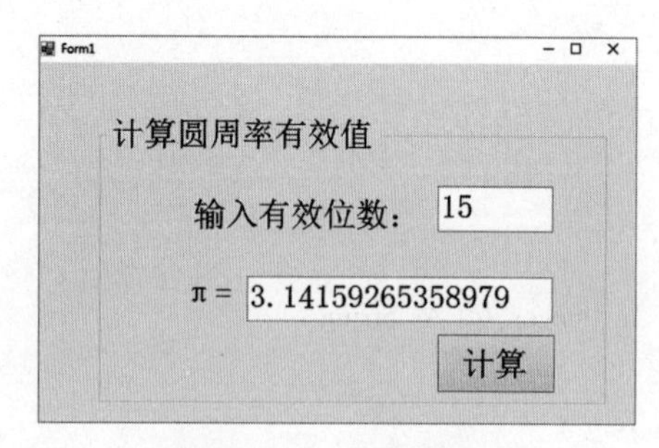


图 5.10　计算圆周率

```
Private Sub Button1_Click(sender As Object, e As EventArgs) Handles Button1. Click
    Dim Pi, p, tempPi As Double, m As Integer
    Pi = 2 : p = 0
    m = Val(TextBox1. Text)
    Do
        tempPi = Pi
        p = Math. Sqrt(2 + p)
        Pi = tempPi * 2 / p
    Loop While Math. Abs(Pi - tempPi) > 0. 1 ^ m
    TextBox2. Text = Pi. ToString
End Sub
```

构建累乘项 2/p,利用 Do…Loop 实现累乘,累乘的结构和累加结构并无本质的不同。该题利用相邻两次 π 预测值的差的绝对值,作为循环的终止条件。

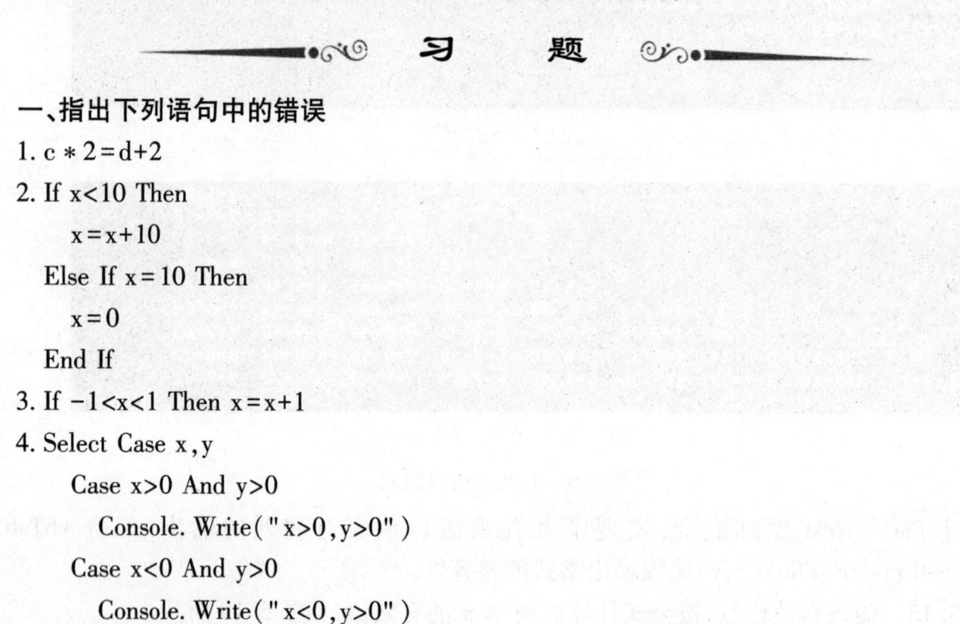

## 习　　题

### 一、指出下列语句中的错误

1. 
```
c * 2=d+2
```

2. 
```
If x<10 Then
    x=x+10
Else If x=10 Then
    x=0
End If
```

3. 
```
If -1<x<1 Then x=x+1
```

4. 
```
Select Case x,y
    Case x>0 And y>0
        Console. Write("x>0,y>0")
    Case x<0 And y>0
        Console. Write("x<0,y>0")
    Case x>0 And y<0
        Console. Write("x>0,y<0")
    Case Else
        Console. Write("x<0,y<0")
```

```
   End Select
5. Do While x<=10
      s=s+x
      x=x+1
   End Do
```

## 二、填空题

1. 运行下列程序,输出结果是__________。

```
Dim M,N As Short
M = 5
If M >= 0 Then N = 1
If M >= 1 Then N = 2
If M >= 2 Then N = 3
Console.Write(N)
```

2. 运行下列程序,从键盘输入“50”,输出结果是__________。

```
Dim a As Short
a = Val(InputBox("A="))
Select Case a
    Case Is < 100:    Console.Write(a + 1)
    Case Is < 80:     Console.Write(a+2)
    Case Is < 60:     Console.Write(a+3)
    Case Else:        Console.Write(a+4)
End Select
```

3. 设有如下程序:

```
Dim a As Integer, s As Integer
n=8:s=0
Do
    s=s+n:n=n-1
Loop While n>0
Console.Write(s)
```

以上程序运行后,输出结果为__________。

4. 在窗体上画一个名称为 Text1 的文本框和一个名称为 Command1 的命令按钮,然后编写如下事件过程:

```
Private Sub Form1_Click(sender As Object, e As EventArgs) Handles Me.Click
    Dim i As Integer,n As Integer
    For i=0 To 50
        i=i+3
        n=n+1
        If i>10 Then Exit for
    Next
```

```
    Text1.Text=Str(n)
End Sub
```

程序运行后,单击命令按钮,在文本框中显示的值是________。

## 三、编程题

1. 交换两个变量的值,写出相应的语句。

2. 编写将华氏温度转换为摄氏温度的程序,转换公式如下:

$$C=5/9\times(F-32)$$

其中 $C$ 为摄氏温度,$F$ 为华氏温度。

3. 编程:给定一个年份,判断它是否为闰年。闰年的条件是,能被4整除但不能被100整除,或者能被400整除。

4. 编程:输入三角形的三边,判断是否能构成三角形,若能则计算三角形的面积。

5. 编程计算下面的分段函数。

$$y=\begin{cases}2x+3, & x\leqslant 10\\ x^2+5, & 10<x\leqslant 20\\ x+\ln x, & x>20\end{cases}$$

6. 某航空公司规定:在旅游旺季7~9月,如果订票数超过20张,优惠票价的15%;订票20张以下优惠票价的5%;在旅游淡季1~4月、11月、12月,如果订票数超过20张,优惠票价的30%;订票20张以下优惠票价的20%。编程实现票价的计算。

7. 输入某位学生的百分制成绩,要求输出成绩的等级:假设90分以上为A等,80~89分为B等,70~79分为C等,60~69为D等,60分以下为E等。

8. 我国有14亿人口,以年平均增长率0.5%计算,多少年后我国人口就会增长到15亿?

9. 用近似公式求自然对数的底e的值,$e\approx 1+1/1!+1/2!+\cdots+1/n!$,直到 $1/n!$ 小于 $10^{-5}$。

10. 输入一个整数,对其进行因数分解。如 $126=2\times3\times3\times7$。

11. 以下程序的功能是,从键盘上输入若干学生的考试分数,当输入负数时结束输入,然后输出其中的最高分数和最低分数。请填空。

```
Private Sub Form1_Click(sender As Object, e As EventArgs) Handles Me.Click
    Dim x As Integer,amax As Integer,amin As Integer
    x=InputBox("输入一个分数:")
    amax=x:   amin=x
    Do While____①____
        If   x>amax   Then   amax=x
        If____②____Then   amin=x
        x=InputBox("请输入下一个分数:")
    Loop
    Console.Write( "Max=",amax,"Min=",amin)
End Sub
```

# 第 6 章　数组与集合

## 6.1　数组概述

数组是程序设计语言中最基本、最重要的概念组成部分，本章将从基本概念出发，讨论数组的特点和使用方法。在程序中处理数据时，对于输入的数据、参加运算的数据、运行结果等临时数据，通常使用变量来保存。由于变量在一个时刻只能存放一个值，当遇到大量数据时，若使用变量进行保存，就意味着要进行多次声明，同时多个变量的管理也是一件非常复杂的事情，这凸显了不合理性。针对以上困难，数组应运而生，其本质是一次声明批量生成多个同类型变量，并且这些变量共用一个名字，用下标进行区分。数组可以理解为变量的升级版本，其在内存空间中占据一片连续的区域，是存储一组相同类型数据的结构。

因此当数据不太多时，使用简单变量即可解决问题。但是，有些复杂问题，利用简单变量进行处理很不方便，甚至是不可能的。例如：

(1)输入 50 个数，按逆序打印出来。

(2)输入 100 名学生某门课程的成绩，要求把高于平均分的那些成绩打印出来。

(3)统计高考中各分数段的人数。

(4)某公司有近万名职工，做一个工资报表。

这就需要构造新的数据结构——数组。

假设要求统计一个班 100 名学生的平均成绩，然后统计高于平均分的人数。将简单变量和循环结构相结合，求平均成绩程序段如下：

```
aver = 0
For  i = 1 To 100
    mark = Val(InputBox("输入第 "& i & " 位学生的成绩"))
    aver = aver + mark
Next  i
aver = aver / 100
```

但若要统计高于平均分的人数，则无法实现。mark 是一个简单变量，存放的是最后一个学生的成绩。运用前面所讲知识所能找出的解决方法，即再重复输入成绩，逐一与平均分比较。这样带来两个问题：

• 输入数据的工作量成倍增加。

• 若本次输入的成绩与上次不同,则统计的结果不正确。解决此问题的根本方法:始终保持输入的数据,一次输入,多次使用,为此必须引入有关数组的内容。

数组有以下特点:

• 数组配合循环语句可批量存储和处理多个数据值。

• 数组作为过程的参数,可以批量导入或返回多个值。

• 数组可直观描述一维到多维空间分布的数据。

• 数组可根据程序中数据量的变化动态重定义,节省内存空间,提高程序运行效率。

## 6.2 数组声明与基本操作

### 6.2.1 数组的基本概念

数组必须先声明后使用。声明数组就是让系统在内存中分配一个连续的区域,用来存储数组元素。在计算机中,数组占据一块内存区域,数组名就是这个区域的名称,区域的每个单元都有自己的地址,该地址用下标表示。

声明内容:数组名、类型、维数、数组大小。

**1. 数组**

数组是同类型变量的一个有序的集合,用数组名来代表整个数组,如图 6.1 所示。如 A(1 To 100),表示一个包含 100 个数组元素的名为 A 的数组。

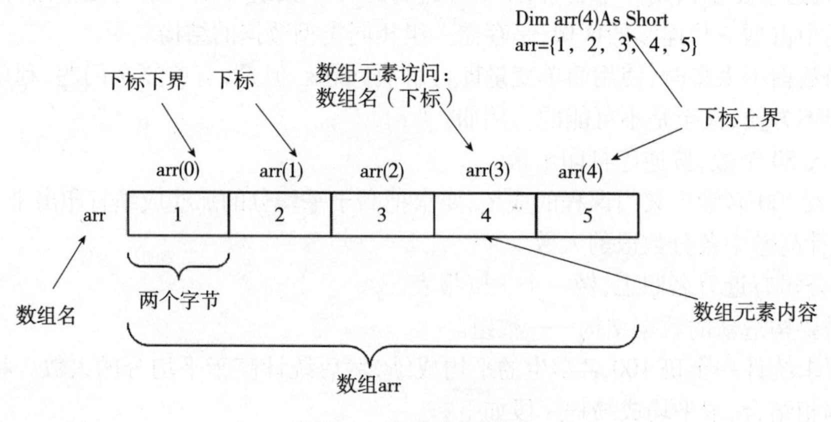


图 6.1 数组基本概念

**2. 数组元素**

数组元素是数组中的变量。用下标表示数组中的各个元素。

表示方法:数组名(P1,P2,…),其中 P1、P2 表示元素在数组中的排列位置,称为“下标”。如 A(3,2)代表二维数组 A 中第 3 行、第 2 列的那个元素。

**3. 数组维数**

数组维数由数组元素中下标的个数决定,一个下标表示一维数组,两个下标表示二维数组,多个下标表示多维数组。二维数组可以看作二维表格(图 6.2),三维数组可以看作立体表格(图 6.3)。

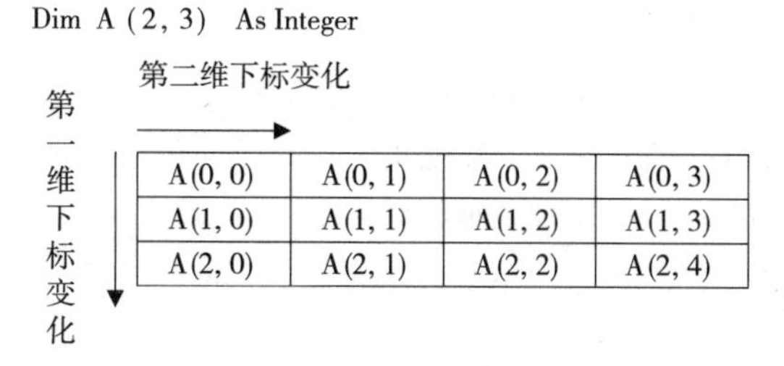


图 6.2 二维数组

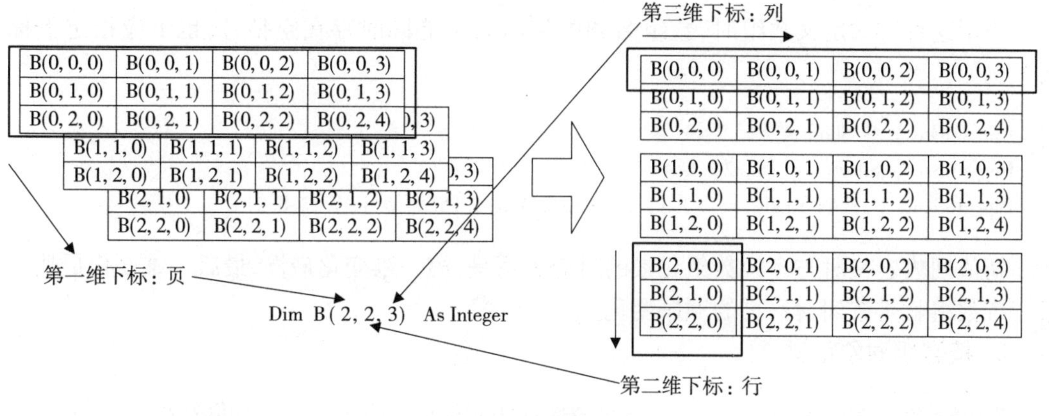


图 6.3 三维数组

#### 4. 下标

下标表示顺序号,每个数组有一个唯一的顺序号,下标不能超过数组声明时的上、下界范围。下标可以是整型的常数、变量、表达式,甚至是一个数组元素。

下标的取值范围是"下界 To 上界",缺省下界时,系统默认取 0。

根据数组的定义,必须明确以下几点:

(1)数组的命名与简单变量的命名规则相同,符合标识符定义规范。

(2)数组中的元素是有序排列的。

(3)数组的元素个数是有限的,数学中的无限数组不能表示。

(4)数组的类型也就是该数组的下标变量的数据类型。

在 VB.NET 中,可以声明任何基本数据类型的数组(包括用户自定义类型),但是一个数组中的所有元素应该具有相同的数据类型,只有当数据类型为 Variant 型时,各个元素的数据类型可以不同。

### 6.2.2 数组的定义

#### 1. 按数组概念定义

```
Public|Private|Dim|Static 数组名(n1[,n2[,n3[,n4,…]]]) [As 数据类型]
```

Public|Private|Dim|Static 决定数组作用域和访问权限,参数 n1、n2、n3、n4……是非负整型常量、变量或表达式,参数个数确定数组维数,参数值确定数组每一维的大小。通常每一维下界默认为 0,上界默认为该参数值。"数据类型"用于说明数组元素在内存中的大小及存储

方式,是每个元素的类型。例如:

```
Dim stNo(3) As Short          '定义一维数组
Dim stScore(3, 4) As Single          '定义二维数组
Dim stX(3, 4, 5) As Double          '定义三维数组
```

### 2. 按初值列表定义

Public|Private|Dim|Static 数组名[([,])] As 数据类型[([,])]={初值列表}

当用这种方式定义数组时,数组名和类型名后不能同时存在空括号,也不应指定下标上界。例如:

```
Dim stuNo() As Short = {1, 2, 3, 4}
Dim stuNo As Short()= {1, 2, 3, 4}
Dim stuScore (,) As Single = {{1.1, 2.3, 3.4, 4.5}, {5.5, 6.4, 7.3, 8.2}}
```

初值列表定义时与多维数组元素的对应关系是,第一维变化最慢,最后一维变化最快。对于三维数组就是按列、行、页的顺序变化。

### 3. 按数组对象定义

作用域关键字 数组名[([,])]=New 数据类型(n1[,n2[,n3,…]]){[初值列表]}

VB.NET 中的数组本质上是对象,可以使用 New 关键字创建数组对象实例,对象定义可以参考第 12 章相关内容。数组名后括号如不省略,只允许添加逗号指明数组维数,不能指定下标上界。数据类型后的括号同理,但如果确定了下标上界,则必须与初值列表中的元素个数严格对应。如数据类型后的括号未指定下标下界,且初值列表为空,则表明创建的为空数组。例如:

```
Dim stuNo = New Short(3) {1, 2, 3, 4}
Dim stuNo() = New Short(3) {1, 2, 3, 4}
Dim stuNo = New Short() {1, 2, 3, 4}
Dim stuNo = New Short(3) {}          '创建一维数组,元素为默认值
Dim stuScore =New Single(3,1) {{1,1},{1,2},{1,3},{1,4}}
Dim stuScore =New Single( , ) {{1,1},{1,2},{1,3},{1,4}}
Dim stuScore =New Single( 3,1 ) {} '创建二维数组,元素为默认值
```

对于已经定义的数组,可以通过以下方式进行赋值,例如:

```
stuNo = {3, 4, 5, 6}     '为数组对象赋值
```

## 6.2.3 数组的重定义

当需要数组来处理数据时,有时并不能事先确定数据的规模,在这种情况下,直观的策略是给一个足够大的数组来应付。例如,不知道班级确切人数,可以定义一个规模为 1 000 的数组,因为每个教学班的总人数一般不会超过 1 000 人,但带来的问题是占用了大量的内存空间,而其中绝大部分可能并不会被用到,导致程序执行效率受到影响。采用重新定义的方法则

可以灵活地根据程序中数据量的变化来动态调整数组大小。

### 1. ReDim 语句与 Preserve 关键字

VB.NET 允许在程序运行过程中使用 ReDim 语句多次重新定义已经定义过的数组,可以改变每一维的下标上界,可以增加,也可以减小,但不能更改数组的维数和数据类型。对于同一数组,不使用 Preserve 关键字,ReDim 将清除重定义之前存储的数据,并将所有数组元素设置为默认值;使用 Preserve 关键字则保留原来的数组元素值,但只允许改变数组最后一维的上限。格式如下:

```
ReDim [Preserve]数组名(n1[,n2,…])
```

参数含义与定义数组相同,例如:

```
Dim stF(2, 3) As Short    '定义数组,12 个元素
stF = {{1, 1, 2, 3}, {5, 8, 13, 21},{34, 55, 89, 144}}
```

不使用 Preserve:

```
ReDim stF(1, 4)              '重新定义数组,10 个元素,所有数组元素值为默认值 0
```

如果使用 Preserve 关键字:

```
ReDim Preserve stF(2, 4)     '重新定义数组,15 个元素,原数组元素值保留,新增元素为 0
```

如图 6.4 所示为使用 Preserve 关键字和不使用 Preserve 关键字两种情况的对比。

原数组stF (2, 3)

| | | | |
|---|---|---|---|
| 1 | 1 | 2 | 3 |
| 5 | 8 | 13 | 21 |
| 34 | 55 | 89 | 144 |

ReDim stF(1, 4)

| | | | | |
|---|---|---|---|---|
| 0 | 0 | 0 | 0 | 0 |
| 0 | 0 | 0 | 0 | 0 |

ReDim Preserve stF(2, 4)

| | | | | |
|---|---|---|---|---|
| 1 | 1 | 2 | 3 | 0 |
| 5 | 8 | 13 | 21 | 0 |
| 34 | 55 | 89 | 144 | 0 |

图 6.4 ReDim 语句中 Preserve 关键字的作用

### 2. 空数组

数组定义的一种特殊性形态是空数组,此时只定义了数组名称、类型和维数,不存在具体的数组元素,只有经过 ReDim 重定义指定各维元素个数后才能进行赋值与取值操作。例如:

创建一维空数组:

```
Dim stuNo() As Short
```

或

```
Dim stuNo = New Short() {}
```

创建二维空数组:

```
Dim stuScore ( , ) As Single
```

或

```
Dim stuScore =New Single ( , ) {}
```

# 6.3 数组的操作

## 6.3.1 数组属性、方法和相关函数

前面提到数组的本质是对象,可看作 Array 类型的对象,因此数组相应就具备了 Array 类的属性与方法。熟练掌握这些属性和方法将有助于在程序设计中更好、更灵活地使用数组。

首先定义一个三维数组:

```
Dim stX(3, 4, 5) As Double
```

### 1. 属性

(1)Rank 属性。获取数组维数。例如:

```
Console.WriteLine(stX.Rank)  '结果:3,表示这是一个三维数组
```

(2)Length 属性。获取数组元素个数。例如:

```
Console.WriteLine(stX.Length)  '结果:120,表示该数组元素个数为 4×5×6
```

### 2. 方法

(1)GetLength 方法。获取数组指定维的元素个数。例如:

```
Console.WriteLine(stX.GetLength(0))  '结果:4,表示该数组第一维的元素个数
Console.WriteLine(stX.GetLength(1))  '结果:5,表示该数组第二维的元素个数
Console.WriteLine(stX.GetLength(2))  '结果:6,表示该数组第三维的元素个数
```

(2) GetLowerBound 和 GetUpperBound 方法。获取数组指定维的下标的下界与上界。例如:

```
Console.WriteLine(stX.GetLowerBound(2))  '结果:0,表示该数组第三维下标下界
Console.WriteLine(stX.GetUpperBound(2))  '结果:5,表示该数组第三维下标上界
```

### 3. 函数

Visual Basic.NET 提供了若干与数组操作相关的内部函数,以方便对数组进行处理。

(1)IsArray 函数。用于判别是否为真实数组,若真返回 True,若假返回 False。

```
Console.WriteLine(IsArray(stX))  '结果:True,表示引用对象为数组
Console.WriteLine(IsArray(stX(0, 0, 0)))  '结果:False,数组元素不是数组
```

(2)Erase 函数。用于清空数组,释放数组所占内存空间,使数组成为一个空数组,需要通

过 ReDim 重新定义方可使用。语法格式如下：

```
Erase 数组名 1,[数组名 2,…]
```

例如：

```
Erase stX
Console.WriteLine(stX.Rank) '结果:未经处理的异常,stX 是 Nothing
```

## 6.3.2 Array 方法

所有的数组都由 System.Array 类来实现，使用该类的 Sort 方法可以对数组进行排序。Sort 方法将根据数组的数据类型进行排序，对于字符型数组按字母表排序，对于数值型数组则按照数据大小进行排序。Array 类中的 Reverse 方法可以对数组元素排列顺序进行倒置，当需要逆向排序的时候可以通过 Sort 方法与 Reverse 方法的组合来实现。例如：

```
Sub Main()
    Dim a() As Integer = {4, 8, 3, 9, 4, 1, 7, 8}
    Console.WriteLine("未排序")
    For Each x As Integer In a
        Console.Write(x & vbTab)
    Next
    Console.WriteLine()
    Console.WriteLine("已排序")
    Array.Sort(a)
    For Each x As Integer In a
        Console.Write(x & vbTab)
    Next
    Console.WriteLine()
    Console.WriteLine("倒序")
    Array.Reverse(a)
    For Each x As Integer In a
        Console.Write(x & vbTab)
    Next
    Console.WriteLine()
    Dim b() As String = {"Monday", "Tuesday", "Wednesday", "Thursday", "Friday", _
            "Saturday", "Sunday"}
    Console.WriteLine("未排序")
    For Each x In b
        Console.Write("""" & x & """")
    Next
    Console.WriteLine()
    Console.WriteLine("已排序")
    Array.Sort(b)
    For Each x In b
        Console.Write(Chr(34) & x & Chr(34))
```

```
        Next
        Console. ReadLine( )
    End Sub
```

程序运行结果如图 6.5 所示。

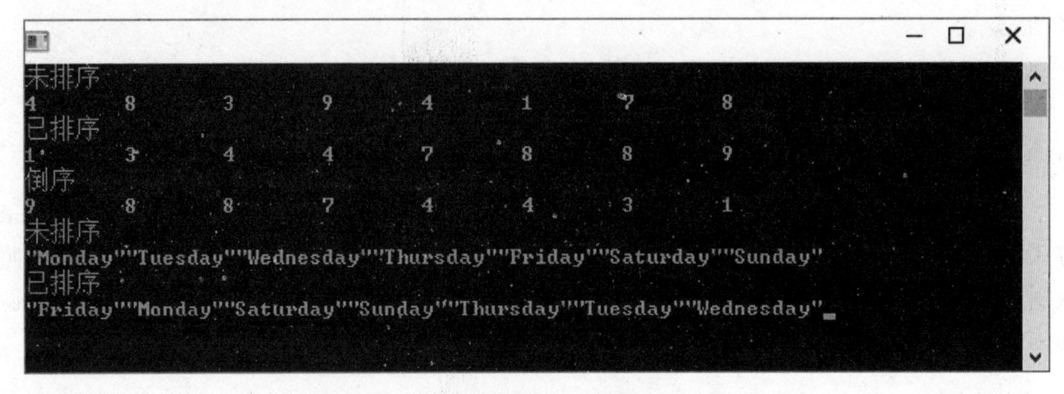


图 6.5　Array 类的 Sort 方法与 Reverse 方法

使用 For Each…Next 循环是数组的一种常用处理方式。

### 6.3.3　给数组元素赋值

除了数组定义方法中使用初值列表进行直接赋值外,还有一些其他方法也可以实现给数组元素赋值。

#### 1. 给数组元素直接赋值

例如:

```
Dim strLastName(4) As String
strLastName(0) = "Smith"
strLastName(1) = "Johnson"
strLastName(2) = "Williams"
strLastName(3) = "Brown"
strLastName(4) = "Jones"
```

#### 2. 利用循环结构进行赋值

例如:

```
Dim arr2D(2, 3) As Short
For i = 0 To arr2D. GetUpperBound(0)
    For j = 0 To arr2D. GetUpperBound(1)
        arr2D(i, j) = InputBox("输入 arr2D(" & i & "," & j & ")的值")
    Next
Next
```

#### 3. 数组赋值给数组

VB. NET 允许将一个数组直接赋值给空数组。例如:

```
Dim arr2DCopy( , ) As Short
arr2DCopy = arr2D
For i = 0 To arr2DCopy. GetUpperBound(0)
    For j = 0 To arr2DCopy. GetUpperBound(1)
        Console. Write(arr2DCopy(i, j) & vbTab)
    Next
    Console. WriteLine( )
Next
```

# 6.4 集合

## 6.4.1 集合对象

如果需要组织大量不同类型的有序数据或对象引用,就可以使用集合。在 VB. NET 中,集合属于 Collection 类的对象,可以把数据项放到集合对象中。它类似于数组,可简单理解为一维数组的升级版本,但与数组相比,可以用更灵活、更有效的方式处理集合中的数据项(元素)。例如:

- 集合比数组占用的内存少。
- 可以混用多种不同的数据类型。
- 可以把集合作为数组使用。
- 集合具有更灵活的索引功能,除了使用集合元素下标访问之外,还可以使用字符串类型的"键值"来定位集合元素。
- 集合提供了增加和删除成员的方法,插入或删除位置之后的元素都会相应调整并保持连续,且无须像数组那样执行 ReDim 语句重定义。

提示:数组下标从 0 开始,集合下标从 1 开始。

集合在 VB. NET 中,定义格式如下:

```
Dim 集合名称 As Collection
集合名称=New Collection
```

或

```
Dim 集合名称 As New Collection
```

窗体的 Controls 属性是窗体上所有控件对象的集合。如需要访问窗体上所有控件的 Name 属性,可以使用以下代码:

```
Dim s As String
For Each a As Object In Me. Controls
    s &= a. name & vbCrLf
Next
```

## 6.4.2 集合操作

### 1. 添加集合元素

```
集合名称 . Add(Item As object, [Key As String], [Before], [After])
```

说明：

①Item 参数指定需要添加的集合元素。

②Key 为“键值”，键值在同一集合中是唯一的，同一集合元素键值不能相同，为字符串参数。

③Before 和 After 可以是整数表示元素下标，或字符串类型表示键值，分别指定新元素添加到当前元素之前或之后，如不指定则添加到末位。

**2. 删除集合元素**

(1) Remove 方法。删除指定的元素。

```
集合名称.Remove(Index As Integer)
集合名称.Remove(Key As String )
```

(2) Clear 方法。清除集合中所有元素。

```
集合名称.Clear()
```

**3. 集合属性**

(1) Count 属性。获取当前集合元素个数。

```
集合名称.Count
```

(2) Item 属性。通过下标或键值得到集合中指定的元素值。

```
集合名称.Item(Index As Integer)
集合名称.Item(Key As String)
```

### 6.4.3 集合示例

**例 6.1** 使用集合记录市场菜价。

```
Sub Main()
    Dim Price As New Collection
    Price.Add(5.0,"山药")
    Price.Add(2.8,"番茄")
    Price.Add(2.5,"青菜")
    Price.Add(3.5,"青椒", 3) '在第三个元素位置上插入新元素
    Price.Add(5.7,"香菇", , "番茄") '在第二个元素位置后插入新元素
    Console.WriteLine(Price.Count)
    Console.WriteLine(Price.Item(3))
    Console.WriteLine(Price.Item("番茄"))
    Price.Remove(3)'删除索引为 3 的元素
    Price.Remove("番茄") '删除键值为"番茄"的元素
    For Each a In Price
        Console.WriteLine(a)
    Next
    Console.ReadLine()
End Sub
```

**例 6.2** 国王抓到 100 个强盗,只能赦免其中的一个,其他人都要被砍头。每个人依次编号 1~100 并按编号排队,每一轮从第一个人开始,从 1 开始递增报数,单数砍头,重复该过程,最后一个人可以保留性命,编程计算保留性命的强盗编号。

```
Sub Main( )
    Dim robber As New Collection
    Dim i, j As Short
    '为每个强盗编号,依次为 1~100
    For i = 1 To 100
        robber. Add(i)
    Next
    i = 1    '从集合元素下标为 1 的人开始报数
    j = 1    '从 1 开始递增报数
    Console. WriteLine(" 被砍头强盗编号依次为")
    Do Until robber. Count = 1
        If j Mod 2 <> 0 Then   '如果报数为单数,则砍头
            Console. WriteLine(robber. Item(i))   '输出被砍头强盗的编号
            robber. Remove(i)
    Else '如果报数为偶数,则移动到下一个报数人集合下标
            i += 1   '注意:每当一个集合元素被删除,后继元素下标都会减 1
    End If
    j = j + 1
    '每一轮结束重新从 1 开始报数
    If i > robber. Count Then
        i = 1
        j = 1
        End If
    Loop
    Console. WriteLine(robber. Item(1))   '输出被赦免强盗的编号
    Console. ReadLine( )
End Sub
```

# 6.5 常用算法与程序示例

## 6.5.1 极值

**例 6.3** 随机产生 25 个两位整数,构成一个矩阵,找出其中最大的值并输出所在的位置。程序代码如下:

```
Sub Main( )
    Dim a(5, 5) As Short
    Dim max, i, j, row, col As Short
    Dim rnd As Random = New Random( )
    ' Random 为随机数发生器类,随机数生成方法 1
```

```
        ' Randomize()    '随机数生成方法 2,参考 4.3.1
        '初始化两位数整数矩阵
        For i = 1 To 5
            For j = 1 To 5
                a(i, j) = rnd.Next(10, 100)            '随机数生成方法 1,返回指定范围内任意整数
                ' a(i, j) = Int(10 + Rnd() * 90)       '随机数生成方法 2,参考 4.3.1
                Console.Write(a(i, j) & vbTab)
            Next
            Console.WriteLine()
        Next
        '寻找矩阵中最大的数及所在位置
        max = a(0, 0)
        For i = 1 To 5
            For j = 1 To 5
                If a(i, j) > max Then
                    max = a(i, j)
                    row = i
                    col = j

                End If
            Next
        Next
        Console.WriteLine($"最大值为{max},在第{row}行,第{col}列!")
        Console.ReadLine()
    End Sub
```

**例 6.4** 找出二维数组中的鞍点。所谓鞍点,就是在二维数组中,所在的行中最大、所在的列中最小的元素。

```
    Sub Main()
        Dim matrix(,) As Short
        Dim m, n, i, j, big, col, row As Short
        m = Val(InputBox("请输入行数")) '建议输入 3
        n = Val(InputBox("请输入列数")) '建议输入 3
        ReDim matrix(m, n)
        Dim rnd As Random = New Random()
        For i = 1 To m
            For j = 1 To n
                matrix(i, j) = rnd.Next(1, 100)
                Console.Write(matrix(i, j) & vbTab)
            Next
            Console.WriteLine()
        Next
        Dim find As Short = 0
        Dim flag As Boolean = False
```

```
    For i = 1 To m
        big = matrix(i, 1)      '找出每行中最大的元素
        col = 1
        For j = 1 To n
            If big < matrix(i, j) Then
                big = matrix(i, j)
                col = j
            End If
        Next
        flag =True '假设当前行中最大的点为鞍点
        For row = 1 To m
            '判断假设是否成立,是否为列中最小的元素
            If big > matrix(row, col) Then
                flag =False
                Exit For
            End If
        Next
        If flag Then
            find = 1
            Console.WriteLine($"鞍点值为:{big},在第{i}行,第{col}列!")
        End If
    Next i
    If find = 0 Then
        Console.WriteLine("无鞍点")
    End If
    Console.ReadLine()
End Sub
```

说明:在 VB.NET 中,数组下标都从 0 开始,为方便理解,例题中第 0 行 0 列元素在程序代码中屏蔽,请阅读程序代码时注意甄别。

## 6.5.2 排序

### 1. 选择法

有 $n$ 个元素的数组,按照升序(降序)排序来描述选择法排序的思想如下:

(1)从 $n$ 个数中找出最小(大)数,并记录其下标,然后与第一个数交换位置。

(2)从除去第 1 个数的 $n-1$ 个数中再按照步骤(1)找出最小(大)的数,并记录其下标,如果在 $n-1$ 个数中找到的最小(大)数不是 $n-1$ 个数中的第 1 个数,则和数组的第 2 个数交换位置。

(3)一直重复步骤(1)$n-1$ 次,最后构成升序(降序)序列。

实际上,选择法排序也称为比较法排序,每一遍都进行比较,从而找出最小(大)数并记录其下标,交换位置。实现以上功能需使用循环嵌套。

**例 6.5** 创建一维随机数组,按升序或降序排列。程序代码如下:

```
Sub Main()
    Dim a(10) As Short
    Dim rnd As Random = New Random()
    For i As Short = 1 To a.Count - 1  '生成随机数组
        a(i) = rnd.Next(1, 100)
        Console.Write(a(i) & vbTab)
    Next
    Dim ascend As Short
    ascend = Val(InputBox("升序排列输入1,降序排列输入0"))
'选择法------------------------------------------------------------
    Dim flag, change As Short
    For i As Short = 1 To a.Count - 2
        flag = i
        For j As Short = i + 1 To a.Count - 1

            If ascend = 1 Then     '判断是按升序排列还是按降序排列
                If a(flag) > a(j) Then flag = j
            Else
                If a(flag) < a(j) Then flag = j
            End If
        Next
        '每一轮查询结束后,与当前i位置的元素进行交换
        change = a(i)
        a(i) = a(flag)
        a(flag) = change
    Next
'选择法------------------------------------------------------------
    For i As Short = 1 To a.Count - 1
        Console.Write(a(i) & vbTab)
    Next
    Console.ReadLine()
End Sub
```

第1次外循环结束,最小(大)的数则被交换到第1个元素的位置,第2次外循环结束,次小(大)的数则被交换到数组第2个元素的位置……直至$n$-1遍外循环结束,数组即按递减顺序排列。在内循环中记录下标直至外循环结束才交换,而不是在内循环中直接交换,这是为了减少交换次数。

## 2. 冒泡法

有$n$个元素的数组,按照升序(降序)排序来描述冒泡法排序的思想如下:

(1)将第1个和第2个元素比较,如果第1个元素大(小)于第2个元素,则将第1个元素和第2个元素交换位置。

(2)比较第2个和第3个元素,以步骤(1)方法交换,直到比较第$n$-1个元素和第$n$个元素。

(3)对前$n$-1个元素重复进行第(1)步和第(2)步。最后构成升序(降序)序列。

对例 6.5 使用冒泡法进行排序的程序代码如下：

```
'冒泡法--------------------------------------------
Dim change As Short
For i As Short = 1 To a.Count - 2
    For j As Short = 1 To a.Count - 2
        If ascend = 1 Then      '判断是按升序排列还是按降序排列
            If a(j) > a(j + 1) Then
                change = a(j)
                a(j) = a(j + 1)
                a(j + 1) = change
            End If
        Else
            If a(j) < a(j + 1) Then
                change = a(j)
                a(j) = a(j + 1)
                a(j + 1) = change
            End If
        End If
    Next
Next
'冒泡法------------------------------------
```

第 1 次外循环结束，则最大(小)的数被交换到数组最后一个元素的位置，第 2 次外循环结束，则次大(小)的数被交换到数组倒数第 2 个元素的位置……直至 $n-1$ 次外循环结束，数组即按递增顺序排列。

在这种排序过程中，小(大)数如同气泡一样逐层上浮，而大(小)数逐个下沉到次底部，因此，被形象地喻为“冒泡”。从这个意义上来讲，冒泡排序和选择法排序没有本质的不同，以升序排列为例：选择法在每一轮中直接找到最小的数，排到当前轮的最前列；冒泡法是在每一轮中找到最大的数排到当前轮的最后列。两者解题策略互为逆否，且计算量都与 $n^2$ 成正比。

## 6.5.3 查找

### 1. 顺序查找

顺序查找是把待查找的数与数组中的数从头到尾逐一比较，用一个变量 idx 来表示当前比较的位置，初始为数组的最小下标，当待查找的数与数组中 idx 位置的元素相等时即可结束，否则 idx=idx+1 继续比较，当 idx 大于数组的最大长度时，也应该结束查找，并且表示在数组中没有找到待查找数据。

**例 6.6** 在一维随机数组中查找指定的数，并标出位置。程序代码如下：

```
Sub Main()
    Dim a(15) As Short
    Dim rnd As Random = New Random()
```

```
        For i As Short = 1 To a.Count - 1   '生成随机数组
            a(i) = rnd.Next(1, 30)
            Console.Write(a(i) & vbTab)
        Next
        Console.WriteLine()
        Dim tar, flag As Short
        tar = Val(InputBox("输入想要查找的数,范围:1~30"))
        For i As Short = 1 To 15
            If a(i) = tar Then
                Console.WriteLine($"{tar}在第{i}位上")
                flag += 1
            End If
        Next
        If flag < 1 Then Console.WriteLine("查询的数字不存在")
        Console.ReadLine()
    End Sub
```

### 2. 折半查找

折半查找法(又称二分法)是对有序数列进行查找的一种高效查找办法,其基本思想是逐步缩小查找范围,因为是有序数列,所以采取半分作为分割标准可使比较次数最少。以升序排列有序数组为例,介绍折半查找算法思想。

假设三个整型变量 left、right 和 middle,分别为以按升序排序的有序数组 search 的第一个元素、最后一个元素以及中间元素的下标,其中 middle=(left+right)\2。

(1)若待查找的数 tar 等于 search(middle),则已经找到,位置就是 middle,结束查找,否则继续步骤(2)。

(2)如果 tar 小于 search(middle),因为是升序数组,如果 x 存在于此数组,则 x 必定为下标在 left 和 middle-1 范围之内的元素,下一步查找只需在此范围之内进行即可。即 left 不变,right 变为 middle-1,重复(1)即可。

(3)如果 tar 大于 search(middle),同样,如果 x 存在于此数组,则 x 必定为下标在 middle+1 和 right 范围内的元素,下一步查找只需在此范围之内进行即可。即 left 变为 middle+1,right 不变,重复(1)即可。

(4)如果上述循环执行到 left>right,则表明此数列中没有要找的数,退出循环。

**例 6.7** 在一个升序排列的数组中,找到指定的数字,并标出位置。程序代码如下:

```
    Sub Main()
        Dim search(15) As Short
        '创建有序数组
        search = {0, 2, 6, 10, 13, 24, 26, 28, 33, 34, 39, 40, 46, 49, 57, 68}
        For i As Short = 0 To search.Count - 1
            Console.Write(search(i) & vbTab)
        Next
        Dim flag As Boolean
        flag = False
```

```
    Dim left, right, middle, tar As Short
    left = 0
    right = search. Count - 1
    tar = Val(InputBox("输入想要查找的数"))
    Do While left <= right
        middle = (left + right) \ 2
        If tar = search(middle) Then
            flag = True
            Exit Do
        ElseIf tar > search(middle) Then
            left = middle + 1
        Else
            right = middle - 1
        End If
    Loop
    If flag Then
        middle += 1  '数组下标从 0 开始,日常排序从 1 开始
        Console. WriteLine( $"{tar}已找到,在第{middle}位")
    Else
        Console. WriteLine("未找到")
    End If
    Console. ReadLine()
End Sub
```

## 6.5.4 程序示例

**例 6.8** 杨辉三角,又称贾宪三角形,欧洲称为帕斯卡三角形,是二项式系数在三角形中的一种几何排列,如图 6.6 所示。贾宪约于 1050 年首先使用贾宪三角进行高次开方运算。中国南宋数学家杨辉 1261 年所著的《详解九章算法》记录此表。编程输出杨辉三角。

```
0 0 0 0 0 0
0 1 0 0 0 0                1
0 1 1 0 0 0              1   1         ⇦ (a+b)^1=a+b
0 1 2 1 0 0    ⇦       1   2   1       ⇦ (a+b)^2=a^2+2ab+b^2
0 1 3 3 1 0          1   3   3   1     ⇦ (a+b)^3=a^3+3a^2b+3ab^2+b^3
0 1 4 6 4 1        1   4   6   4   1   ⇦ (a+b)^4=a^4+4a^3b+6a^2b^2+4ab^3+b^4
   ......                ......                ......
```

图 6.6 杨辉三角

如图 6.6 所示,将杨辉金字塔形状映射到二维数组左下三角阵,并紧贴主对角线,可以发现杨辉三角特点:第 0 列第 0 行元素为 1,即 YH(1,1)= 1,其他元素为 YH(i,j)= YH (i-1,j-1)+ YH (i-1,j)。程序代码如下:

```
Sub Main()
    Dim YH(,) As Integer
    Dim n, i, j As Integer
    n = Val(InputBox("输入杨辉三角层数:"))
```

```
        '生成杨辉三角
        ReDim YH(n, n)
        YH(1, 1) = 1
        For i = 2 To n
            For j = 1 To i
                YH(i, j) = YH(i - 1, j - 1) + YH(i - 1, j)
            Next
        Next
        '显示杨辉三角
        Dim middle, start As Integer '确定三角形顶点和每行起点
        middle = n * 8 / 2
        For i = 1 To n
            start = middle - 2 * (i - 1)
            For j = 1 To i
                Console.SetCursorPosition(start + (j - 1) * 4, i)
                Console.Write(YH(i, j))
            Next
            Console.WriteLine()
        Next
        Console.ReadLine()
    End Sub
```

**例 6.9** 筛法查找 1~$n$ 范围内的素数。

设计思路如下：

①生成 1~$n$ 范围内的全部整数。

②用 2 去除其后所有的数，把能被 2 整除的数挖掉。

③分别用 3、5、7 等未被挖掉的素数去整除这些数后面的数，直到小于 $\sqrt{n}$ 的最大素数。

④将 1 筛掉，最后剩余的数都为素数，如图 6.7 所示。

程序代码如下：

```
    Sub Main()
        Dim prime As New Collection
        Dim n, j, k As Integer
        n = Val(InputBox("输入筛法查找素数范围"))
        For i As Integer = 1 To n
            prime.Add(i)
        Next
        j = 2
        Do While prime.Item(j) <= Math.Sqrt(n)
            Console.WriteLine($"删除能被""{prime.Item(j)}""整除的数")
            k = j
            Do While k < prime.Count
                k += 1              '指向下一个元素
                '如后继集合元素，可以被当前已经确定的素数整除，则删除该元素
```

```
            If prime. Item(k) Mod prime. Item(j) = 0 Then
                Console. Write(prime. Item(k) & vbTab)
                prime. Remove(k)
                k -= 1           '当第 k 个集合元素被删除,后面一个元素下标变为 k
            End If
        Loop
            j += 1
            Console. WriteLine()
        Console. WriteLine("------------------------------------------")
    Loop
    Console. WriteLine("输出素数筛选结果")
    For Each x In prime
        Console. Write(x & vbTab)
    Next
    Console. ReadLine()
End Sub
```

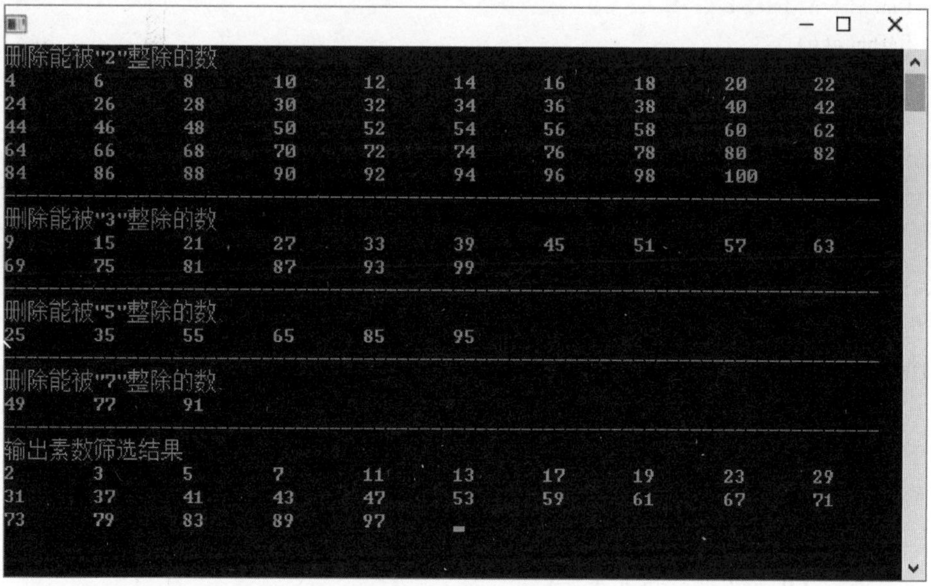

```
删除能被"2"整除的数
4       6       8       10      12      14      16      18      20      22
24      26      28      30      32      34      36      38      40      42
44      46      48      50      52      54      56      58      60      62
64      66      68      70      72      74      76      78      80      82
84      86      88      90      92      94      96      98      100
------------------------------------------------------------------------------
删除能被"3"整除的数
9       15      21      27      33      39      45      51      57      63
69      75      81      87      93      99
------------------------------------------------------------------------------
删除能被"5"整除的数
25      35      55      65      85      95
------------------------------------------------------------------------------
删除能被"7"整除的数
49      77      91
------------------------------------------------------------------------------
输出素数筛选结果
2       3       5       7       11      13      17      19      23      29
31      37      41      43      47      53      59      61      67      71
73      79      83      89      97
```

图 6.7　筛法查找素数

## 习　　题

### 一、填空题

1. 具有两个或两个以上序号的数组称为__________数组。

2. 一个数组中的所有数据,称为该数组的__________。

3. 声明数组时,如在数组名的后面附一个空的维数表,即可将数组声明为__________数组。

4. 数据元素下标的下界默认为__________。

5. 在窗体上画一个名称为 Button3 的命令按钮,然后编写如下事件过程:

```
Private Sub Button3_Click(sender As Object, e As EventArgs) Handles Button3. Click
    Dim i As Integer, j As Integer, s As String = ""
    Dim a(3, 3) As Integer
    For i = 1 To 3
        For j = 1 To 3
            a(i, j) = (i - 1) * 3 + j
            s = s & (a(i, j))
        Next j
        s = s & vbCrLf
    Next i
    TextBox1. Text = s
End Sub
```

程序运行后,单击命令按钮,在窗体上显示的值是__________。

6. 下列程序的输出结果为__________。

```
Private Sub Button4_Click(sender As Object, e As EventArgs) Handles Button4. Click
    Dim a() As Integer
    ReDim a(6)
    For j = 1 To 5
        a(j) = j * j
    Next j
    TextBox1. Text = (a(a(2) * a(3) - a(4) * 2) + a(5))
End Sub
```

## 二、选择题

1.在如下所示数组声明语句中,数组 a 包含元素的个数为(　　)。

Dim a(3, 5)

A. 3　　B. 5　　C. 15　　D. 24

2.下列数组的声明语句中,正确的是(　　)。

A. Dim X[4,4] As Integer　　B. Dim X(4,4) As Integer

C. Dim X{4,4} As Integer　　D. Dim X[4:4] As Integer

3.以下属于 VB 合法的数组元素是(　　)。

A. a8　　B. a[8]　　C. a(0)　　D. a{6}

4.引用一维数组中的元素时,下标可以是(　　)。

A. 常量　　B. 变量　　C. 表达式　　D. 以上全部

5.要分配存放如下方阵的数据,正确的且最节约存储空间的数组声明语句是(　　)。

1.1　2.2　3.3

4.4　5.5　6.6

A. Dim a(6) As Single　　B. Dim a(1,2) As Single

C. Dim a(2 To 3,-3 To-1) As Single　　D. Dim a(1,2) As Integer

6.设有数组声明 Dim a(4, 6),则下面引用数组元素正确的是(　　)。

A. a(-2,3)　　B. a(5)　　C. a[-2,4]　　D. a(0,0)

7. 在窗体中设计一个名称为 TextBox1 的文本框和一个名称为 Button1 的命令按钮,然后编写如下事件过程:

```
Private Sub Button1_Click(sender As Object, e As EventArgs) Handles Button1.Click
    Dim array1(10, 10) As Integer
    Dim i, j As Integer
    For i = 1 To 3
        For j = 2 To 4
            array1(i, j) = i + j
        Next j
    Next i
    TextBox1.Text =Array1(2, 3) + Array1(3, 4)
End Sub
```

程序运行后,单击命令按钮,在文本框中显示的值是(　　)。

A. 12　　B. 13　　C. 14　　D. 15

8. 运行下列程序,单击一个名称为 Button2 的命令按钮,则运行结果是(　　)。

```
Private Sub Button2_Click(sender As Object, e As EventArgs) Handles Button2.Click
    Dim a(10) As Integer
    Dim s As String
    s =""
    For i = 1 To 10
        a(i) = 10 - i + i Mod 2
    Next i
    For i = 10 To 1 Step -2
        s &= a(i) &"   "
    Next i
    TextBox1.Text = s
End Sub
```

A. 0　2　4　6　8　　B. 8　6　4　2　0

C. 1　3　5　7　9　　D. 9　7　5　3　1

**三、编程题**

1. 编程实现数组插入操作,通过 InputBox 函数输入的一个数插入按递减排列的有序数列中,插入后的序列仍有序。

2. 编程删除具有 10 个元素的数组中指定位置的元素,并输出删除后的结果。

3. 编程用二分查找法在已排好序的 10 个元素的数组中查找输入的数,如果找到在窗体上输出该数的下标,否则输出“没有找到”。

4. 编程用冒泡法对 6 个元素的数组 a 进行从小到大的排序。

5. 编程用选择法对具有 10 个元素的数组 a 中的元素进行排序。

6. 把 20 个整型数据存放到一维数组 a 中,找出 a 中出现频率最高的元素值及出现的次数。例如,若把 1、5、4、3、5、8、5、3 存放到数组 a 中,则出现频率最高的元素值是 5,出现的次数是 3。

7. 给定两组已按升序排列好的整型数据,编写一个程序把它们合并为一组仍按升序排列的数据。

8. 编写一个程序,把一个 $m$ 行 $n$ 列矩阵中的元素存放到一个二维数组中,并求出该数组的平均值、最大值和最小值。

9. 编写一个程序,把一个班学生的姓名和成绩存放到一个记录数组中,然后寻找并输出最高分者。

10. 矩阵(二维数组)操作,利用随机数(假设范围为 10~80)产生一个 8×8 矩阵 A,现要求:

(1)计算矩阵的两对角线元素之和。

(2)求矩阵的最大值和下标。

(3)分别输出矩阵的上三角元素和下三角元素。

(4)将矩阵的第 1 行元素与第 4 行元素交换位置,即第 1 行变为第 4 行,第 4 行变为第 1 行。

(5)将矩阵的两对角线元素均设为 1,其余均设为 0。

11. 现有一个 6×8 矩阵,编写程序将其转置(即行变为列,列变为行)。

12. 数学上形如矩阵 $\{a_{ij}\}$ 表示的数据均可用二维数组来处理。编程完成两个相同阶数的矩阵 A 和 B 相加,将结果存入矩阵 C,即 C=A+B。提示:由于阶数相同,因此只要分别求出 $c_{ij}=a_{ij}+b_{ij}$ 即可。

# 第7章 过 程

在前面几章中,所编写的代码都放在系统提供的过程中,所调用的函数都是系统提供的内部函数。在实际编程中,有些代码相对独立且重复出现,或根据不同的参数调用后得到不同的结果。这段代码就可以定义成过程,也称为自定义过程。

过程是具有规定的语法格式、可以完成独立功能的语句块。过程由名称进行标识,使用中还可以根据需要带参数。

在 Visual Basic 中,过程分为四大类,分别是 Sub 过程、Function 过程、Property 过程、Operator 过程。Sub 过程分为通用过程、事件过程和方法过程,Function 过程分为通用过程和方法过程,如图 7.1 所示。

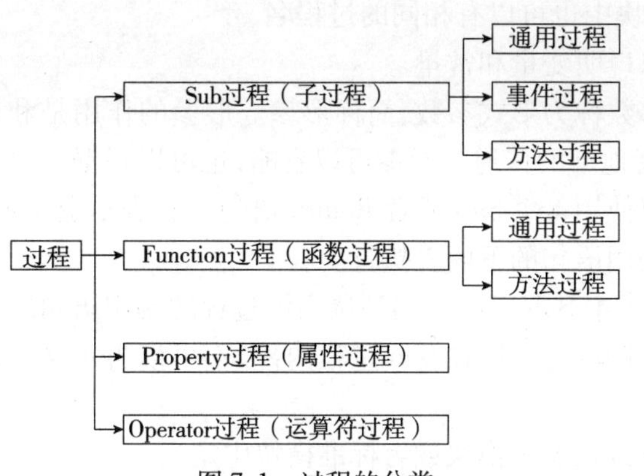


图 7.1 过程的分类

本章主要介绍两种自定义过程:通用 Sub 过程和通用 Function 过程。同时介绍自定义过程的参数传递、变量的作用域等。

过程是通过调用来执行的。两种类型过程被调用的方式相同,如图 7.2 所示。

程序的执行顺序:先执行主程序,当遇到过程时,转去执行过程的代码,过程执行完后,再返回到主程序中调用本次过程的语句的下一条语句接着执行。

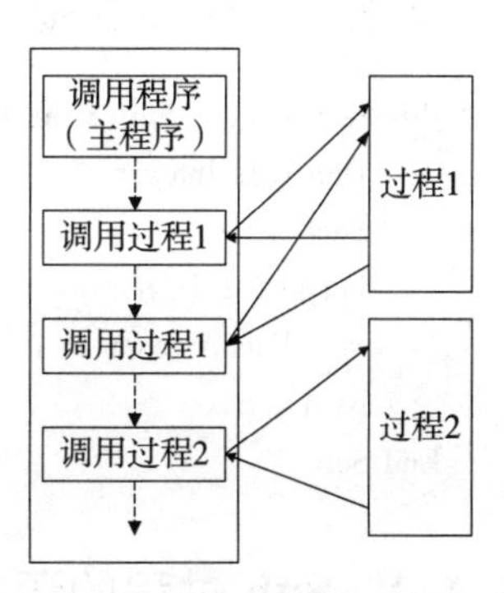


图 7.2 过程调用示意

# 7.1 Sub过程

## 7.1.1 Sub过程的定义

定义Sub过程不仅要按照规定的语法结构编写实现有关功能的语句块,还要确定所定义的过程的名字、作用域以及使用的参数的个数、参数名称和数据类型等。

定义Sub过程的语法格式如下:

```
[Public|Private] Sub 过程名([形式参数列表])
    语句块
    [Exit Sub|Return]
    语句块
End Sub
```

说明:

①通用Sub过程以Sub开头,以End Sub结束。第一个语句通常称作过程的“首部”,两个语句之间是描述操作过程的语句,称作“过程体”。

②Public和Private用来声明该Sub过程是全局的还是模块级别的。Public表示该过程可以被任一个过程调用,而Private则表示该过程只能被同一模块的过程调用。系统默认是Public。

③过程名是该程序段的标识。过程名与变量的命名规则相同。过程名的长度不能超过255个字符。同一个模块中也可以有相同的过程名。

④在过程内部可以声明变量和常量。

⑤过程名后面的参数称为形式参数,简称形参。形参的作用是和调用过程时的实际参数(简称实参)进行值或者地址的传递。形参可以省略,也可以根据需要设置多个。

⑥在过程体中可以使用Exit Sub或者Return语句。它表示退出该过程的执行,回到调用该过程的父过程中的调用语句的下面去执行。

⑦End Sub用于结束本Sub过程。回到调用该过程的调用语句的下面去执行。

⑧通用Sub过程不能嵌套。即在Sub过程内部,不可以再定义Sub过程。但可以通过调用语句调用其他过程。

⑨通用Sub过程可以在窗体模块或者标准模块中定义。

**例7.1** 建立一个Sub过程,用来求任一个正整数的阶乘。

```
Private Sub Fact_Sub(n As Integer, Fact As Double)
    Dim i As Integer
    Fact = 1
    For i = 1 To n
        Fact = Fact * i
    Next i
End Sub
```

## 7.1.2 Sub过程的调用

事件过程一般由事件驱动调用过程的执行,而通用过程是通过调用来执行的。因此需要编写调用该过程的语句。调用 Sub 过程的基本格式是：

[Call]过程名([<参数表>])

说明：

①调用语句位于调用过程中，用来调用被调用的过程。通常情况下调用过程和被调用过程是不同的过程。但当过程需要自己调用自己时，调用过程和被调用过程就是同一个过程。

②Call 关键字可以省略。

③与定义过程时过程名后面的形式参数对应。调用语句中过程名后面的参数称作实际参数。实际参数必须用括号括起来，即使没有实际参数，在过程名后面也要加一组空括号。当有多个实际参数时参数之间用逗号“,”分隔。

④通用过程的同名问题。在 Visual Basic 中允许在不同的模块中存在同名的全局过程。本模块的全局过程在被调用时在过程名前可以不加任何修饰。调用其他模块的全局过程应该在过程名前加上模块名称。比如，在窗体模块和标准模块中同时有名称为 Fact( )的全局过程，调用方式分别为：

- 在窗体模块中可以直接调用本窗体模块中的 Fact 过程：Call Fact( )。
- 在窗体模块中调用标准模块 Module2 中的 Fact 过程：Call Module2. Fact( )。

**例 7.2**　计算 1！+2！+3！+…+10！。

```
Public Class Form1
    Private Sub Fact_Sub(n As Integer, ByRef Fact As Double)
        Dim k As Integer
        Fact = 1
        For k = 1 To n
            Fact = Fact * k
        Next k
    End Sub
    Private Sub Button1_Click(sender As Object, e As EventArgs) Handles Button1.Click
        Dim i As Integer
        Dim sum As Double, t As Double
        For i = 1 To 10
            Call Fact_Sub(i, t)
            sum = sum + t
        Next i
        TextBox1.Text = sum
    End Sub
End Class
```

ByRef Fact As Double 语句的 ByRef 表示参数按照地址传递，如果在形参前加 ByVal 表示按值传递。7.3 节将具体介绍。

**例 7.3**　编写找出一个正整数所有因子的程序。

```
Public Class Form1
```

```
    Private Sub Button1_Click(sender As Object, e As EventArgs) Handles Button1.Click
        Dim Inta As Integer, St As String
        Inta = TextBox1.Text
        Call Factor(Inta, St)
        TextBox2.Text = St
    End Sub
    Private Sub Factor(ByVal N As Integer, ByRef S As String)
        Dim I As Integer
        For I = 1 To N - 1
            If N Mod I = 0 Then S = S & Str(I)
        Next I
    End Sub
End Class
```

Sub 过程 Factor 是找出任一个正整数的所有因子的过程,它有两个形式参数,一个是传值参数 N,一个是传址参数 S。在事件过程 Button1_Click 中,从文本框 TextBox1 输入数据给变量 Inta 赋值,并以 Inta 和 St 作为实参调用 Factor 过程;因字符型变量 St 是与传址参数 S 结合,所以 St 接收过程返回的计算结果,并将结果显示在文本框 Text2 中。

## 7.2 Function 过程

通用 Sub 过程通过参数返回值,Function 过程虽然也可以通过参数返回值,但它最主要的是通过函数名本身返回函数值,就如同内部函数 Abs 返回自变量的绝对值一样。函数过程通过赋值语句"函数名 = <表达式>"返回函数值,这个语句是定义函数过程中经常使用的。

### 7.2.1 Function 过程的定义

Function 过程的定义格式为:

```
[Public|Private] Function 函数名([参数表])[As <数据类型>]
    语句块
    [Exit Function]
    [Return 返回值]
    语句块
    [函数名 =返回值]
End Function
```

说明:

①与 Sub 过程相似,函数过程是以 Function 语句开头、End Function 语句结束的一段独立的代码。

②函数过程与 Sub 子过程的区别是,函数过程要返回一个函数值,且这个函数值是有数据类型的,因此在 Function 语句中有 As <数据类型>子句。如省略,表示函数值是 Object 类型。

③在过程体中可以使用 Exit Function 语句。该语句表示退出该过程的执行,回到调用该过程的父过程中的调用语句的下面去执行。

④在过程体中可以使用 Return 语句或者"函数名 =返回值"。它们都用于指定函数的返回值。区别是 Return 语句立即结束被调用过程的执行并将返回值带回调用过程。

⑤过程的作用域、参数传递等与 Sub 过程相同。

**例 7.4**　编写一个求 $n!$ 的函数过程。

```
Private Function Fact_FUN(ByVal N As Integer) As Long
    Dim K As Integer
    Fact_FUN = 1
    If N = 0 Or N = 1 Then
        Exit Function
    Else
        For K = 1 To N
            Fact_FUN = Fact_FUN * K
        Next K
    End If
End Function
```

定义函数过程时,要考虑其通用性,要根据自变量的取值范围与函数值的大小设置适当的数据类型。

### 7.2.2　Function 过程的调用

Function 过程的调用方法如下:

(1)与内部函数的调用一样,即"变量名=函数名(参数)"。例如:

```
a=f()
b=f()+a
```

这种调用函数运行完毕后,通过函数名返回一个具体的值。

(2)与 Sub 过程的调用方法一样。

```
[Call]过程名([<参数表>])
```

这种调用函数名取得值后,无法进行值的传递。因此,实际进行函数调用时很少使用。

**例 7.5**　调用例 7.4 的通用过程,利用 Function 过程计算 1! +2! +3! +…+10!。

```
Private Sub Button1_Click(sender As Object, e As EventArgs) Handles Button1.Click
    Dim i As Integer
    Dim sum As Long
    For i = 1 To 10
        sum = sum + Fact_FUN(i)
    Next i
    TextBox1.Text = sum
End Sub
```

可见，函数过程的调用与内部函数的调用完全一样，即“函数名(参数)”。

**例 7.6** 已知三角形三条边，运用海伦公式求面积。

```
Imports System.Math
Public Class Form1
    Private Sub Button1_Click(sender As Object, e As EventArgs) Handles Button1.Click
        Dim x1 As Single, x2 As Single, x3 As Single
        x1 = Val(TextBox1.Text)
        x2 = Val(TextBox2.Text)
        x3 = Val(TextBox3.Text)
        TextBox4.Text = Area(x1, x2, x3)
    End Sub
    Function Area(a As Single, b As Single, c As Single) As Single
        Dim s As Single
        If a + b > c And a + c > b And b + c > a Then
            s = (a + b + c) / 2
            Area = Sqrt(s * (s - a) * (s - b) * (s - c))
        Else
            MessageBox.Show("请重新输入三角形三边长度值")
        End If
    End Function
End Class
```

三条边能构成三角形的前提条件是任意两边之和大于第三边。满足条件可求出代表面积的函数值。

# 7.3 参数传递

## 7.3.1 形参与实参

通用过程中的代码通常需要某些关于程序状态的信息才能完成它的工作。信息包括在调用过程时传递到过程内的变量。当将变量传递到过程时，称变量为参数。在调用一个有参数的过程时，首先进行的是“形实结合”，实现调用程序和被调用过程之间的数据传递。通过参数传递，Sub 过程或 Function 过程就能根据不同的参数执行同种任务。根据参数在过程中的位置不同，可将参数分为两类:形参和实参。

**1. 形参**

形参是指在定义过程时出现的参数。出现在 Sub 过程和 Function 过程的形参表中的变量名、数组名称即为形式参数，过程被调用之前，并未为其分配内存，其作用是说明自变量的类型和形态以及在过程中所“扮演”的角色。

形参可以有多个，中间用逗号隔开，分别定义成不同的数据类型。形参一般是变量或数组等，不可以是常数、函数或表达式。

**2. 实参**

实参是指在调用过程中出现的参数。实参是在调用 Sub 或 Function 过程时，传送给相应过程的变量名、数组名、常数或表达式，它们包含在过程调用的实参表中。实参可以是常量、变量、数组、表达式或对象等。在过程调用传递参数时，实参的个数应与形参匹配，即个数相同，数据类型保持一致。形参表与实参表中的对应变量名，可以不必相同，因为"形实结合"是按对应"位置"结合，即第一个实参与第一个形参结合，第二个实参与第二个形参结合，以此类推，而不是按"名字"结合。假设定义了下面过程：

```
Private Sub Examsub(X As Integer,Y As Single)
    ……
End Sub
Private Sub Form1_Click(sender As Object, e As EventArgs) Handles Me. Click
    Dim X As Single,Y As Integer
    ……
    Call Examsub(Y,X)
    ……
End Sub
```

运行程序，单击窗体，产生 Click 事件，激活事件过程 Form_Click。当执行到事件过程中的 Call 语句时，调用 Examsub 过程，首先进行"形实结合"。形参与实参结合的对应关系是，实参表中的第一个实参变量 Y 与形参表中的第一个形参变量 X 结合，实参表中的第二个实参变量 X 与形参表中的第二个形参变量 Y 结合。

在 VB 中参数值的传递有两种方式，即按值传递（passed by value）和按地址传递（passed by reference）。其中按地址传递习惯上称为"引用"。过程调用时参数传递包括传递数值和传递地址，分别简称传值和传址。

### 7.3.2　按地址传递参数

在定义过程时，若形参名前面有 ByRef 关键字，则指定了它是一个按地址传递的参数。按地址传递参数时，过程所接收的是实参变量（简单变量、数组元素、数组以及记录等）的地址。过程可以改变特定内存单元中的值，这些改变在过程运行完成后依然保持。也就是说形参和实参共用内存的"同一地址"，即共享同一个存储单元，形参值在过程中一旦被改变，相应的实参值也随着被改变。

按地址传递参数时，系统为形参和实参分配同一个内存地址单元。参数可传入子过程又能从子过程中传出改变后的新值，即"传入传出"。

**例 7.7**　单击命令按钮，执行如下过程，分析程序运行结果。

```
Public Class Form1
    Private Sub Value_Change(ByRef X As Integer, ByRef Y As Integer)
        X = X + 20
        Y = X + Y
        TextBox1. Text = X &"    " & Y
    End Sub
    Private Sub Button1_Click(sender As Object, e As EventArgs) Handles Button1. Click
        Dim M As Integer, N As Integer
        M = 15 : N = 20
```

```
        Call Value_Change(M, N)
        TextBox2.Text = M &"   " & N
    End Sub
End Class
```

在调用 Value_Change 过程时，由于形参 X 与 Y 是一个“传址”参数，所以实参 M 与形参 X 结合时，是将 M 的地址传递给 X，N 的地址传递给 Y。在过程 Value_Change 中对形参 X 的访问(引用)，实际是对实参 M 的存储单元的访问，对形参 Y 的访问(引用)，实际是对实参 N 的存储单元的访问。执行 Value_Change 过程中的赋值语句 X = X + 20 时，是将“存储单元(即 M)的内容 + 20”的结果存放到存储单元中。该过程运行完毕，VB“收回”分配给形参 X、Y 的存储空间，根据返回地址，返回 Command1_Click 事件过程，执行后续语句。M 的内容被改变，而 N 的值也同样发生了变化。程序运行后，形参和实参的取值分别是：

X = 35　　Y = 55

M = 35　　N = 55

**例 7.8**　编写程序计算 5! +4! +3! +2! +1!。

```
Public Class Form1
    Private Sub Button1_Click(sender As Object, e As EventArgs) Handles Button1.Click
        Dim Sum As Integer, I As Integer
        For I = 5 To 1 Step -1
            Sum = Sum + Fact(I)
        Next I
        TextBox1.Text = Sum
    End Sub
    Private Function Fact(ByRef N As Integer) As Integer
        Fact = 1
        Do While N > 0
            Fact = Fact * N
            N = N - 1
        Loop
    End Function
End Class
```

运行上述程序，TextBox1.Text 中的值是 120，没有得到 Sum = 153 的正确结果。其原因在于 Function 过程 Fact 的形式参数 N 是按地址传递的参数。而在事件过程 Button1_Click 的 For 循环中用循环变量 I 作为实参调用函数 Fact。第一次调用函数 Fact 后，形式参数 N 的值被改为 0，因而循环变量 I 的值也跟着变为 0，使得 For 循环仅执行一次，就立即退出循环。所以程序仅仅求了 5! 的值，输出运行结果后就结束程序运行。解决这种状况只有改变参数的传递方式，下面将给出具体的解决方法。

### 7.3.3　按数值传递参数

按值传递参数时，形参与实参使用不同的内存地址单元，父过程传递给子过程的只是变量的副本。它将实参的值传递给子过程的形参，如果子过程中形参的值发生了变化，则所做变动不会同步地改变父过程中的实参变量。也就是说,参数可传入子过程却不能从子过程中传出改变后的新值,即"传入传不出"。定义过程时,在形参名前面加关键字"ByVal"表示该参数是传值类型的传递。"ByVal"也可以省略不加。

下面对例 7.7 的 Value_Change 过程的形参采用传值传递。

```
Private Sub Value_Change(ByVal X As Integer, ByVal Y As Integer)
    X = X + 20
    Y = X + Y
    TextBox1.Text = X &"    " & Y
End Sub
```

调用过程不变的情况下运行程序,单击命令按钮,执行 Command1_Click 事件过程,在栈中给局部变量 M 和 N 分配存储单元;执行赋值语句 M = 15 给整型变量 M 赋值 15,执行赋值语句 N = 20 给整型变量 N 赋值 20。执行 Call Value_Change(M,N) 语句,在栈保存返回地址,调用 Value_Change 过程。给形参 X 和 Y 分配存储单元;变量 M 与形参 X"按值"结合,将 15 传递给形式参数 X;N 与形参 Y"按值"结合,将 20 传递给形式参数 Y。Value_Change 过程中的赋值语句 X = X + 20,将 X 的值改变为 35。赋值语句 Y = X + Y 将 Y 的值变为 55。输出 X、Y 的值分别为 35、55。因为形参 X 和 Y 都是"按值"参数,所以对 X、Y 的改变并没有改变实参变量 M 和 N 的值。该过程运行完毕,VB.NET 回收分配给形参 X、Y 的存储空间,根据返回地址,返回事件过程 Command1_Click,执行后续语句。M 和 N 的值保持不变。程序运行后,形参和实参的取值分别是:

X = 35　　Y = 55

M = 15　　N = 20

例 7.8 的问题只要把形参 N 前的关键字 ByRef 换成 ByVal 就可以解决,读者可以自行修改后查看运行结果。

要注意以下几点:

①当需要按值传递参数时,可将实参表示成常数、表达式、带括号的变量,或在定义子过程中用 ByVal 关键字指出参数是按值来传递的。

②当需要按址传递参数时,实参必须是变量,在定义子过程中用 ByRef 关键字指出参数是按址来传递的。

③若主过程中实参是常量或者表达式,对应形式参数前有 ByRef 关键字,则无法按照地址传递。但程序可以正常执行。

### 7.3.4　数组做参数

编写通用过程时,形参和实参可以是数组。这样可以使用一个参数传递批量的值。数组形参的定义形式如下:

格式 1:[ByRef|ByVal 数组形参([,])As 数据类型

格式 2:[ByRef|ByVal 数组形参 As 数据类型([,])

说明:

①两种格式的作用是一样的。区别在于一个把代表数组的括号放在了数组名后面,一个

放在了数据类型后面。

②调用实参数组可以只使用数组名。但实参数组的类型、维数必须与形参一致。

③一个通用过程可以定义多个数组参数。

④数组做参数本质上都是按照地址传递的。ByRef 和 ByVal 的区别在于使用 ByVal 关键字,如果在过程中使用 ReDim 语句重定义了数组或给形参数组赋了新建数组,则不会影响父过程中的实参数组。而使用 ByRef 关键字会影响父过程中的实参数组,也被重定义数组或赋新建数组。

**例 7.9** 举例说明参数为数组的过程的定义和调用方法。注意观察数组做形参和实参在格式上的区别。并且注意数组做参数只能传地址。

```
Public Class Form1
    Function exer(m( ) As Integer) As Integer
        Dim i As Integer
        Dim sum As Integer
        For i = 1 To 3
            sum = sum + m(i)
        Next
        exer = sum
    End Function
    Private Sub Button1_Click(sender As Object, e As EventArgs) Handles Button1.Click
        Dim i As Integer
        Dim a(3) As Integer
        For i = 1 To 3
            a(i) = i * 2
        Next i
        TextBox1.Text = Str(exer(a))
    End Sub
End Class
```

说明:当数组做形参的时候,只要在数组名后面跟一对空的括号(括号内可以有",",表示不同的维数),则不需要在过程中重新定义数组。比如,此题的 Function exer(m() As Integer)就表示 m 是数组,具体的大小由实参数组传递,不需要在子过程内部用数组定义语句 Dim m() As Integer 定义。如果定义的话,系统在执行时会给出重复定义的错误。

**例 7.10** 计算 $y=\frac{1}{1\times 2}+\frac{1}{2\times 3}+\cdots+\frac{1}{m(m+1)}$ 的值,$m$ 的值分别取 10、100、1 000。

首先,比较 Sub 子程序和 Function 函数的区别。

**解法 1**:用 Function 过程求解。定义一个参数 m,通过 m 传递给函数一个值,然后通过函数名 sum 返回表达式的值。

```
Public Class Form1
    Private Sub Button1_Click(sender As Object, e As EventArgs) Handles Button1.Click
        Dim i As Long, m As Integer
        For i = 1 To 3
            m = 10 ^ i
```

```
            TextBox1.Text = TextBox1.Text & m & sum(m) & vbCrLf
        Next i
    End Sub
    Function sum(n As Integer) As Single
        Dim i As Long, s As Single
        s = 0
        For i = 1 To n
            s = s + 1 / (i * (i + 1))
        Next i
        sum = s
    End Function
End Class
```

**解法2:**用Sub过程求解。除了定义一个参数m传入Sub过程一个值外,还需要定义一个参数s返回表达式的值。

```
Public Class Form2
    Sub sum(n As Integer, ByRef s As Single)
        Dim i As Long
        s = 0
        For i = 1 To n
            s = s + 1 / (i * (i + 1))
        Next i
    End Sub
    Private Sub Button1_Click(sender As Object, e As EventArgs) Handles Button1.Click
        Dim i As Long, m As Integer, s1 As Single
        For i = 1 To 3
            m = 10 ^ i
            Call sum(m, s1)
            TextBox1.Text = TextBox1.Text & m & s1 & vbCrLf
        Next i
    End Sub
End Class
```

**例7.11**　数组参数的按值、按地址传递。建立一个控制台程序。运行下列程序,根据运行结果体会数组参数传递的方式。

```
Module Module1
    Sub Main()
        Dim a() As Integer = {1, 2, 3}
        Call da(a)
        For i = 1 To UBound(a)
            Console.WriteLine(a(i))
        Next
        Console.Read()
    End Sub
```

```
'按地址传递
Sub da(ByRef arr() As Integer)
    '按值传递
    'Sub da(ByVal arr() As Integer)
    Dim i As Integer
    For i = 0 To UBound(arr)
        arr(i) *= 2
    Next
    For i = 0 To UBound(arr)
        Console.WriteLine(arr(i))
    Next
    Console.WriteLine("------------")
    arr =New Integer() {-1, -2}
    For i = 0 To UBound(arr)
        Console.WriteLine(arr(i))
    Next
    Console.WriteLine("------------")
  End Sub
End Module
```

在程序中分别使用 ByRef 和 ByVal 作为参数传递方式,运行结果如图 7.3 所示。

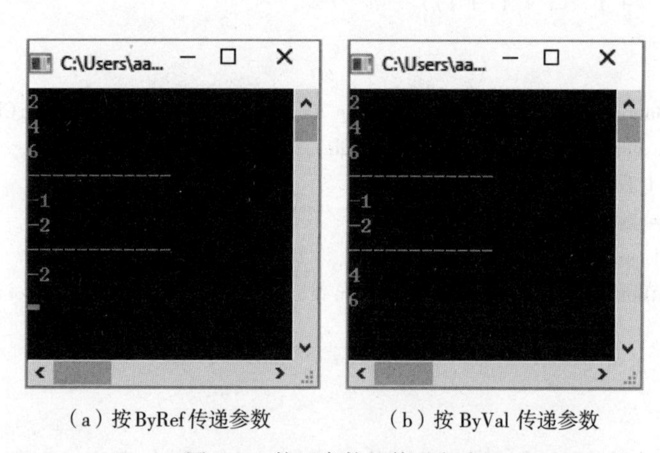


(a) 按ByRef传递参数　　(b) 按 ByVal 传递参数

图 7.3　数组参数的传递方式

可见,无论是 ByRef 还是 ByVal,对数组而言都是按照地址传递的。在过程中改变数组元素的值,都将改变数组元素的取值。区别是,使用 ByVal 时,在被调用数组中重新定义数组,不会影响调用过程(父过程)中的实参数组。使用 ByRef 时,在被调用数组中重新定义数组,会影响调用过程(父过程)中的实参数组,即实参数组也取得新的数组。

## 7.4　过程的嵌套和递归调用

过程的定义是一段独立的代码,即不能将过程的定义嵌套在另一个事件过程或通用过程中。但过程的调用可以嵌套,它是指用一个过程去调用另一个过程。

**例 7.12** 编制一个子程序,实现一组数列的排序。

```
Module Module1
    Sub Main( )
        Dim i As Integer
        Dim a(10) As Integer
        Randomize( )
        For i = 1 To 10
            a(i) = Int(Rnd( ) * 90) + 10
            Console.WriteLine(a(i))
        Next i
        Call sort(a)
        For i = 1 To 10
            Console.WriteLine(a(i))
        Next i
        Console.Read( )
    End Sub
    Private Sub sort(ByRef x( ) As Integer)
        Dim i As Integer, j As Integer
        For i = 1 To 9
            For j = i + 1 To 10
                If x(i) > x(j) Then Call swap(x(i), x(j))
            Next j
        Next i
    End Sub
    Private Sub swap(ByRef m As Integer, ByRef n As Integer)
        Dim t As Integer
        t = m
        m = n
        n = t
    End Sub
End Module
```

当嵌套调用过程时,是一个过程调用另一个过程。如果另一个过程就是它本身,即自己调用自己,则称为过程的递归调用。

递归调用就是自己调用自己,在这个循环过程中,必须有结束递归的条件。不加控制的递归调用通常会引起语法错误:溢出堆栈空间。

**例 7.13** 用递归法求数的阶乘。

根据数学知识:$n! = n\ (n-1)!$

$(n-1)! = (n-1)\ (n-2)!$

……

$1! = 1$　　　　(结束递归的条件)

4! 的递归计算如图 7.4 所示。

```
Module Module1
```

```
    Sub Main()
        Dim n As Integer
        n = Console.ReadLine()
        Console.WriteLine(fact(n))
        Console.Read()
    End Sub
    Function fact(ByRef n As Integer) As Double
        If n <= 1 Then
            fact = 1
        Else
            fact = n * fact(n - 1)
        End If
    End Function
End Module
```

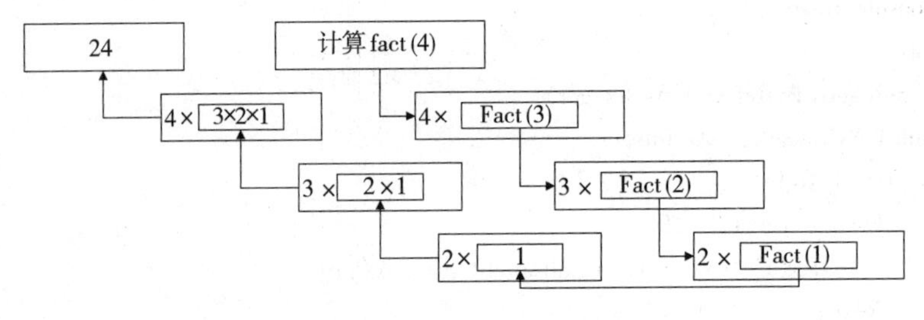


图 7.4　计算 4！的递归示例

## 7.5　过程的重载

过程的重载(overides)是指在同一个作用域定义有相同名称、不同参数列表的多个版本的过程。重载的目的是定义过程的若干相关版本。过程通过参数来区分,不必通过改变过程名来区别。

### 1. 过程的签名

过程的签名是指过程的形参个数、顺序和数据类型。如果一个过程的定义为:

```
Public Sub Sub1(a As Integer,b As Single)
```

则它的签名可以表示为 f(Integer,Single )。f 表示过程名,括号内部是表示每个参数的顺序和数据类型。

过程签名并不管过程的名称是什么,统一用 f 来表示。

### 2. 重载规则

在多个重载过程中,以下 3 项中至少有一项不同。

- 参数的数量。
- 参数的数据类型。
- 不同数据类型的参数顺序。

**例 7.14** 过程重载。

```
Module Module1
    Sub Main( )
        Dim a, b, c As Integer
        Dim c As Single, d As Single
        ……
        Call addition(a, b)          '第一次调用
        ……
        Call addition(c, d)          '第二次调用
        ……
    End Sub
    Function addition(x As Single, y As Single) As Single
        Return x + y
    End Function
    Function addition(x As Integer, y As Integer) As Single
        Return x - y
    End Function
End Module
```

本项目定义了两个同名的函数过程,都叫 addition。参数个数都是两个,但参数的类型不一样。第一次调用 Call addition(a, b),因为参数类型是 Integer,所以调用的是 Function addition(x As Integer, y As Integer) As Single。第二次调用 Call addition(c, d),因为参数类型是 Single,所以调用的是 Function addition(x As Single, y As Single) As Single。

在以下几种情况下,不允许重载:

- 只有过程修饰符不同。比如 Private 或者 Public。
- 只有参数修饰符不同。比如 ByVal 或者 ByRef。
- 只有返回值数据类型不同。
- 只有参数名不同。

## 7.6 变量的作用域

变量的作用域是指该变量在程序的某些范围内,才可以发挥作用,即变量的有效范围。出了这个范围,变量将对代码的运行不产生影响。比如,在一个事件过程或通用过程内部声明变量时,只有过程内部的代码才能访问或改变这个变量的值。但是,有时需要使用具有更大范围的变量,其值对于同一模块内的所有过程都有效,甚至对于整个应用程序的所有过程都有效。VB. NET 允许在声明变量时指定它的范围。

### 7.6.1 过程级变量

过程级变量在一个过程的内部声明。它的作用域只在声明它们的过程中,也称它们为局部变量。用 Dim 或者 Static 关键字来声明它们。例如:

```
Dim intTemp As Integer
```

或

```
Static intPermanent As Integer
```

过程级变量的作用范围最小,只在定义它的过程内部有效。例如,可以建立若干不同的过程,每个过程都包含 intTemp 变量。只要每个 intTemp 都声明为局部变量,那么每个过程只识别自己的 intTemp 版本。任一个过程都能够改变自己局部的 intTemp 变量的值,而不会影响别的过程中的 intTemp 变量。

**例 7.15** 观察以下过程的执行结果。先执行 Button1_Click,接着执行 Button2_Click。

```
Public Class Form1
    Private Sub Button1_Click(sender As Object, e As EventArgs) Handles Button1.Click
        Dim intTemp As Integer
        intTemp = 10
        TextBox1.Text = intTemp
    End Sub
    Private Sub Button2_Click(sender As Object, e As EventArgs) Handles Button2.Click
        Dim intTemp As Integer
        intTemp = intTemp + 1
        TextBox2.Text = intTemp
    End Sub
End Class
```

可以发现运行结果是两个过程中不同 intTemp 变量的取值,分别是 10 和 1。

用 Dim 或者 Static 关键字都可以定义过程级别的变量。但二者有本质的区别。

用 Dim 语句声明的局部变量,仅当过程被执行时这些局部变量才存在。通常,当一个过程执行完毕,它的局部变量的值就不再存在,而且变量所占据的内存也被释放。当下一次执行该过程时,它的所有局部变量将重新初始化。比如多次重复执行以下过程,观察运行结果。

```
Private Sub Button2_Click(sender As Object, e As EventArgs) Handles Button2.Click
    Dim intTemp As Integer
    intTemp = intTemp + 1
    TextBox2.Text = intTemp
End Sub
```

会发现,无论重复运行该过程多少次,它的运行结果一直是 1。

但可将局部变量定义成静态的,从而保留变量的值。在过程内部用 Static 关键字声明一个或多个变量,其用法和 Dim 语句完全一样。

把上面的过程中定义变量 intTemp 的语句 Dim intTemp As Integer 修改为 Static intTemp As Integer,再次多次运行该过程,观察运行结果。

```
Private Sub Button2_Click(sender As Object, e As EventArgs) Handles Button2.Click
    Static intTemp As Integer
    intTemp = intTemp + 1
```

```
        TextBox2.Text = intTemp
    End Sub
```

得到的结果将是1,2,3,4……

用Static声明的局部变量称为静态变量,它的值在整个应用程序运行时一直存在,而用Dim声明的变量只在过程执行期间才存在。

**例7.16** 定义静态变量,求3个随机数的和。

```
Public Class Form1
    Private Sub Button1_Click(sender As Object, e As EventArgs) Handles Button1.Click
        Dim i, x, s As Integer
        For i = 1 To 3
            x = Int(Rnd() * 10)
            TextBox1.Text = TextBox1.Text & x &"   "
            s = Total(x)
        Next i
        TextBox2.Text = s
    End Sub
    Function Total(n As Integer) As Integer
        Static sum As Integer                    'sum为静态变量
        sum = sum + n
        Total = sum
    End Function
End Class
```

在本题Function过程Total的定义中,如果用关键字Dim而不是Static声明sum变量,则以前的累计值不会通过调用函数Total保留下来,函数只会每次都返回调用它的那个参数值。

### 7.6.2 模块级变量

在模块通用部分的声明段中定义的变量是模块级变量。

模块级变量对该模块的所有过程都可用,但对其他模块的代码不可用。它在模块顶部的通用部分的声明段用Private或Dim关键字声明。例如,在窗体Form1模块中定义了语句Private intTemp As Integer或Dim intTemp As Integer,则intTemp起作用的范围就是Form1模块的所有过程,对窗体Form2模块没有任何影响。

模块级变量在窗体模块(或标准模块、结构体和类模块)的内部声明或定义。

### 7.6.3 全局变量

全局变量也叫公有变量,也在模块内部定义。公有变量中的值可用于应用程序的所有过程,例如Public intTemp As Integer。

在某窗体定义模块中定义的Public变量,在其他窗体中使用时,必须写明定义该变量的窗体变量名。例如,在Form1中的通用部分的声明段定义Public a As Integer,在Form2中只写a,则被认为是另一个新的变量。所以,一般把全局变量的声明语句放在标准模块中。

具体定义不同作用域类型的变量的方式示例如下：

```
Public Class Form1
    Public i As Integer                 '此处可以定义全局变量或模块级的变量
    Private Sub Button1_Click(sender As Object, e As EventArgs) Handles Button1.Click
        Dim i As Integer                '此处可以定义过程级变量
        ……
    End Sub

    Function Total(n As Integer) As Integer
        Static sum As Integer           '此处可以定义过程级变量
        ……
    End Function
End Class
Module Module1
    Public i As Integer                 '此处可以定义全局变量或模块级的变量
    Function Total(n As Integer) As Integer
        Static sum As Integer                           '此处可以定义过程级变量
        ……
    End Function
End Module
```

如果变量在不同的地方定义过，即它的变量名相同而范围不同，将优先访问范围小、局限性大的变量。以上规则总结于表7.1。

**表7.1 变量的作用域说明**

| 等级 | 定义 | 范围 |
|---|---|---|
| 过程级(局部) | Dim、Static | 在过程中说明，仅在说明它的过程中有效 |
| 模块级(私有，窗体/标准模块) | Dim、Private | 在模块内定义，在定义该变量的所在模块的所有过程中有效 |
| 全局 | Public | 在模块中说明，在本项目的所有模块中有效 |

**例7.17** 观察以下程序的执行结果并与例7.15进行对比。先执行Button1_Click，接着执行Button2_Click。

```
Public Class Form1
    Public intTemp As Integer
    Private Sub Button1_Click(sender As Object, e As EventArgs) Handles Button1.Click
        intTemp = 10
        TextBox1.Text = intTemp
    End Sub
    Private Sub Button2_Click(sender As Object, e As EventArgs) Handles Button2.Click
        intTemp = intTemp + 1
        TextBox2.Text = intTemp
    End Sub
End Class
```

## 7.7 过程示例

**例 7.18** 求任两个正整数的最大公约数。

```
Public Class Form1
    Public i As Integer
    Private Sub Button1_Click(sender As Object, e As EventArgs) Handles Button1.Click
        Dim N As Integer, M As Integer, G As Integer
        N = TextBox1.Text
        M = TextBox2.Text
        G = Gcd(N, M)
        TextBox3.Text = G
    End Sub
    Private Function Gcd(ByVal A As Integer, ByVal B As Integer) As Integer
        Dim R As Integer
        R = A Mod B
        Do While R <> 0
            A = B
            B = R
            R = A Mod B
        Loop
        Gcd = B
    End Function
End Class
```

思考:如果在 Gcd 过程中的形参前面不加 ByRef,对运行结果有无影响?

**例 7.19** 利用级数法编程求 arcsin 函数值。已知:

$$\arcsin x \approx x + \frac{x^3}{2 \cdot 3} + \frac{1 \cdot 3 \cdot x^5}{2 \cdot 4 \cdot 5} + \frac{1 \cdot 3 \cdot 5 \cdot x^7}{2 \cdot 4 \cdot 6 \cdot 7} + \cdots$$
$$= x + \sum_{i=1}^{n} \frac{1 \cdot 3 \cdot \cdots \cdot (2 \cdot i - 1) \cdot x^{(2 \cdot i + 1)}}{2 \cdot 4 \cdot \cdots \cdot (2 \cdot i)(2 \cdot i + 1)}$$

程序代码如下:

```
Public Class Form1
    Public i As Integer
    Private Sub Button1_Click(sender As Object, e As EventArgs) Handles Button1.Click
        Dim x As Single, n As Integer, eps As Single
        Dim s As Single, a As Single, temp As String
        x = TextBox1.Text
        eps = TextBox2.Text
        s = x
        n = 1
        Do
            a = afun(x, n)
```

```
            If a <= eps Then Exit Do
            s = s + a
            n = n + 1
        Loop
        TextBox3. Text = s        '弧度值
    End Sub
    Private Function afun(ByVal x As Single, ByVal n As Integer) As Single
        Dim i As Integer, p As Single
        p = 1
        For i = 1 To n
            p = p * (2 * i - 1) / (2 * i)
        Next i
        afun = p * x ^ (2 * n + 1) / (2 * n + 1)
    End Function
End Class
```

运行程序,分别输入自变量 x(比如 0.5)及允许误差 eps(比如 0.000 1)的值,查看运行结果。

**例 7.20** 找出 5 000 以内的亲密对数。所谓亲密对数,是指甲数的所有因子和等于乙数,乙数的所有的因子和等于甲数,那么甲、乙两数为亲密对数。例如:

220 的因子和:1+2+4+5+10+11+20+22+44+55+110=284

284 的因子和:1+2+4+71+142=220

因此,220 与 284 是亲密对数。

算法说明:本例编写了一个求整数 n 的因子和的 Sub 过程。在主过程中,采用穷举法对 5 000以内的数据逐个筛选,过程中两次调用 Sub 过程,第 1 次得出数据 i 的因子和 Sum1,第 2 次调用时,求出 Sum1 的因子和 Sum2。根据题意,显然如果 Sum2 等于 i,则数据 i 和 Sum1 就是一对亲密对数。

程序代码如下:

```
Public Class Form1
    Private Sub Button1_Click(sender As Object, e As EventArgs) Handles Button1. Click
        Dim i As Integer, Sum1 As Integer, Sum2 As Integer
        For i = 1 To 5000
            Call Sum_factors(i, Sum1)
            Call Sum_factors(Sum1, Sum2)
            If i = Sum2 And i <> Sum1 Then
                TextBox1. Text = TextBox1. Text & Str(i) &"," & Str(Sum1) & vbCrLf
            End If
        Next i
    End Sub
    Private Sub Sum_factors(ByVal N As Integer, ByRef sum As Integer)
        Dim k As Integer
        sum = 0
        For k = 1 To N - 1
```

```
            If N Mod k = 0 Then
                sum = sum + k
            End If
        Next k
    End Sub
End Class
```

## 习　　题

### 一、选择题

1. Function 过程与 Sub 过程的主要区别是(　　)。
   A. 前者不可以使用 Call 调用,后者可以
   B. 前者必须带参数,后者可以不带
   C. 两种过程的参数传递方式不同
   D. 前者有返回值,后者没有
2. 以下说法正确的是(　　)。
   A. 形参可以是常量或者表达式
   B. 通用过程定义时过程名后面必须带有参数
   C. Return 语句在 Function 过程与 Sub 过程中的作用完全相同
   D. Function 过程与 Sub 过程的过程名都有数据类型
3. 以下关于参数传递正确的是(　　)。
   A. 传址时形参所接收的是实参的地址,传值不接收地址
   B. 形参名前面既没有 ByVal 也没有 ByRef 关键字时表示按址传递参数
   C. 数组做参数时传址和传值没有任何区别
   D. 形参和实参不是按照位置对应来传递,主要是按照名称进行传递
4. 多个重载过程中,以下不能重载的是(　　)。
   A. 参数的数量不同
   B. 参数的数据类型不同
   C. 不同数据类型的参数顺序
   D. 返回值的数据类型不同
5. 关于变量作用域的说法正确的是(　　)。
   A. 用 Static 可以定义模块级别的变量
   B. 如果在模块和该模块内的过程中存在同名变量同时被定义的情况,在使用时将优先访问范围小、局限性大的变量
   C. 一个模块内定义的变量其他模块不能调用
   D. 使用 Public 定义全局变量时必须在变量前加上模块名并用“.”分隔

### 二、编程题

1. 求表达式的值:

$$y = 1 + \frac{1}{2!} + \frac{1}{3!} + \frac{1}{4!} + \cdots + \frac{1}{n!}$$

直到 $\frac{1}{n!}$ 小于 $10^{-5}$。

2. 编写一个验证一个数是否为素数的通用过程。

3. 若两个素数之差为2,则这两个素数就是一对孪生素数。例如,3和5、5和7、11和13等都是孪生素数。编写程序找出1~100范围内的所有孪生素数。

4. 编写一个求斐波那契数列的递归过程,并将其前6项显示在文本框中。斐波那契数列的通项公式:

$$Fab(n)=\begin{cases}1, & n=1,2\\ Fab(n-2)+Fab(n-1), & n\geqslant 3\end{cases}$$

5. 一个 $n$ 位的正整数,其各位数的 $n$ 次方之和等于这个数。称这个数为Armstrong数,例如 $153=1^3+5^3+3^3$, $1634=1^4+6^4+3^4+4^4$,试编程序求所有的二、三、四位的Armstrong数。

6. 用函数的嵌套求组合数 $c_m^n$ 的值。其中:

$$c_m^n = \frac{n!}{m!\ (m-n)!}$$

7. 求1 000~9 999范围内的零巧数。零巧数是指如果一个百位数为0的四位数,去掉这个0得到的三位数乘以9等于原数,则原四位数是零巧数。例如,2025=225×9。

8. 编写一个求给定数值范围内的幸运数及其个数的程序。所谓幸运数,是指前两位数字之和等于后两位数字之和的四位正整数。例如2 103,2+1=0+3,就是一个幸运数。

# 第 8 章　多模块程序设计

Visual Basic 使用“项目”来管理开发一个程序所需的所有源代码，项目除了包含各种模块、代码以外，还有一些设置信息。当新建 Windows 窗体应用程序类型的项目时，系统会自动创建窗体模块 Form1。根据需要还可以向项目中添加更多的窗体，也可以向窗体应用程序项目中添加类、结构体和标准模块。如果创建的是控制台应用程序项目，系统自动创建一个有 Sub Main 过程的标准模块 Module1。根据需要可以向项目中添加更多的标准模块、类、结构体，甚至可以向控制台应用程序项目中添加窗体模块。

## 8.1　Visual Basic 工程结构

### 8.1.1　文件与模块的关系

从操作系统的角度看，项目由源代码文件、资源文件、文档文件和添加到项目中的其他文件组成；从 Visual Basic. NET 的代码编译器角度看，项目是由各种模块组成的。

常用的模块主要有窗体模块（form）、标准模块（module）、类模块（class）、结构体（structure）、枚举类型（enum）等。通过“项目”菜单中的添加命令添加的窗体模块、类模块和标准模块是单独的文件，它们都对应 . vb 文件。多个类模块、标准模块、结构体可以并列地保存在同一个 . vb 文件中，并不影响其功能，即一个文件包含多个模块。而一个窗体模块只能定义一个窗体，该窗体可以包含多个并列的类模块、标准模块、结构体和枚举类型定义。

类、结构体和枚举类型可以包含在窗体模块或者标准模块中，通过关键字 Public 或 Private 来说明是全局的还是模块级的（窗体模块或者标准模块私有）。

下面有 5 个模块，可以分别保存为 . vb 文件，也可以存放在一个 . vb 文件中，其前后顺序不重要，并且都是全局的。

```
Public Class Form1
    '……
End Class
Module M1
    '……
End Module
Public Class C1
    '……
```

```
End Class
Public Structure S1
    '……
End Structure
Enum E1
    '……
End Enum
```

## 8.1.2 设置启动对象

“启动对象”是整个应用程序的入口，主要是指 Visual Basic 应用程序启动时，被自动加载并执行的对象。启动对象可以是项目中的窗体模块，也可以是标准模块中名为 Main 的通用 Sub 过程。

如图 8.1 所示，选择“项目”菜单中的“×××属性”，可弹出项目设计器，在其中的“应用程序”页上有“启动窗体”下拉列表，从中可以选择指定项目的启动对象。如果选中“启用应用程序框架”复选框，则只有窗体可作为启动对象；反之，则下拉列表框中除了列出全部窗体名外，还列出了 Sub Main 以及定义了 Sub Main 的标准模块名。

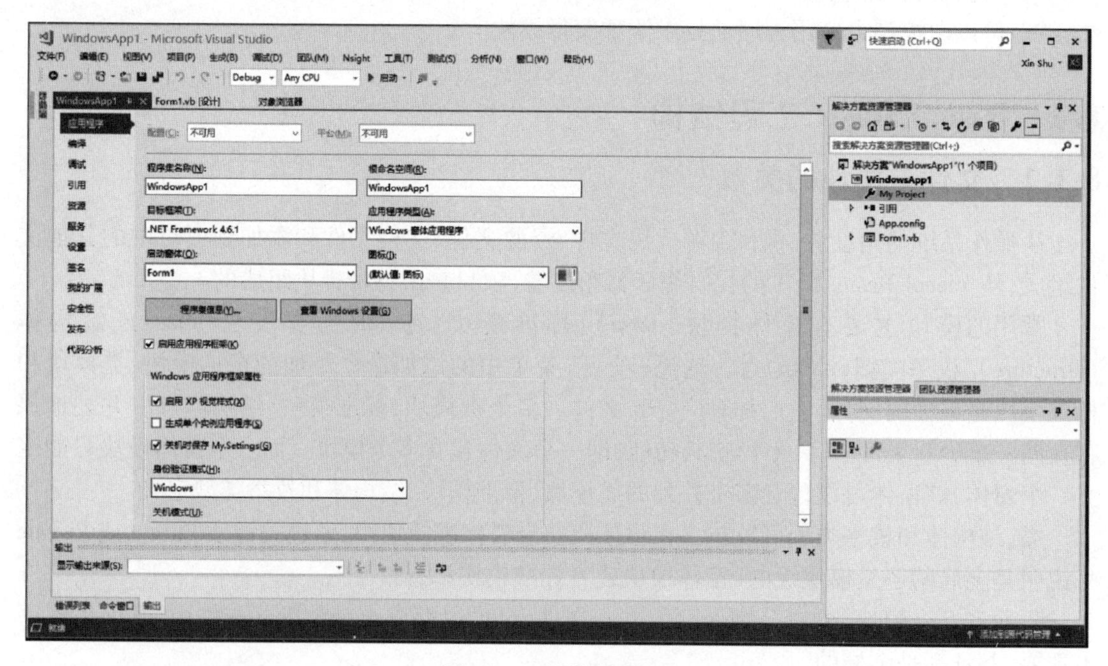


图 8.1　项目设置界面

对于控制台应用程序项目，默认的启动对象是 Sub Main 过程，如果项目中添加了窗体模块，也可以将窗体设置为启动对象。对于 Windows 窗体应用程序项目，默认的启动对象是第一个被创建的窗体，也可以更换为其他窗体作为启动对象。如果在标准模块中有 Sub Main 过程，则可选择此过程启动对象。

## 8.1.3 Main 过程做启动对象

如果项目使用 Main 过程作为启动对象，它的首部有以下 4 种形式：

- Sub Main( )
- Function Main( ) As Integer
- Sub Main( ByVal cmdArgs( ) As String)
- Function Main( ByVal cmdArgs( ) As String) As Integer

第一种形式没有任何参数输入也没有返回值,第二种是 Function Main 的过程,可以有返回值。如果要接收启动时的命令行参数,可使用第三或第四种形式的 Main 过程。

**例 8.1** 本程序为控制台应用程序,作为启动对象的 Main 过程有字符串类型的数组参数 cmdArgs,使得本程序可以接收多个命令行参数。命令行参数由空格分隔的字符串构成,传递给 cmdArgs 数组的各个元素。Main 过程将各个元素转换为数值相加,结果输出到控制台窗口中。创建控制台程序,命名为 ConApp8_1,添加程序代码如下:

```
Module Module1
    Sub Main( ByVal cmdArgs( ) As String)
        Dim results As Single
        If cmdArgs. Length = 0 Then
            Console. WriteLine( "未提供任何命令行参数" )
            Console. Read( )
            Exit Sub
        ElseIf Not ( isnumeric( cmdArgs(0) ) And isnumeric( cmdArgs(1) ) ) Then
            Console. WriteLine( "请输入正确的数字" )
            Console. Read( )
            Exit Sub
        End If
        Select Case cmdArgs(2)
            Case "+"
                results = Val( cmdArgs(0) ) + Val( cmdArgs(1) )
                Console. WriteLine( cmdArgs(0) & cmdArgs(2) & cmdArgs(1) &" =" & results)
            Case "-"
                results = Val( cmdArgs(0) ) - Val( cmdArgs(1) )
                Console. WriteLine( cmdArgs(0) & cmdArgs(2) & cmdArgs(1) &" =" & results)
            Case " * "
                results = Val( cmdArgs(0) ) * Val( cmdArgs(1) )
                Console. WriteLine( cmdArgs(0) & cmdArgs(2) & cmdArgs(1) &" =" & results)
            Case "/"
                results = Val( cmdArgs(0) ) / Val( cmdArgs(1) )
                Console. WriteLine( cmdArgs(0) & cmdArgs(2) & cmdArgs(1) &" =" & results)
        End Select
        Console. Read( )
    End Sub
End Module
```

可以基于以下几种途径向可执行文件传递命令行参数:

(1)使用 Win+R 组合键打开 Windows“运行”对话框,输入可执行文件的完整路径名和文件名,后接用空格分隔的多个参数,如图 8.2(a)所示,单击“确定”按钮运行执行文件就会生成如图 8.2(c)所示的结果界面。

(2)创建该执行文件的快捷方式,在其属性窗口中“快捷方式”选项卡的“目标”文本框中填写完整路径和文件名,后接用空格分隔的多个参数,如图 8.2(b)所示,单击“确定”按钮后双击快捷方式运行执行文件,也可以得到如图 8.2(c)所示的结果界面。

(3)使用 Win+R 组合键打开 Windows“运行”对话框,输入“cmd”进入命令提示符窗口,进入文件所在路径,输入文件名,后接用空格分隔的多个参数,如图 8.2(d)所示。

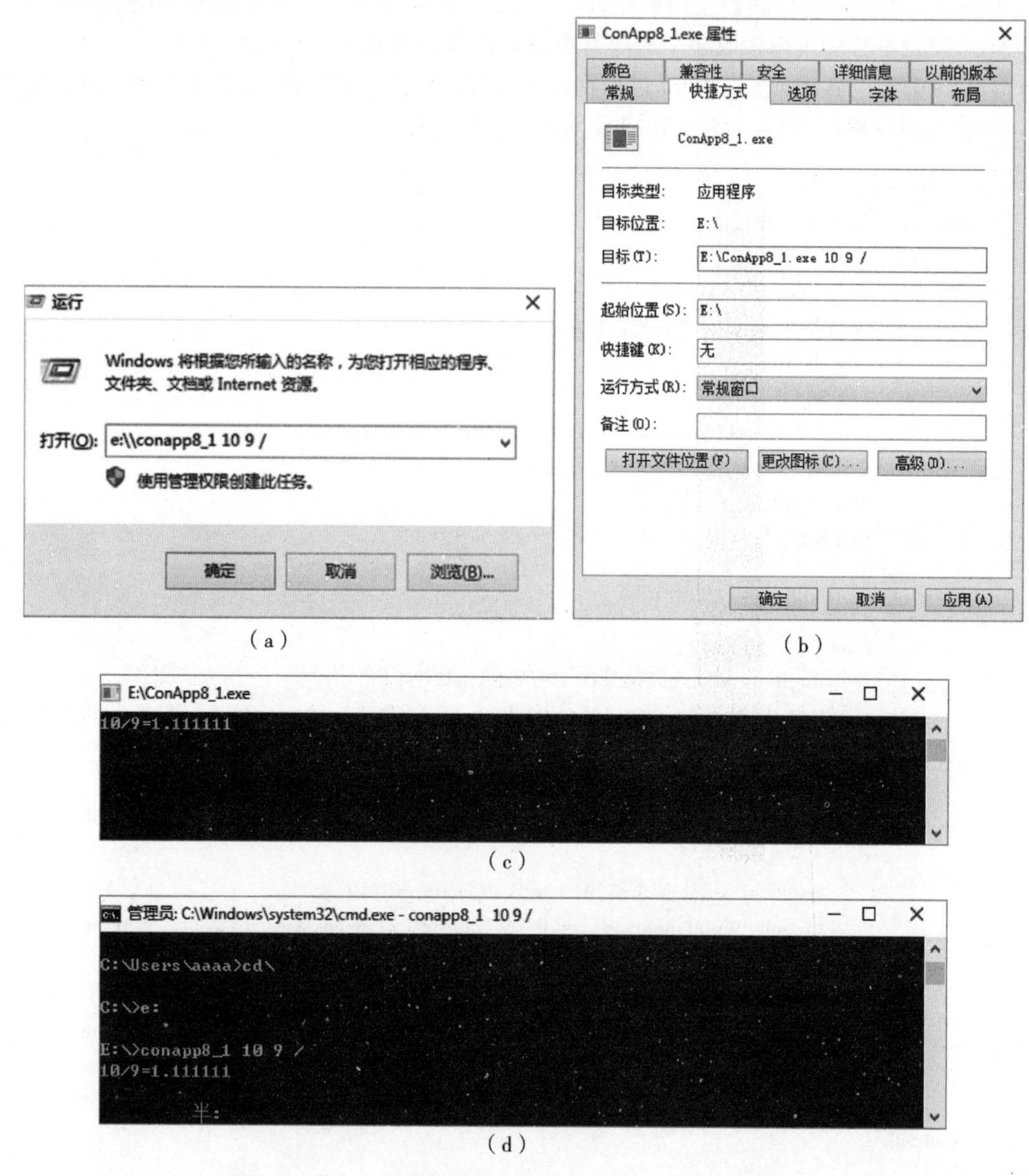


图 8.2　带命令行参数的执行文件启动途径及运行结果界面

如需要对这类程序进行调试,在集成开发环境中单击“调试”菜单,选择“ConApp8_1 属性”命令,弹出“项目设计器”选项卡,在“调试”页的“命令行参数”文本框中输入用空格分隔的多个参数(图 8.3),单击“启动”按钮或按 F5 键,系统调用参数运行当前程序。

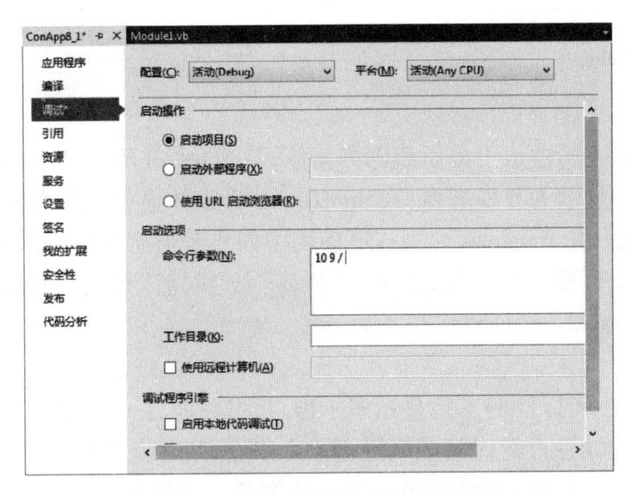


图 8.3　基于项目调试器运行带参数执行文件

# 8.2　多窗体程序设计

## 8.2.1　窗体加载、隐藏与激活

当创建一个新的 Windows 窗体应用项目，使用 8.1.1 所述方法可在该项目中添加多个窗体模块，通过项目设计器可选择任一个窗体作为启动对象，其中 Form1 通常作为默认启动对象由系统自动创建。但在程序运行过程中需要使用代码来启动特定的窗体对象。如果一个窗体模块，如 Form2.vb 已经存在，最简单直接启动这个窗体的方法是可以使用以下代码：

```
Form2.Show()
```

添加窗体模块，本质上是定义了一个继承于 Form 类的窗体类，因此规范的方式是首先通过实例化创建具体的窗体对象进行加载，然后再调用其方法进行显示来实现完整的启动过程。

提示：类与对象的概念与相关实现参考第 2 章的 2.6.2 和第 12 章的 12.1。

### 1. 创建窗体对象

使用 New 关键字创建窗体模块类的对象，代码格式如下：

```
Dim 变量名 As 窗体模块名=New 窗体模块名
Dim 变量名 As New 窗体模块名
```

例如，下面创建了一个 Form2 类的窗体对象：

```
Dim myWinForm As Form2=New Form2
```

### 2. 显示和隐藏窗体

窗体对象创建后只是被加载到内存中，使用窗体对象的 Show 方法和 ShowDialog 方法可将窗体显示在屏幕上，使用 Hide 方法则可以隐藏该窗体对象，窗体不可见并不意味着窗体卸载。代码格式如下：

```
myWinForm. Show( )
myWinForm. ShowDialog( )
myWinForm. Hide( )
```

使用窗体的 Visible 属性也可显示或隐藏窗体,与 Show 和 Hide 方法等效。

Show 方法将窗体显示为非模态窗口,ShowDialog 将窗体显示为模态窗口。

模态窗口是指用户在 Windows 应用程序使用中如要对当前窗口对话框以外的应用程序进行操作,必须先对该对话框进行响应,如单击“确定”或“取消”按钮等将该对话框关闭。相对应的另一种是非模态窗口。

### 3. 激活窗体

一个程序在屏幕上可以同时支持显示多个窗口,但只能有一个窗口处于激活状态,该窗口称为当前窗口,窗口上的控件此时可获取键盘输入焦点,其对应的标题栏颜色和状态也与其他非当前窗口有所不同。可以使用鼠标单击的方法激活一个窗体,也可以使用 Activate 方法激活一个窗体。代码格式如下:

```
myWinForm. Activate( )
```

**例 8.2** 创建一个新的 Windows 窗体应用程序,在第一个窗体的文本中设置输入数据,单击调用窗体按钮,设置第二个窗体文本框中的客户姓名。开发步骤如下:

(1)建立第一个窗体,各控件属性如表 8.1 所示,界面如图 8.4 所示。

**表 8.1 第一个窗体属性设置**

| 对象 | 属性 | 设置 |
|---|---|---|
| Form | Name | frmFirst |
| | Text | 使用多重窗体 |
| Label | Text | 姓名 |
| TextBox | Name | txtName |
| TextBox | Text | 空 |
| Button | Name | btnShow2nd |
| | Text | 调用第二个窗体 |

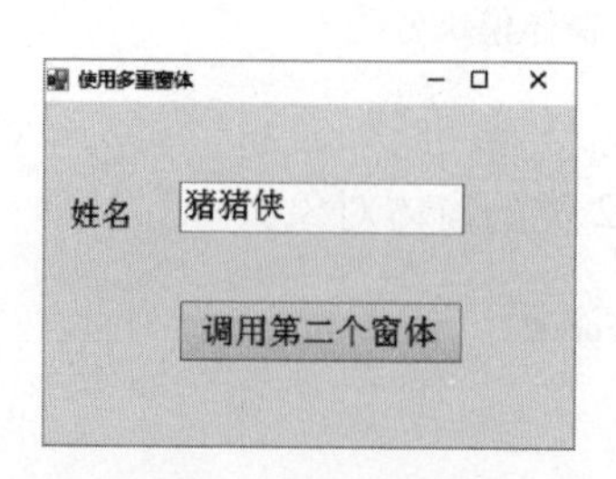


图 8.4 第一个窗体

(2)建立第二个窗体,各控件属性如表 8.2 所示,界面如图 8.5 所示。

表 8.2　第二个窗体属性设置

| 对象 | 属性 | 设置 |
| --- | --- | --- |
| Form | Name | frmSecond |
| | Text | 第二个窗体 |
| Label | Text | 姓名 |
| TextBox | Name | txtName |
| TextBox | Text | 空 |
| Button | Name | btnClose |
| | Text | 关闭 |

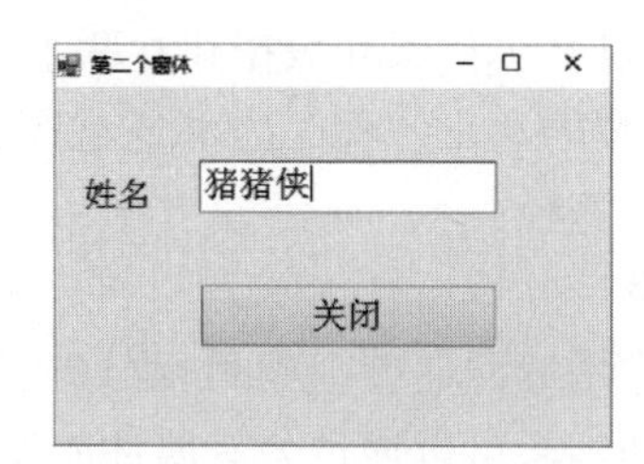


图 8.5　第二个窗体

(3)为第二个窗体创建一个名称为 CustomerName 的 Public 属性。

```
Public Class frmSecond
    Public Property CustomerName() As String
        Get
            Return txtName.Text
        End Get
        Set(value As String)
            txtName.Text = value
        End Set
    End Property
    Private Sub btnClose_Click(sender As Object, e As EventArgs) Handles btnClose.Click
        Me.Hide()
    End Sub
End Class
```

类的属性设置 Get 和 Set 相关语法参考第 12 章的 12.1.3。

这里关闭第二窗体不能使用 Close 方法,否则关闭后重新单击第一个窗体的"调用第二个窗体"按钮会报"无法访问已释放的对象"的错误。

(4)为第一个窗体编写调用代码。

```
Public Class frmFirst
    Dim mySecondForm As frmSecond
    Private Sub Button1_Click(sender As Object, e As EventArgs) Handles btnShow2nd.Click
        If mySecondForm Is Nothing Then
            mySecondForm =New frmSecond
```

```
        End If
        mySecondForm. CustomerName =Me. txtName. Text
        mySecondForm. Show( )
    End Sub
End Class
```

在第一个窗体姓名栏中输入“猪猪侠”(图 8.4),在打开第二个窗体时会将内容传递过去,并显示在相应的姓名栏中(图 8.5)。

### 8.2.2 多模块之间的数据共享

窗体、类、结构体、标准模块等多个模块可以共同组成一个 Visual Basic 项目,模块与模块之间,在构建形式上保持独立,通过共享代码和数据建立联系。第 7 章已经提及通过调用定义在其模块中的全局过程来实现过程的共享。程序内部通常需要进行数据交换,其本质就是模块之间共享数据,主要有以下 3 种途径:

#### 1. 基于全局变量和全局数组

全局变量、全局数组是指其作用域面向整个项目,程序内所有模块都可以进行存取操作。因此当模块之间需要交换数据的时候,可以通过公有属性的变量或数组做中介,一个模块代码对其直接写入,另一个模块代码可以直接读取,如例 8.2 通过创建一个公有属性 CustomerName 实现了两个窗体内部控件属性之间的数据传递。一个模块代码访问另一模块全局变量或全局数组,还可以通过过程的参数调用来实现模块间数据传递。

若存在同名全局变量、全局数组且是在窗体模块中定义的,需要加模块名进行修饰。

#### 2. 基于对象属性

窗体模块的属性和方法本质上具有公有属性,Visual Basic 允许通过程序代码对其他模块中对象(窗体和各种控件)的属性和方法进行访问与调用。

在例 8.2 第一个窗体的文本框控件的 TextChanged 过程中添加如下代码:

```
Private Sub txtName_TextChanged( sender As Object, e As EventArgs) Handles txtName. TextChanged
    frmSecond. Text = txtName. Text
    frmSecond. Show( )
End Sub
```

使得第一个窗体中文本控件 txtName 中的内容被编辑时,第二个窗体 frmSecond 标题栏文本同步显示。

#### 3. 基于文件

文件独立于程序之外,本质上具有公有属性,文件可以作为不同模块间的中介,实现数据共享。第 11 章将详细介绍文件的访问。

### 8.2.3 窗体卸载、程序暂停与程序终止

#### 1. 窗体卸载

窗体卸载是指窗体对象在屏幕上被清除的同时,释放所占用的内存资源并完成清除,通常通过调用 Close 方法来实现窗体的卸载,代码格式如下:

```
myWinForm.Close()
```

在下列两种情况下需要调用 Dispose 方法释放窗体。

- 使用 ShowDialog 方法显示的窗体。
- 多文档界面(MDI)的一部分且窗体不可见。

代码格式如下:

```
myWinForm.Dispose()
```

除以上方法之外,以下操作也可以卸载窗体:

- 单击窗体右上角的“关闭”按钮。
- 用户选择控制菜单中的“关闭”命令。
- 使用 Alt+F4 组合键。
- 关闭整个程序。

窗体卸载之后,所有运行时的窗体与控件属性都将丢失,重新加载后窗体和控件的属性都将恢复为设置的初始值。

### 2. 程序暂停

在代码中加入 Stop 语句,每次执行到该语句时,程序会暂停并处于中断状态,此功能可用于观察程序内部变量、数组内容的变化,方便程序的调试,按 F5 键继续执行。在例 8.2 中第一个窗体模块中添加下述代码,程序每次循环都会进入中断状态,在调试窗口中可以观察其中变量的变化,如图 8.6 所示。

```
Private Sub frmFirst_Load(sender As Object, e As EventArgs) Handles MyBase.Load
    Dim I, sum As Integer
    For I = 1 To 10
        sum += I
        Debug.Print(sum)
        Stop
    Next I
End Sub
```

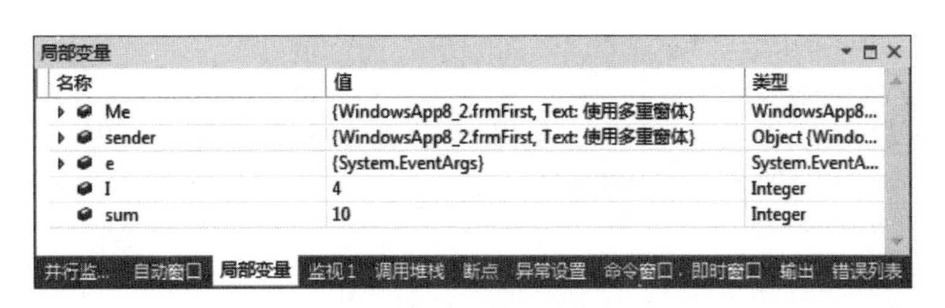


图 8.6 Stop 中断调试

提示:当程序编译为可执行文件运行时,Stop 语句会终止程序运行(非中断),因此编译前必须删除该语句。

### 3. 程序终止

程序的终止是指程序的关闭或退出。对于控制台程序,Main 过程执行完毕,程序自动结束。对于 Windows 窗体应用程序,当所有窗体(包括隐藏状态)都释放时,整个程序关闭。

End语句是一种非正规的强制终止程序方法，会在不调用Dispose、Finalize方法及其他运行代码的情况下突然终止程序。

## 8.3 多文档界面

多文档界面(multiple document interface, MDI)，简称MDI窗体。起到容器作用的窗体被称为父窗体，可放在父窗体中的其他窗体被称为子窗体，也称为MDI子窗体。MDI父窗体可容纳多个MDI子窗体，每个应用程序只有一个父窗体，其他子窗体不能移出父窗体的框架区域，MDI子窗体的创建避免了用户打开很多窗口。主窗口菜单会自动随着当前活动子窗口的变化而变化。子窗口一般是同一个窗体模块的多个实例，具有相同的功能，可对子窗口进行层叠、平铺等操作。子窗口的菜单自动合并到父窗口上。

**例8.3** 创建一个MDI实例。其步骤如下：

(1)创建Windows窗体应用程序，将第一个窗体的名称改为“MDIParent”，Text属性设为“多文档界面父窗口”，将窗体IsMDIContainer属性设置为True，使该窗体成为一个MDI父窗口，背景色变灰。

(2)在MDIParent窗体上放置MenuScript控件，创建一级菜单项“文件”(名称为MenuFile)和“窗口”(名称为MenuWindow)。在“文件”菜单下分别增设“创建新窗口”(名称为MenuFileNew)、“关闭当前窗口”(名称为MenuFileClose)、“关闭所有窗口”(名称为MenuFileCloseAll)和“退出”(名称为MenuFileExit)4个二级菜单项。在“窗口”菜单下分别增设“水平排列”(名称为MenuWindowHor)、“垂直排列”(名称为MenuWindowVer)、“重叠排列”(名称为MenuWindowCas)和“图标排列”(名称为MenuWindowIcon)4个二级菜单项。

(3)在设计窗体上选中MenuScript控件，在“属性”窗口中设置其MDIWindowListItem属性，选择MenuWindow。运行时所有打开的子窗口标题会显示在一级菜单底部，且名称前会有复选标记。

(4)添加一个新的Windows窗体，将其名称改为“MDIChild”，Text属性设为“多文档界面子窗口”。放置一个TextBox控件，设置MultiLine属性为True，设置Dock属性为Fill。

以下是MDIParent窗体模块的程序代码，其运行结果如图8.7所示。

```
Public Class MDIParent
    Private numOfWindow As Byte
    Private Sub MenuFileNew_Click(sender As Object, e As EventArgs) Handles MenuFileNew.Click
        Dim newMDIChild As New MDIChild                          '创建一个子窗口
        numOfWindow += 1
        newMDIChild.Text = "MDIchild:" & numOfWindow             '设置子窗口标题
        newMDIChild.MdiParent = Me                               '将子窗口加到父窗口中
        newMDIChild.Show()
    End Sub
    '关闭当前窗口
    Private Sub MenuFileClose_Click(sender As Object, e As EventArgs) Handles MenuFileClose.Click
        If Not Me.ActiveMdiChild Is Nothing Then Me.ActiveMdiChild.Close()
    End Sub
```

```
    '关闭所有窗口
    Private Sub MenuFileCloseAll_Click(sender As Object, e As EventArgs) Handles MenuFileCloseAll.Click
        Do Until Me.ActiveMdiChild Is Nothing
            Me.ActiveMdiChild.Close()
        Loop
    End Sub
    '退出
    Private Sub MenuFileExit_Click(sender As Object, e As EventArgs) Handles MenuFileExit.Click
        Me.Close()
    End Sub
    '水平排列
    Private Sub MenuWindowHor_Click(sender As Object, e As EventArgs) Handles MenuWindowHor.Click
        Me.LayoutMdi(MdiLayout.TileHorizontal)
    End Sub
    '垂直排列
    Private Sub MenuWindowVer_Click(sender As Object, e As EventArgs) Handles MenuWindowVer.Click
        Me.LayoutMdi(MdiLayout.TileVertical)
    End Sub
    '重叠排列
    Private Sub MenuWindowCas_Click(sender As Object, e As EventArgs) Handles MenuWindowCas.Click
        Me.LayoutMdi(MdiLayout.Cascade)
    End Sub
    '图标排列
    Private Sub MenuWindowIcon_Click(sender As Object, e As EventArgs) Handles_ MenuWindowIcon.Click
        Me.LayoutMdi(MdiLayout.ArrangeIcons)
    End Sub
End Class
```

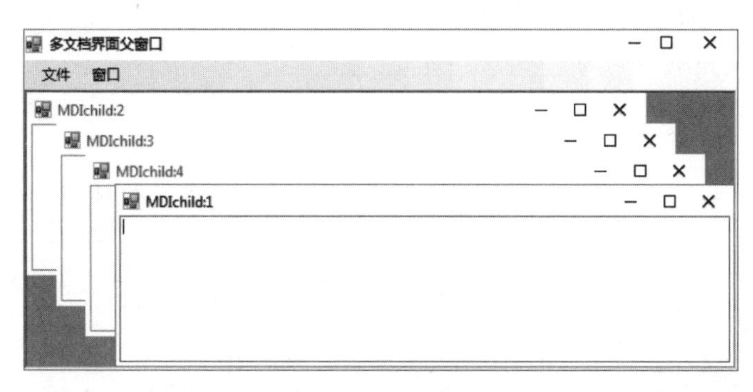


图 8.7　MDI 界面

## 习　题

### 一、选择题

1. 在 Visual Basic 中,要将一个窗体从内存中释放,应使用的语句是(　　)。

   A. Close　　B. Hide　　C. Show　　D. Load

2. 当一个工程中有多个窗体时,其中的启动窗体是(　　)。

A. 第一个添加的窗体

B. 在"工程属性"中指定的启动对象

C. 启动 Visual Basic 后建立的窗体

D. 最后一个添加的窗体

3. 当窗体得到焦点时,首先触发(　　)事件。

A. Activated　　B. Initialize　　C. OnFocus　　D. GotFocus

4. 在 Visual Basic 中,要使一个窗体不可见,但不从内存中释放,应使用的语句是(　　)。

A. Hide　　B. Load　　C. Show　　D. Unload

5. 与 Form1. Show( )方法效果相同的是(　　)。

A. Visible. Form1 = True　　B. Visible. Form1 = False

C. Form1. Visible = True　　D. Form1. Visible = False

6. 以下关于多重窗体程序的叙述中,错误的是(　　)。

A. 用 Hide 方法不但可以隐藏窗体,而且能清除内存中的窗体

B. 在多重窗体程序中,各窗体的菜单是彼此独立的

C. 在多重窗体程序中,可以根据需要指定启动窗体

D. 在多重窗体程序中,需要单独保存每个窗体

7. 以下叙述中错误的是(　　)。

A. 一个应用程序可以只有一个窗体

B. 一个应用程序通常由多个窗体组成

C. 一个窗体一定对应一个窗体文件,所以一个应用程序只能包含一个窗体

D. 一个应用程序只能有一个启动窗体

## 二、填空题

1. 新建一个工程时,系统自动把创建的__________作为启动窗体。

2. 为了把一个窗体装入内存,所使用的语句为____________________;而为了清除内存中指定的窗体,所使用的语句为____________________。

3. Visual Basic 应用程序由__________、__________、__________3 种模块组成。

## 三、编程题

程序有 3 个窗体,窗体用户界面如图 8.8 所示,输入 4 门课的成绩,计算总分及平均分。

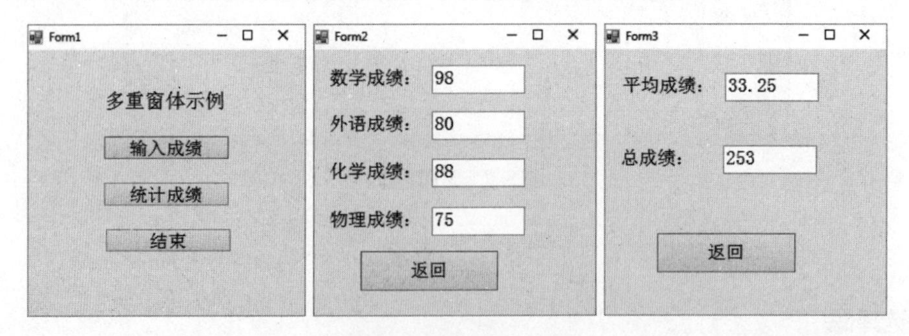


图 8.8　窗体用户界面

# 第 9 章　调试与错误处理

调试是项目开发中的一个必不可少的环节,可以帮助用户找出代码中出现的各种错误。在代码编写过程中,总会有一些异常情况发生,从而导致程序失败,此时就要用到错误处理。Visual Studio 2017 提供了代码调试和错误处理功能。这些功能可以辅助编程人员快速检测代码,并捕捉可能发生的错误。如果代码出现错误,Visual Studio 2017 提供的调试及错误处理工具可以向用户发出提示信息,以通知用户相应的错误信息并提供可能的纠正策略。

本章主要学习 Visual Studio 2017 中可用的调试功能,并演示调试程序的过程。重点讨论如何在代码中设置断点,以及如何监视变量值的变化。通过本章的学习,将学会如何调试代码以及对常见编程错误进行处理。

## 9.1　主要错误类型

在程序设计中经常发生的错误主要包括语法错误、运行错误以及逻辑错误。本节将讨论这 3 种错误以及如何纠正这 3 种错误。

### 9.1.1　语法错误

语法错误是最容易发现和纠正的错误。产生此类错误的主要原因包括编写的代码指令不完整、不按照预定的语法格式提供指令或者根本无法处理等,这会导致编译器不能正确“理解”代码。如声明了一个名称变量,但在代码中拼写错误;如在编译环境中关闭了 Option Explicit,这些类型的错误一般肉眼都比较难以发现。

Visual Studio 2017 的集成开发环境提供了语法检查机制,对变量和对象提供实时的语法检查。当出现语法错误时会立刻通知用户。如图 9.1 所示,在 btnStart_Click 过程给一个未声明的变量赋值,该语句 intTest123 = 18 的下面会出现一条红色的波浪线,提示该语句有错误。在红色波浪线的尾部会出现一个黄色的灯泡图标,单击该图标,会提示相关操作用于纠正该语法错误。

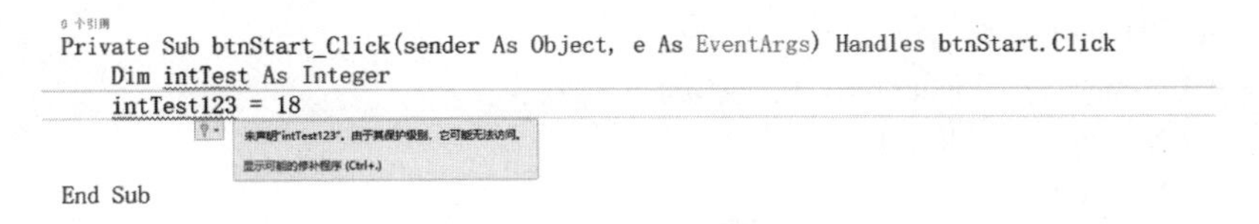


图 9.1　语法错误

### 9.1.2 运行错误

运行错误是指在程序运行时所发生的错误。此类错误主要是语句试图执行不能执行的操作。例如,零作为除数、数组下标越界、数据类型无法转换、应用程序外部硬件没有按照期望步骤响应执行等情况。作为开发人员需要预计发生运行错误的可能性,并构建适当的错误处理步骤。防止运行错误的一个办法是在错误发生之前事先考虑可能出现的错误,并用错误处理技术捕捉以及采取相应的处理步骤。在 9.2 节中,将介绍利用调试技术找到并处理可能突然发生的任何运行错误。

### 9.1.3 逻辑错误

逻辑错误又称语义错误,是指因为没有完全理解所编写的代码而产生的意料之外或者不希望的结果。最常见的逻辑错误是无限循环。如在下面的代码模块中,如果不将循环结构中变量 numIndex 的值设置为 100 或 100 以上的数字,那么该循环会永远执行下去。逻辑错误是最难查找和纠正的错误,因为编程人员很难确定程序完全没有逻辑错误。

```
Private Sub PertormLoopExample( )
    Dim numIndex As Integer
    Do While numIndex < 100
        ……'执行相关操作
    Loop
End Sub
```

## 9.2 调试

### 9.2.1 创建示例项目

本节将通过创建示例来了解 Visual Studio 2017 开发环境中的一些内置的调试功能,并编写一个简单程序,学习如何使用最常见的调试功能。按以下步骤建立示例程序:

(1)创建一个新的"Windows 窗体应用程序"项目,命名为 Debugging。

(2)向窗体添加 Button 控件,并将该控件的 Text 属性设置为"正弦曲线"。

(3)向窗体添加 PictureBox 控件,属性采用默认属性设置模式。

(4)向 Button 控件的单击事件输入以下代码:

```
Private Sub Button1_Click(sender As Object, e As EventArgs) Handles Button1. Click
    Dim x, y As Single
    Dim mypen As Pen
    Dim p(100) As PointF
    Dim g As Graphics = PictureBox1. CreateGraphics( )
    mypen =New Pen(mycolor, 1)
    For i = 0 To 100
        x = i * 6.28 / 100.0
        p(i). X = x * PictureBox1. Width / 6.28
```

```
        p(i).Y = -Math.Sin(x) * (PictureBox1.Height / 2 - 5) + PictureBox1.Height / 2
    Next
    g.Clear(Color.White)
    g.DrawLines(mypen, p)
End Sub
```

单击该 Button 控件,程序就生成正弦曲线。程序界面及运行效果如图 9.2 所示。

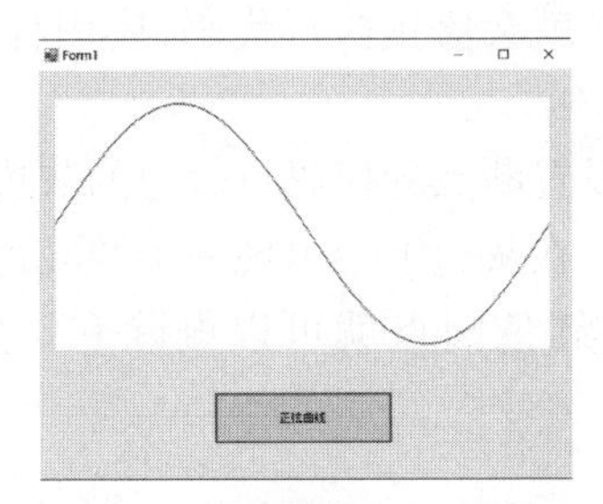

图 9.2 程序界面及运行效果

在程序调试过程中,经常会用到调试菜单(图 9.3)及对应的错误输出窗口(图 9.4)。在调试菜单中,经常会用到"逐语句"和"逐过程"这两种调试模式,而错误输出窗口则用于返回系统自动检测到的错误或者警告信息。

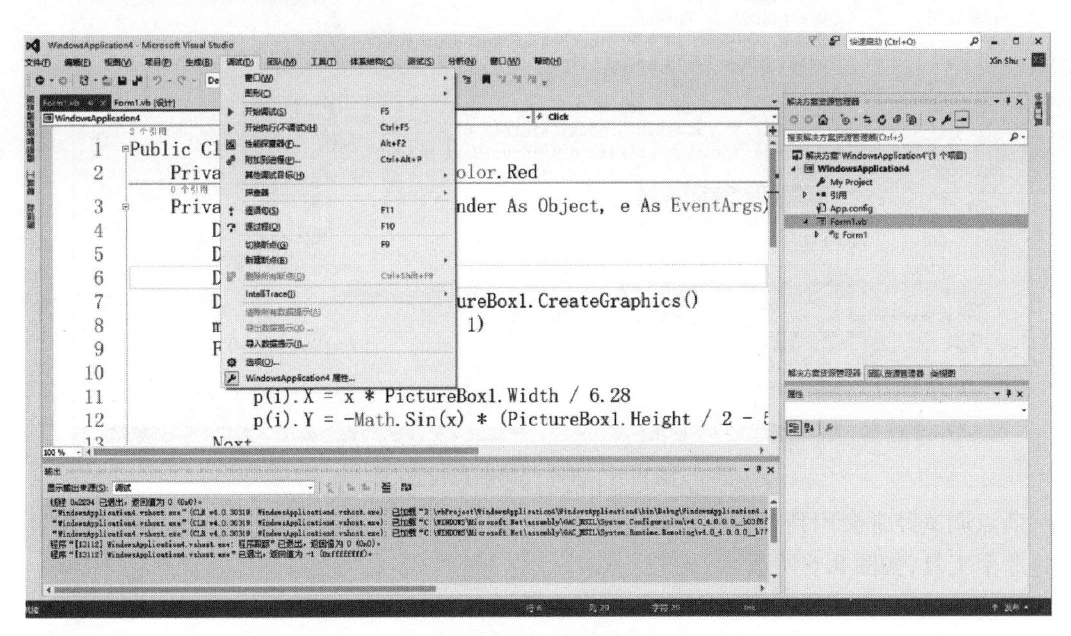

图 9.3 调试菜单

图 9.4 错误输出窗口

## 9.2.2 设置断点

当调试一个大型程序时,常常只需要调试其中的部分代码.可以使用断点实现这一目的。断点可以设置在任何地方,程序在运行时遇到断点就会停止运行。

可以在编写代码时设置断点,也可以在运行时设置断点。需要注意的是,当程序正在执行一段代码(如循环中的代码)时,不能设置断点。但可以在程序空闲、等待用户时设置断点。

当开发环境遇到一个断点时,就会停止执行代码,应用程序将处于中断模式。此时,可以使用各种调试功能。

在设置断点时,可以单击要设置断点的代码行旁边的灰边,或者把光标放在要设置断点的行上,按下 F9 键。设置好断点后,在灰边上会出现一个纯红色圆点,且该代码行以红色突出显示。使用完一个断点后,单击纯红色圆点就可以删除它。如图 9.5 所示是在语句 g. Clear (Color. White)处设置断点。

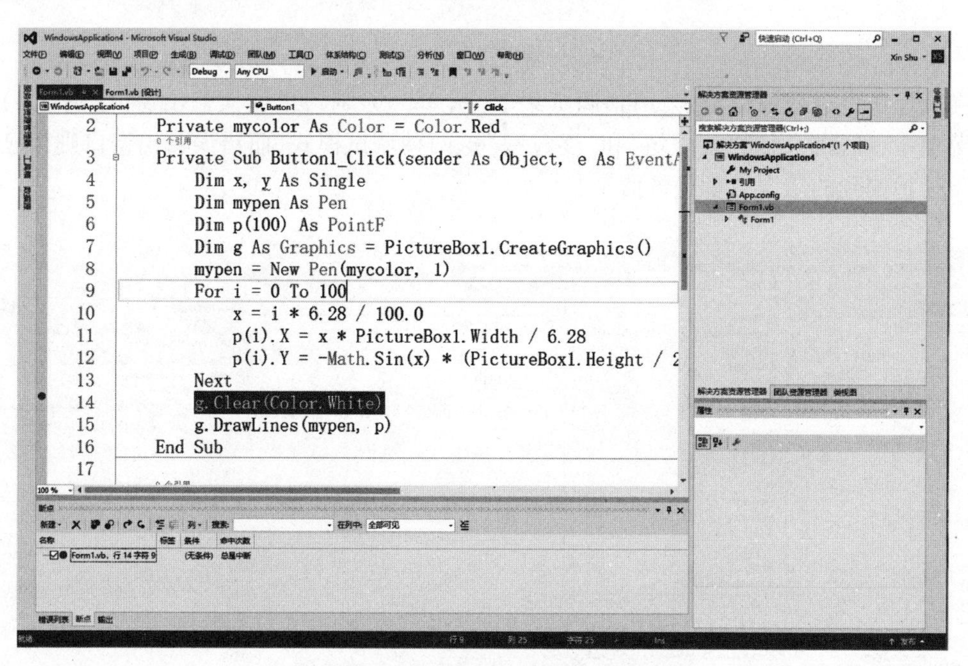


图 9.5 程序代码断点设置

断点调试经常会用到以下几个有用的工具。如果要逐行调试代码,可以利用标准工具栏中这 3 个工具,如图 9.6 所示。

图 9.6 断点调试工具

第一个图标表示"逐语句",单击该图标,可以逐行调试代码(包含调用的函数或者过程);第二个图标表示"逐过程",其功能与"逐语句"类似,但会跳过过程或函数中的代码;最后一个图标表示"跳出",允许跳到当前函数或过程的最后,执行下一行代码。

另一个非常有用的调试工具是"断点"窗口,可通过选择"调试"→"窗口"→"断点"命令打开。"断点"窗口会显示当前断点所在的代码行、断点的条件以及命中次数,如图 9.7 所示。

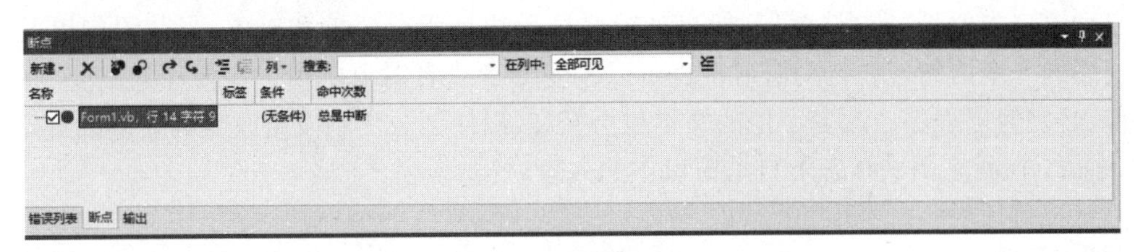


图 9.7 "断点"窗口

## 9.2.3 使用"监视"窗口和"快速监视"对话框调试

使用"监视"(Watch)窗口可以方便地在代码运行时监视变量和表达式,也可以在"监视"窗口中改变变量的值,甚至可以根据需要添加任意多个变量和表达式。"监视"窗口是 Visual Studio 2017 中监视多个变量的最简单方法。

在上述例子中,可以通过"监视"窗口监视循环变量 i 以及表达式"i * 6.28/100"的值。如图 9.8 所示。

当程序处于中断模式时,通过"测试"菜单,可打开"快速监视"(QuickWatch)对话框,如图 9.9 所示。"快速监视"对话框最适用于监视单个变量或表达式。程序处于中断模式时,可在对话框中添加、删除变量或表达式。因此,在运行程序之前,可在要监视的变量之前设置一个断点,当程序运行至该断点时,可以根据需要添加一个或者多个要监视的变量或表达式。

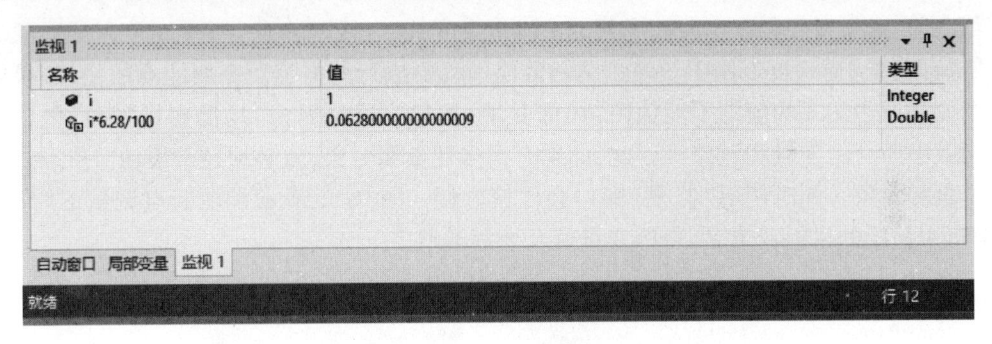


图 9.8 "监视"窗口

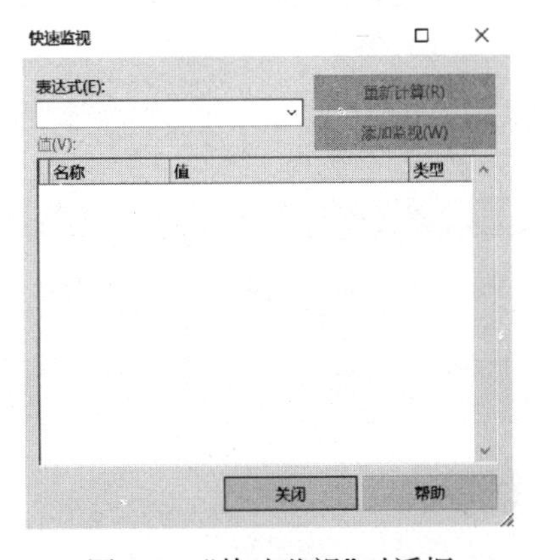


图 9.9 "快速监视"对话框

### 9.2.4 使用自动窗口调试

自动窗口类似于“监视”窗口,但自动窗口显示的是所有变量和对象、当前语句以及当前语句前后的3个语句。在自动窗口中也可以改变变量或者对象的值。需要注意的是,在改变值之前,必须暂停程序。改变了值的文本也会变红,以便区分出刚发生改变的变量或对象。图9.10展示了在断点调试状态下自动窗口中的内容。

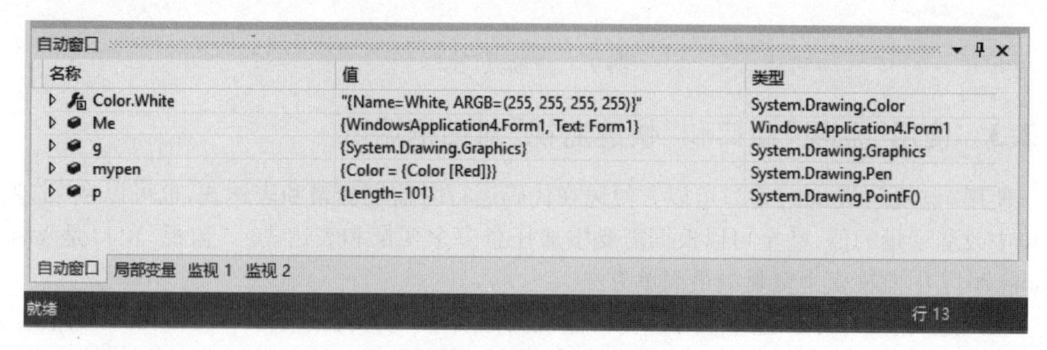


图9.10 自动窗口

### 9.2.5 使用“局部变量”窗口调试

“局部变量”窗口和“监视”窗口功能类似,用于显示当前函数或过程中的所有变量和对象。在“局部变量”窗口中也可以改变变量或对象的值,其使用方法与“监视”窗口一样。即在改变值之前,必须暂停程序。改变了值的文本也会变红,以便区分发生变化的变量或对象。

“局部变量”窗口可以用于快速浏览函数或过程要执行的内容。需要注意的是,如果要监视两个变量或表达式的值则不能使用“局部变量”窗口。这是因为“局部变量”窗口包含了过程或函数中所有的变量和对象。因此,如果有很多变量和对象,就必须经常滚动窗口以查看不同的变量和对象。此时使用“监视”窗口会比较方便。图9.11所示是在断点调试下“局部变量”窗口中显示的目标变量名、目标变量值及变量类型。

图9.11 “局部变量”窗口中的变量

## 9.3 错误处理

### 9.3.1 捕获并处理运行错误

Visual Basic 2017中的结构化错误处理是用Try…Catch…Finally语句来实现的,该语句的结构如下：

```
Try
    [try statements]
    [exit try]
[Catch[exception[As type]][When expression]]
    [catch statements]
    [exit try]
[Catch…]
[Finally
    [finally statements]]
End Try
```

相关参数说明如下：

① try statements 是执行时可能导致错误的语句。

② exception 参数可以是任何变量的名称，它包含所抛出错误的值。

③ type 参数指定异常所属的类型。如果没有提供这个参数，Catch 代码块就会处理在 SystemException 类中定义的异常。利用这个参数可以指定所要查找的异常类型，例如 IOException，在对文件执行任一种 I/O（输入/输出）时都会用到这个异常。

④ catch statements 是处理已发生错误的语句。

⑤ finally statements 是在其他错误处理完成后执行的语句。即使发生了错误并在 Catch 代码块中处理了，Finally 代码块也总是执行。

⑥ 可选的 exit try 语句允许完全退出 Try…Catch…Finally 代码块。继续执行其后的代码。

Try 代码块中执行可能抛出异常的代码，Catch 代码块中处理预料到的错误，Finally 代码块是可选的，如果有，就必须执行。如果发生了一个没有在 Catch 代码块中处理的错误，则显示标准错误消息并终止程序。因此，将代码可能出现的所有错误都放在 Try 代码块中是非常重要的。

此外，当定义 Catch 代码块时，可以为异常指定一个变量名，并定义要捕获的异常类型。如下面的代码段所示，这段代码定义了一个名为 IOExceptionError 的变量，该异常的类型为 IOException。此语句可以捕获处理文件时可能发生的 I/O 异常，并把错误信息存储在对象 IOExcpionError 中。

```
Catch IOExceptionError To IOException
    ……
    code to handle the exception goes here
    ……
```

测试 Try…Catch 代码块时，可以在 Try 语句中使用 Throw 关键字用以抛出一个错误，其语法格式为：

```
Throw New FileNotFoundExecption()
```

在 Catch 语句中，可以引发一个错误并返回给调用者。若让调用者来处理该错误，则语法为：

```
Throw
```

### 9.3.2 结构化异常处理

本节通过一个示例介绍如何使用 Try…Catch…Finally 语句来处理结构化异常。结构化异常处理的一般步骤：当保护块的程序代码出现异常状况时会按照顺序捕获异常，并执行相应的出错处理代码。

**例 9.1** 设计一个异常处理程序，界面如图 9.12 所示。单击“异常处理”命令按钮来处理除数为零的运算造成的错误，显示如图 9.13 所示的异常信息框；经捕获异常并进行处理后，显示如图 9.14 所示的正常信息框。程序示例代码如下：

```
Private Sub Button1_Click(sender As Object, e As EventArgs) Handles Button1.Click
    Dim x As Integer = 8, y As Integer = 0
    Try
        x /= y
    Catch exp As Exception When y = 0
    'exp 用来存取代码中异常的信息,Exception 指明要捕捉异常的类型,y=0 是条件表达式
        MsgBox(exp.ToString,MsgBoxStyle.Exclamation, "捕捉异常提示")
    Finally
        MsgBox("结束捕捉异常信息", MsgBoxStyle.Information, "最终捕捉异常提示")
    End Try
End Sub
```

图 9.12　程序设计界面

图 9.13　异常报错信息

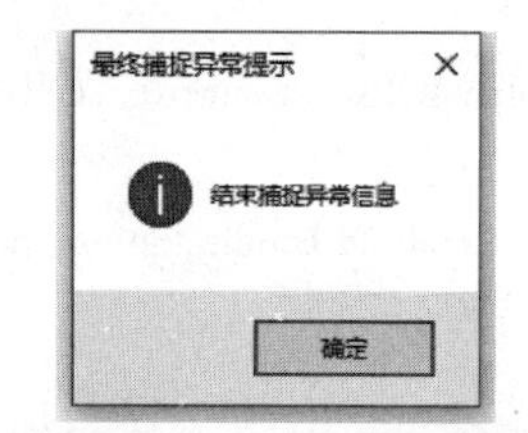


图 9.14　正常信息框

上述程序代码的保护块中要保护的代码是“x/=y”；异常报错块中异常报错的代码是“When y=0”；处理异常报错块代码使用了 MsgBox 函数显示异常报错类型；当全部异常报错处理结束后，最终异常处理块的代码也使用 MsgBox 函数显示结束异常信息。

## 习 题

1. 程序设计中有哪些错误类型？请分别阐述。
2. 与非结构化异常处理相比,结构化异常处理有哪些优点？

# 第 10 章　绘　　图

VB. NET 为绘图和控制绘图属性提供了类别丰富的对象，Graphics 对象提供描绘和填充矩形、椭圆形（圆形）、多边形、曲线、直线和其他形状的方法。在 . NET Framework 中，可以运用 GDI+在 Windows 窗体上绘制图形、图案，书写不同字体、字号和样式的文字。

## 10.1　绘制图形

在 Windows 窗体上画图首先需要创建一张“画布”，然后拿出“画笔”，运用画图“技能”，就可以在画布上轻松地绘制图形了。

### 10.1.1　绘图：画布、画笔、绘图方法

构造好一幅空白的“画布”，建立属于自己的一支“画笔”，运用绘图“方法”，就可以在指定的画布对象上绘制出预想的图形。

**1. 绘图的最基本步骤**

声明一个 Graphics 对象，用来构造画布；定义一个 Brush 对象，用来填充图形；定义一个 Pen 对象，绘制图形的线条。

**2. 引例**

**例 10.1**　在左上角坐标为 $x=150$、$y=50$，宽度为 180 像素、高度为 180 像素的正方形区域，用 MyBrush 对象画刷，绘制一个实心圆（有填充的圆）。程序运行界面如图 10.1 所示。

程序代码如下：

```
Public Class Form1
    Private Sub Button1_Click(sender As Object, e As EventArgs) Handles Button1. Click
    Dim g As Graphics          '声明一个 Graphics 类的对象
    g =Me. CreateGraphics   '实例化该对象为 Form 的 Graphics 对象
    Dim MyBrush As New SolidBrush(Color. Blue)   '声明并实例化 SolidBrush 对象为蓝色
    '在指定区域用 MyBrush 对象画刷绘制一个实心圆
    g. FillEllipse(MyBrush, 150, 50,180,180)
    Dim MyPen As New Pen(Color. Red,8)   '声明并实例化 Pen 对象为红色,宽度为 8
    '在指定区域用 MyPen 对象画笔绘制一个圆
    g. DrawEllipse(MyPen,150,50,180,180)
```

```
        MyPen. Dispose( ) :MyBrush. Dispose( ) :g. Dispose( )   '释放绘图对象
    End Sub
End Class
```

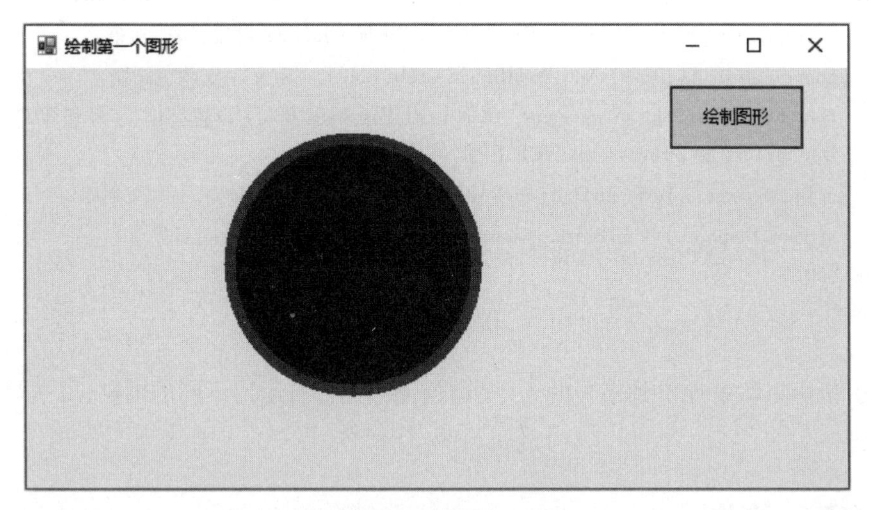


图 10.1　绘制第一个图形

通过引例可以清楚地看到绘图的 3 个步骤。模仿引例，运用不同的绘图方法，就可以绘制出直线(DrawLine)、椭圆(DrawEllipse)、圆弧(DrawArc)等图形。

### 10.1.2　书写：画布、画刷、书写方法

构造好一幅空白的"面布"，建立属于自己的一支"画刷"，同时选定书写字体、字号和样式，运用书写"方法"，就可以在指定的画布对象上书写出文本了。

**1. 书写的最基本步骤**

声明一个 Graphics 对象，用来构造画布；定义一个 Brush 对象，用来定义画刷，以及字体、字号和样式；运用书写方法书写文本串。

**2. 引例**

**例 10.2**　在窗体上书写蓝色、30 号、粗体、黑体文本：VB. NET 书写。书写的开始位置位于窗体的左上角距窗体左边和上边分别为 80 像素与 50 像素。程序运行界面如图 10.2 所示。

图 10.2　书写文本

程序代码:

```
Public Class Form1
    Private Sub Button1_Click(sender As Object, e As EventArgs) Handles Button1. Click
        Dim g As Graphics =Me. CreateGraphics()  '声明 Graphics 对象,构造画布 g
        Dim myBrush As Brush=New SolidBrush(Color. Blue)  '定义一支蓝色画刷
        Dim myFont As Font =New Font("黑体",30,FontStyle. Bold)'设置字体、字号和样式
        Dim myText As String="VB. NET 书写"
        g. DrawString(myText, myFont, myBrush, 80, 50)'运用书写方法,书写文本串
        myFont. Dispose() : myBrush. Dispose() : g. Dispose()'释放绘图对象
    End Sub
End Class
```

通过引例可以清楚地看到书写的 3 个步骤。模仿引例,运用不同的画刷,可书写出不同效果的文本串。

## 10.2 GDI+绘图

GDI 是 graphics device interface 的缩写,含义是图形设备接口,它的主要任务是负责系统与绘图程序之间的信息交换,处理所有 Windows 程序的图形输出。GDI+是微软提供的新的图形设备接口,通过托管代码的类来展现。GDI+主要提供了 3 类服务:二维矢量图形、图像处理和文字显示。

### 10.2.1 基本类和画布

VB. NET 在创建 Windows 应用程序时,System. Drawing 命名空间已经默认加载了,它提供了 GDI+的基本对象和绘图方法,也是 GDI+绘图的基础命名空间。图形图像处理中常用的命名空间如下:

System:包括常用基础数据类型和 24 个子命名空间。

System. Drawing:提供对 GDI+基本图形功能的访问。

System. Drawing. Drawing2D:提供高级的二维和向量图形功能。命名空间包括渐变画笔,Matrix 类和 GraphicsPath 类。

System. Drawing. Imaging:提供高级的 GDI+图像处理功能。

System. Drawing. Text:提供高级的 GDI+ 排版功能。

System. Drawing. Printing:为 Windows 窗体应用程序提供与打印相关的服务。

#### 1. 熟悉 GDI+绘图的类

在 System. Drawing 命名空间中包含了如下基本的类:

(1)Graphics 类。封装一个 GDI+绘图图面。首先要创建好 Graphics 类的画布,然后就可以运用 Graphics 类的各种绘图方法画直线矩形、椭圆、圆弧等。

(2)Pen 类。定义用于绘制直线和曲线的对象。

(3)Brush 类。定义用于填充图形形状,如矩形、椭圆、饼图、多边形和路径的内部对象。

(4)Font 类。定义特定的文本格式,包括字体、字号和样式特性。

在上一节的引例中,已经示例了这些类的基本用法。

#### 2. Graphics 类的画布对象

(1)创建 Graphics 类的画布对象。例 10.1 和例 10.2 中都是在本窗体(Me)上构造的画布 g,除此之外也可以在其他具有 Text 属性的控件上构造画布,如 Label、PictureBox 等。声明格式如下:

```
Dim 画布对象 As Graphics=控件名.CreateGraphics()
```

在 Label 控件上创建画布:

```
Dim g As Graphics=Label1.CreateGraphics()
```

或者在 PictureBox 控件上创建画布:

```
Dim g As Graphics=Picturebox1.CreateGraphics()
```

(2)释放画布对象。当使用完画布对象 g 后,应该释放该画布对象的内存空间。格式:

```
g.Dispose()
```

Pen、Brush、Font 类的对象在使用完后,也需要使用 Dispose 方法释放内存空间。格式:

```
控件名.Dispose()
```

(3)清除画布。如果在已经绘过图的画布上要重新绘图,就需要清除画布。如果画布是在 Me 上建立的,可以使用 g.Clear(Me.Backcolor)的方法清除画布;如果画布是在 PictureBox 控件上建立的,可以使用 g.Clear(PictureBox1.BackColor)的方法清除画布。

### 10.2.2 GDI+绘图的相关对象

#### 1. GDI+绘图的 3 种结构对象

(1)Point 对象。GDI+使用 Point 表示一个点。这个点是二维坐标上的点(x, y),其中 x、y 为整数。例如,可以声明:

```
Dim myPt1 As New Point(50, 50)          '定义坐标为(50, 50)的点
```

如果要声明 x、y 为浮点数的点坐标,就可以使用 PointF 对象,用法和 Point 对象相同。

(2)Size 对象。GDI+使用 Size 表示一个尺寸(像素)。Size 结构包含的是宽度和高度。声明方法:

```
Dim mySize As New Size(100, 80)     '定义 100×80 的长方形区域
```

(3)Rectangle 对象。GDI+在许多不同的地方使用这个结构,以指定矩形的坐标。Point 结构定义矩形的左上角,Size 定义其大小。Rectangle 对象表示一个平面系中的矩形区域(x, y, Width, Height),其中 x、y 为矩形左上角坐标点,Width 为矩形宽,Height 为矩形高,这些参数都是整数。例如,可以声明:

```
Dim myRect1 As New Rectangle(20, 30, 200, 58) '定义左上角坐标为(20, 30)、宽 200、高 58 的矩形
```

如果要声明这些参数为浮点数的矩形,就可以使用 RectangleF 对象,用法同 Rectangle 对象。

2. GDI+绘图的 Color 对象

Color 对象除了预定义颜色常量外, 还可以使用 FromArgb(alpha, red, green, blue)或 FromArgb(alpha, Color. 颜色名)函数自定义颜色。Color. FromArgb 设置颜色中有 4 个分量:A、R、G、B。其中,A 表示 alph(a 透明度,0~255),R 表示 red(红色),G 表示 green(绿色),B 表示 blue(蓝色)。透明度在图像处理中称作工 alpha 通道,0 表示透明,255 表示不透明。如果不考虑透明度,也可以直接使用 FromArgb(red, green, blue)的格式或更简洁地写成"Color. 颜色名"的格式。

## 10.2.3 画布的默认坐标系与变换

1. GDI+绘图画布的默认坐标系

当在窗体或标签上构建好画布后,就默认建立了坐标系。该坐标系原点就在画布的左上角,它的单位是像素点,*X* 轴自左向右,*Y* 轴自上向下,如图 10.3 所示。

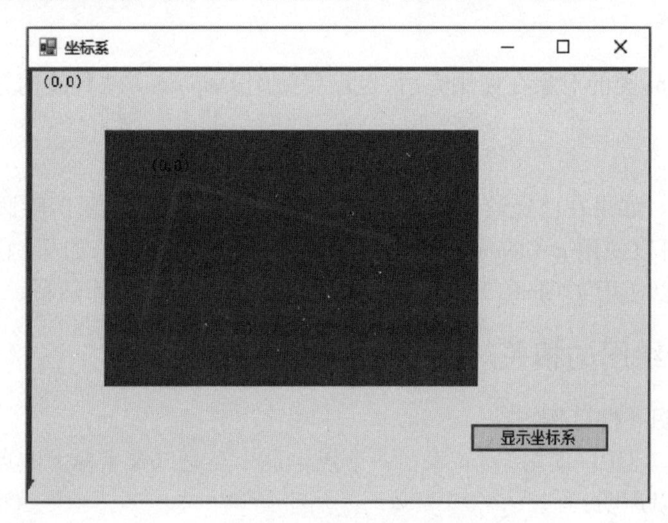


图 10.3 画布坐标系

2. 坐标系变换方法

GDI+还提供了坐标系平移、旋转、缩放和还原的变换方法,详见表 10.1。

表 10.1 GDI+画布坐标系变换方法

| 变换方法 | 功能 | 格 式 | 注 释 |
|---|---|---|---|
| g. TranslateTransform | 平移 | TranslateTransform(30,40) | *X* 方向平移 30,*Y* 方向平移 40 |
| g. ScaleTransform | 缩放 | ScaleTransform(2, 0.5) | *X* 方向放大 2 倍,*Y* 方向缩小 1/2 |
| g. RotateTransform | 旋转 | RotateTransform(15) | 坐标系从 X 正向按顺时针旋转 15° |
| g. ResetTransform | 还原 | ResetTransform () | 还原为默认坐标系 |

变换方法可以组合使用,大家可以试试以下代码组合后程序运行的结果:

```
g. RotateTransform(-10)          '画布逆时针旋转 10°
g. TranslateTransform(30, 40)    '画布向 X 方向平移 30,Y 方向平移 40
g. ScaleTransform(0. 5, 1)       '画布 X 方向缩小 1/2,Y 方向放大 1 倍
```

下面的程序代码实现坐标系平移与旋转:

```
Public Class Form4
    Private Sub Button1_Click(sender As Object, e As EventArgs) Handles Button1. Click
        Dim g As Graphics = Me. CreateGraphics
        Dim myPen As Pen = New Pen(Color. Red, 5)          '颜色,线的粗细
        myPen. SetLineCap(Drawing2D. LineCap. Flat, Drawing2D. LineCap. ArrowAnchor, _
            Drawing2D. DashCap. Flat)'定义画笔线头平、线尾箭头、线段头平
        g. DrawLine(myPen, 0, 0, 490, 0)  'X 轴,直线
        g. DrawLine(myPen, 0, 0, 0, 330)  'Y 轴,直线
        Dim glable As Graphics = PictureBox1. CreateGraphics
        glable. TranslateTransform(60, 40)
        glable. RotateTransform(15)
        glable. DrawLine(myPen, 0, 0, 180, 0)  'lable1,X 轴,直线
        glable. DrawLine(myPen, 0, 0, 0, 120)  'lable1,Y 轴,直线
    End Sub
End Class
```

# 10.3 在画布上绘图与书写

## 10.3.1 画笔与绘图方法

### 1. 画笔

Pen 类用来确定如何绘制直线,即确定直线的颜色、宽度、虚线样式、连接样式和线帽样式。画笔的格式如下:

```
Dim 画笔对象 As Pen=New Pen(颜色[, 线宽])
```

Pen 类的构造函数,详见表 10.2。

表 10.2 Pen 类的构造函数

| 构造函数 | 说明 |
|---|---|
| Pen(Brush) | 使用指定的 Pen 初始化 Brush 类的新实例 |
| Pen(Color) | 用指定颜色初始化 Pen 类的新实例 |
| Pen(Brush,Thickness) | 使用指定宽度(Single)的 Brush 创建画笔 |
| Pen(Color,Thickness) | 使用指定宽度(Single)和指定颜色创建画笔 |

Pen 类的属性和方法:

Alignment(属性):确定是在内部绘制直线,还是让该直线以绘图程序所指定的理论上的

细线为中线。

Brush(属性):确定用于填充直线的画刷。

Color(属性):确定直线的颜色。

CompoundArray(属性):绘制平行条纹样式的直线。

CustomEndCap(属性):确定直线末端的线帽。

CustomstartCap(属性):确定直线起始端的线帽。

DashCap(属性):确定虚线末端的线帽,可以是 Flat、Round 或 Triangle。

DashOffset(属性):确定从直线起点到第一个虚线起点的距离。

DashPattern(属性):一个用来指定自定义虚线模式的 Single 数组。该数组中的项代表要绘制、跳过(根据需要会重复此过程)多少像素。注意:如果画笔不是一个像素宽,这些值会被缩放。

DashStyle(属性):确定直线的虚线样式,其值可以是 Dash、DashDot、DashDotDot、Dot、Solid 或 Custom。如果设置了 DashPattern 属性,则应将该属性的值设置为 Custom。注意:如果画笔不是一个像素宽,则虚线和它们之间的缝隙会被缩放。

EndCap(属性):确定用于直线末端的线帽,其值可以是 ArrowAnchor、DiamondAnchor、Flat、NoAnchor、Round、RoundAnchor、Square、SquareAnchor、Triangle 和 Custom。如果 LineCap 的值为 Custom,则应当使用 CustomLineCap 对象定义线帽。

LineJoin(属性):确定绘制连接线的 GDI+方法如何连接线。例如,DrawPolygon 和 DrawLines 方法就使用此属性。该属性的值可以是 Bevel、Miter 和 Round。

MultiplyTransform(方法):将 Pen 的当前矩阵与另一转换矩阵相乘。

ResetTransform(方法):将 Pen 的转换重新设置为恒等转换。

RotateTransform(方法):将旋转矩阵添加到 Pen 当前的矩阵。

ScaleTransform(方法):将缩放转换添加到 Pen 当前的转换。

SetLineCap(方法):此方法通过参数,让用户同时指定 Pen 的 StartCap、EndCap 和 LineJoin 属性。

StartCap(属性):确定直线起始端的线帽。

Transform (属性):确定对最初绘制直线所使用的圆形“笔尖”进行的转换,通过转换可以让笔尖在绘制直线时变为椭圆形。

TranslateTransform(方法):将平移转换添加到 Pen 当前的转换。Pen 会忽略其转换中的所有平移部分,因此该方法对于 Pen 最终的外观没有任何影响,添加它可能只是为了统一和完整。

Width (属性):画笔的宽度。如果画笔自身发生转换,或者使用它的 Graphics 对象发生转换,该值都会发生相应的缩放。

线帽属性包括 StartCap、EndCap 和 LineJoin。

在 VB. NET 中,Pen 类的线帽值通过使用 Drawing2D. LineCap 枚举值来实现,一共有 11 种不同的 Drawing2D. LineCap 枚举值,见表 10. 3。

**表 10. 3　Drawing2D. LineCap 枚举值**

| 数值 | 枚举常量 | 说明 |
| --- | --- | --- |
| 1 | Flat | 平线帽 |
| 2 | Square | 方线帽 |

（续）

| 数值 | 枚举常量 | 说明 |
|---|---|---|
| 3 | Round | 圆线帽 |
| 4 | Triangle | 三角线帽 |
| 5 | NoAnchor | 没有锚头帽 |
| 6 | SquareAnchor | 方锚头帽 |
| 7 | RoundAnchor | 圆锚头帽 |
| 8 | DiamondAnchor | 菱形锚头帽 |
| 9 | ArrowAnchor | 箭头状锚头帽 |
| 10 | Custom | 自定义线帽 |
| 11 | AnchorMask | 用于检查线帽是否为锚头帽的掩码 |

下面是一个使用 Drawing2D. LineCap 枚举值的示例代码：

```
Public Class Form1
    Private Sub Button1_Click(sender As Object, e As EventArgs) Handles Button1.Click
        Dim Mypen As New Pen(Color.Black, 8)
        Mypen.EndCap = Drawing2D.LineCap.Flat
        Me.CreateGraphics.DrawString("Falt", Me.Font, New SolidBrush(Color.Black), 10, 13)
        Me.CreateGraphics.DrawLine(Mypen, 100, 20, 200, 20)
        Mypen.EndCap = Drawing2D.LineCap.Square
        Me.CreateGraphics.DrawString("Square", Me.Font, _
            New SolidBrush(Color.Black), 10, 33)
        Me.CreateGraphics.DrawLine(Mypen, 100, 40, 200, 40)
        Mypen.EndCap = Drawing2D.LineCap.Round
        Me.CreateGraphics.DrawString("Round", Me.Font, _
            New SolidBrush(Color.Black), 10, 53)
        Me.CreateGraphics.DrawLine(Mypen, 100, 60, 200, 60)
        Mypen.EndCap = Drawing2D.LineCap.Triangle
        Me.CreateGraphics.DrawString("Triangle", Me.Font, _
            New SolidBrush(Color.Black), 10, 73)
        Me.CreateGraphics.DrawLine(Mypen, 100, 80, 200, 80)
        Mypen.EndCap = Drawing2D.LineCap.NoAnchor
        Me.CreateGraphics.DrawString("NoAnchor", Me.Font, _
            New SolidBrush(Color.Black), 10, 93)
        Me.CreateGraphics.DrawLine(Mypen, 100, 100, 200, 100)
        Mypen.EndCap = Drawing2D.LineCap.SquareAnchor
        Me.CreateGraphics.DrawString("SquareAnchor", Me.Font, _
            New SolidBrush(Color.Black), 10, 113)
        Me.CreateGraphics.DrawLine(Mypen, 100, 120, 200, 120)
        Mypen.EndCap = Drawing2D.LineCap.RoundAnchor
        Me.CreateGraphics.DrawString("RoundAnchor", Me.Font, _
            New SolidBrush(Color.Black), 10, 133)
        Me.CreateGraphics.DrawLine(Mypen, 100, 140, 200, 140)
        Mypen.EndCap = Drawing2D.LineCap.DiamondAnchor
```

```
            Me. CreateGraphics. DrawString( "DiamondAnchor" , Me. Font, _
                New SolidBrush( Color. Black) , 10, 153)
            Me. CreateGraphics. DrawLine( Mypen, 100, 160, 200, 160)
            Mypen. EndCap = Drawing2D. LineCap. ArrowAnchor
            Me. CreateGraphics. DrawString( "ArrowAnchor" , Me. Font, _
                New SolidBrush( Color. Black) , 10, 173)
            Me. CreateGraphics. DrawLine( Mypen, 100, 180, 200, 180)
            Mypen. EndCap = Drawing2D. LineCap. Custom
            Me. CreateGraphics. DrawString( "Custom" , Me. Font, _
                New SolidBrush( Color. Black) , 10, 193)
            Me. CreateGraphics. DrawLine( Mypen, 100, 200, 200, 200)
            Mypen. EndCap = Drawing2D. LineCap. AnchorMask
            Me. CreateGraphics. DrawString( "AnchorMask" , Me. Font, _
                New SolidBrush( Color. Black) , 10, 213)
            Me. CreateGraphics. DrawLine( Mypen, 100, 220, 200, 220)
            Mypen. Dispose( )
        End Sub
    End Class
```

运行效果如图 10.4 所示。

在 VB. NET 中,Pen 类通过使用 Drawing2D. LineJoin 枚举值来实现线段的连接形状,有 4 种不同的枚举值。

(1) Miter 指定斜连接。这将产生一个锐角或切除角,具体取决于斜连接的长度是否超过斜连接限制。

(2) Bevel 指定成斜角的连接。这将产生一个斜角。

(3) Round 指定圆形连接。这将在两条线之间产生平滑的圆弧。

(4) MiterClipped 指定斜连接。这将产生一个锐角或斜角,具体取决于斜连接的长度是否超过斜连接限制。

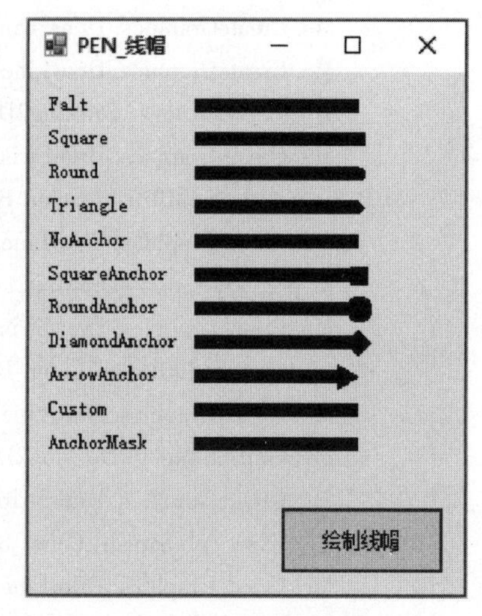

图 10.4 线帽示例

下面是一个使用 Drawing2D. LineJoin 枚举值的示例代码:

```
    Public Class Form1
        Private Sub Button1_Click( sender As Object, e As EventArgs) Handles Button1. Click
            Dim MyRedPen As New Pen( Brushes. Red)
            MyRedPen. Width = 8. 0F
            Dim points As Point( )
            points = {New Point(20, 30) , New Point( 100, 30) , New Point( 40, 80) }
            MyRedPen. LineJoin = Drawing2D. LineJoin. Miter
            Me. CreateGraphics. DrawString( "Miter" , Me. Font, New SolidBrush( Color. Black) , 20, 5)
            Me. CreateGraphics. DrawLines( MyRedPen, points)
            points = {New Point( 180, 30) , New Point( 260, 30) , New Point( 200, 80) }
            MyRedPen. LineJoin = Drawing2D. LineJoin. Bevel
            Me. CreateGraphics. DrawString( "Bevel" , Me. Font, New SolidBrush( Color. Black) , 180, 5)
```

```
        Me. CreateGraphics. DrawLines( MyRedPen, points)
        points = {New Point(20, 120), New Point(100, 120), New Point(40, 170)}
        MyRedPen. LineJoin = Drawing2D. LineJoin. Round
        Me. CreateGraphics. DrawString("Round", Me. Font, New SolidBrush(Color. Black), 20, 95)
        Me. CreateGraphics. DrawLines( MyRedPen, points)
        points = {New Point(180, 120), New Point(260, 120), New Point(200, 170)}
        MyRedPen. LineJoin = Drawing2D. LineJoin. MiterClipped
        Me. CreateGraphics. DrawString("MiterClipped", Me. Font, _
                                       New SolidBrush(Color. Black), 180, 95)
        Me. CreateGraphics. DrawLines( MyRedPen, points)
        MyRedPen. Dispose( )
    End Sub
End Class
```

运行效果如图 10.5 所示。

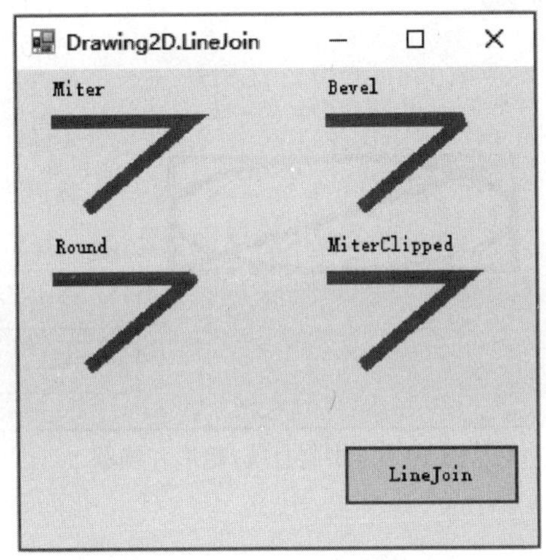


图 10.5　LineJoin 枚举值示例

### 2. 绘图方法

在画图步骤中,首先构建画布 g,然后定义画笔 myPen,之后就可以运用各种绘图方法绘制图形了。画布对象部分绘图方法见表 10.4。

**表 10.4　GDI+的部分绘图方法**

| 绘图方法 | 说　明 | 格　式 |
|---|---|---|
| g. DrawLine | 绘制直线 | DrawLine( myPen, X1, Y1, X2, Y2) |
| g. DrawRectangle | 绘制矩形 | DrawRectangle( myPen, X, Y, 宽度, 高度) |
| g. DrawEllipse | 绘制椭圆 | DrawEllipse( myPen, X, Y, 宽度, 高度) |
| g. DrawArc | 绘制圆弧线 | DrawArc( myPen, X, Y, 宽度, 高度, 起始角, 扫描角) |
| g. DrawPie | 绘制扇形 | DrawPie( myPen, X, Y, 宽度, 高度, 起始角, 扫描角) |
| g. DrawPolygon | 绘制多边形 | DrawPolygon( myPen, Point 数组) |
| g. DrawCurve | 绘制曲线 | DrawCurve( myPen, Point 数组) |
| g. DrawClosedCurve | 绘制封闭曲线 | DrawClosedCurve( myPen, Point 数组) |

(1)绘制直线、矩形和椭圆。

DrawLine 方法:画直线,语法为 DrawLine(画笔名,X1,Y1,X2,Y2)。其中,(X1,Y1)和(X2,Y2)是直线的起始点与终止点的坐标,它们可以是 Integer 值,也可以是 Single 值。当直线很短时,可以近似为点。

DrawRectangle 方法:画矩形,语法为 DrawRectangle(画笔名,X,Y,宽度,高度)。其中,(X,Y)是矩形左上角的坐标,宽度和高度指定矩形的宽与长。

DrawEllipse 方法:画圆和椭圆,语法为 DrawEllipse(画笔名,X,Y,宽度,高度)。其中的 X、Y、宽度、高度定义的矩形是要绘制的圆或椭圆的外切矩形,它决定了所画椭圆的大小和形状。当宽度和高度相等时,所画的就是圆,否则就是椭圆。

**例 10.3** 定义一支宽度为 5 的黑色画笔 myPen,先绘制一条从坐标(80, 80)至坐标(300, 150)的直线,然后绘制一个长 220、宽 70 的矩形,最后绘制在矩形区域的内切椭圆。程序运行界面如图 10.6 所示。

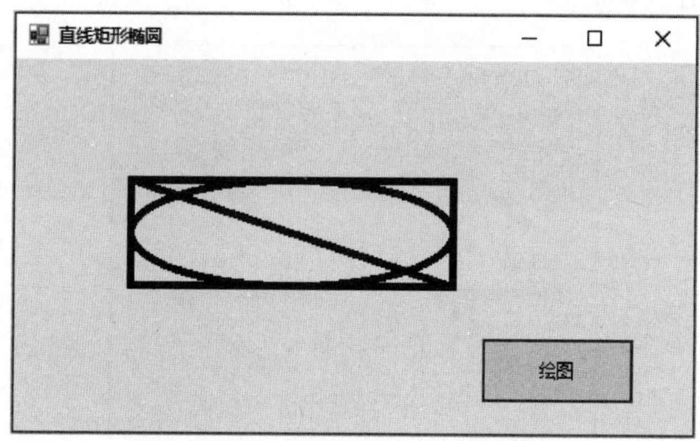


图 10.6 绘制直线、矩形和椭圆

程序代码如下:

```
Public Class Form1
    Private Sub Button1_Click(sender As Object, e As EventArgs) Handles Button1.Click
        Dim g As Graphics = Me.CreateGraphics()
        Dim myPen As Pen = New Pen(Color.Black, 5)
        g.DrawLine(myPen, 80, 80, 300, 150)          '绘制直线
        g.DrawRectangle(myPen, 80, 80, 220, 70)      '绘制矩形
        g.DrawEllipse(myPen, 80, 80, 220, 70)        '绘制椭圆
        myPen.Dispose() : g.Dispose()
    End Sub
End Class
```

(2)绘制圆弧和扇形。绘制圆弧和扇形时的起始角度 startTangle 和扫过角度 sweepTangle 符合如下规则:

①正向 $X$ 轴为 0°起始角。

②从 0°起始角开始,顺时针方向为正向起始角(startTangle>0),逆时针为负向起始角(startTangle<0)。

③从起始角 startTangle 开始,顺时针扫过角度为正(sweepTangle>0),逆时针扫过角度为负(sweepTangle<0)。

**例 10.4** 定义一支宽度为 2 的黑色画笔 myPen,绘制圆弧和扇形,满足以下要求:

· 在起始坐标(0,0)、宽 100 的矩形区域,绘制起始角为-30°、顺时针扫过 45°的圆弧。

· 在起始坐标(100,0)、宽 100 的矩形区域,绘制起始角为-30°、逆时针扫过 45°的圆弧。

· 在起始坐标(0,100)、宽 100 的矩形区域,绘制起始角为-30°、顺时针扫过 45°的扇形。

· 在起始坐标(100,100)、宽 100 的矩形区域,绘制起始角为-30°、逆时针扫过 45°的扇形。

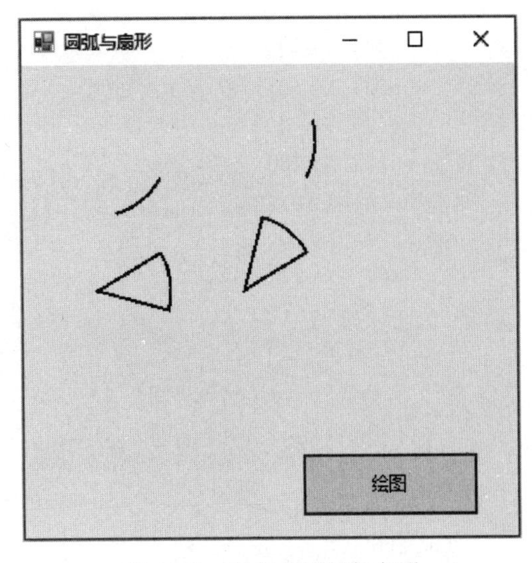

图 10.7 绘制的圆弧与扇形

程序运行界面如图 10.7 所示。

程序代码如下:

```
Public Class Form7
    Private Sub Button1_Click(sender As Object, e As EventArgs) Handles Button1.Click
        Dim g As Graphics = Me.CreateGraphics()
        Dim myPen As Pen = New Pen(Color.Black, 2)
        g.DrawArc(myPen, 0, 0, 100, 100, 30, 45)        '绘制起始角为 30°、顺时针扫过 45°的圆弧
        g.DrawArc(myPen, 100, 0, 100, 100, 30, -45)'绘制起始角为 30°、逆时针扫过 45°的圆弧
        g.DrawPie(myPen, 0, 100, 100, 100, -30, 45)'绘制起始角为-30°、顺时针扫过 45°的扇形
        g.DrawPie(myPen, 100, 100, 100, 100, -30, -45)'绘制起始角为-30°、逆时针扫过 45°的扇形
        myPen.Dispose() : g.Dispose()
    End Sub
End Class
```

(3)绘制多边形和曲线。

**例 10.5** 在窗体上定义一支默认宽度的蓝色画笔 myPen,构建画布 lable1(长、宽都是 360)。定义一组由 6 个点组成的 Point 对象的数组,绘制多边形和曲线,程序运行界面如图 10.8 所示。为了能使坐标对称,画布的坐标系原点平移到了正中间。

主要程序代码:

```
Public Class Form1
    Private Sub Button1_Click(sender As Object, e As EventArgs) Handles Button1.Click
        Dim g As Graphics = Me.CreateGraphics()        '在窗体里面创建画布
        g.TranslateTransform(210, 180)                 '平移坐标系原点
        Dim myPen As New Pen(Color.Blue)               '创建画笔,并且设置为蓝色
        Dim p(5) As Point                              '定义六边形的 6 个顶点的坐标
        p(0).X=-180
        p(0).Y=0
```

```
        p(1).X=-60
        p(1).Y=-120
        p(2).X=60
        p(2).Y=-120
        p(3).X=180
        p(3).Y=0
        p(4).X=60
        p(4).Y=120
        p(5).X=-60
        p(5).Y=120
        g.DrawPolygon(myPen, p)                    '绘制六边形
        g.DrawClosedCurve(myPen, p)                '绘制封闭曲线
        g.Dispose()
        myPen.Dispose()
    End Sub
End Class
```

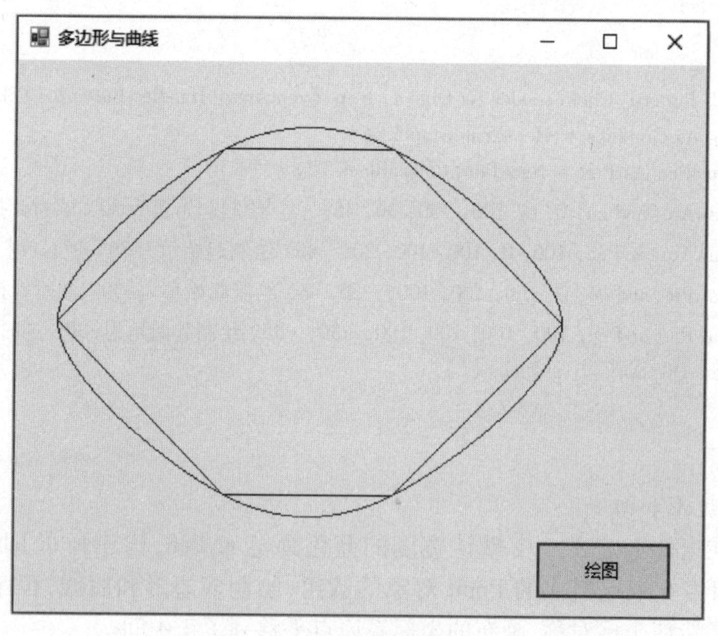


图 10.8　绘制的多边形和曲线

## 10.3.2　画刷与填充方法

### 1. 画刷

画刷 Brush 对象用来确定，在使用 Graphics 对象的 FillClosedCurve、FillEllipse、FillPath、FillPie、FillPolygon、FillRectangle 和 FillRectangles 方法绘制图形时，如何填充其中的区域。不同类型的画刷可以使用纯色、阴影图案和渐变色填充其中的区域。常用的画刷有 SolidBrush、HatchBrush、LinearGradientBrush 和 TextureBrush。这些画刷类都需要引入 System.Drawing.Drawing2D 命名空间。画刷继承类详见表 10.5。

表 10.5　画刷 Brush 的继承类

| 名　　称 | 说　　明 |
| --- | --- |
| SolidBrush | 使用纯色填充区域 |
| TextureBrush | 使用重复的图像填充区域 |
| HatchBrush | 使用重复的阴影图案填充区域 |
| LinearGradientBrush | 使用两种或多种颜色的线性渐变色填充区域 |

(1)SolidBrush。SolidBrush 类使用纯色填充区域。此类非常简单,只提供一个构造函数,并通过参数来确定画刷的颜色。它最有用的属性就是 Color,用来确定画刷的颜色。

**例 10.6**　通过 SolidBrush 类,用红色画刷填充一个矩形,用蓝色画刷填充一个椭圆,程序运行界面如图 10.9 所示。

图 10.9　纯色画刷

程序代码如下:

```
Public Class Form1
    Private Sub Button1_Click(sender As Object, e As EventArgs) Handles Button1. Click
        Dim red_brush As New SolidBrush(Color. Red)
        Me. CreateGraphics. FillRectangle(red_brush, 10, 10, 200, 100)
        Dim blue_brush As Brush = Brushes. Blue
        Me. CreateGraphics. FillEllipse(blue_brush, 10, 120, 200, 100)
    End Sub
End Class
```

(2)TextureBrush。TextureBrush 类使用图像(通常是位图)填充区域。下面列举了该类最常用的属性和方法。

Image(属性):画刷将使用此图像填充区域。

MultiplyTransform(方法):将画刷当前的转换与另一转换矩阵相乘。

ResetTransform(方法):将画刷当前的转换重新设置为恒等转换。

RotateTransform(方法):将旋转转换添加到画刷当前的转换。

ScaleTransform(方法):将缩放转换添加到画刷当前的转换。

Transform(属性):在使用图像填充区域前,画刷应用于图像的转换。

TranslateTransform(方法):将平移转换添加到画刷当前的转换。

**例 10.7** 使用位图来填充指定区域,在窗体上添加 PictureBox 控件,在 Debug 目录下先保存名称为 1.bmp 的图片文件,程序运行界面如图 10.10 所示。

图 10.10 用位图填充

程序代码如下:

```
Public Class Form1
    Private Sub Button1_Click(sender As Object, e As EventArgs) Handles Button1.Click
        '在 PictureBox1 里加载 BMP 图片
        PictureBox1.Image = Image.FromFile(Application.StartupPath &" \1.bmp")
        '声明 TextureBrush 类,用 TextureBrush 函数加载 PictureBox1.Image 作为填充图案
        Dim Texture_brush As New TextureBrush(PictureBox1.Image)
        '设置 WrapMode 属性为 Clamp
        Texture_brush.WrapMode = System.Drawing.Drawing2D.WrapMode.Clamp
        '在指定的矩形区域左上角填充图案
        Me.CreateGraphics.FillRectangle(Texture_brush, New RectangleF(5.0F, 5.0F, 200, 200))
    End Sub
End Class
```

(3)HatchBrush。使用 TextureBrush 类可以完全控制填充区域的每个像素。可以创建自己的图像作为阴影图案,但通常使用 HatchBrush 类会更容易。

HatchBrush 是一个比较简单的类,它最有用的 3 个属性是 BackgroundColor、ForegroundColor 和 HatchStyle。ForegroundColor 和 BackgroundColor 用来确定画刷所使用的颜色。HatchStyle 可以使用的值有 56 个,如图 10.11 所示。

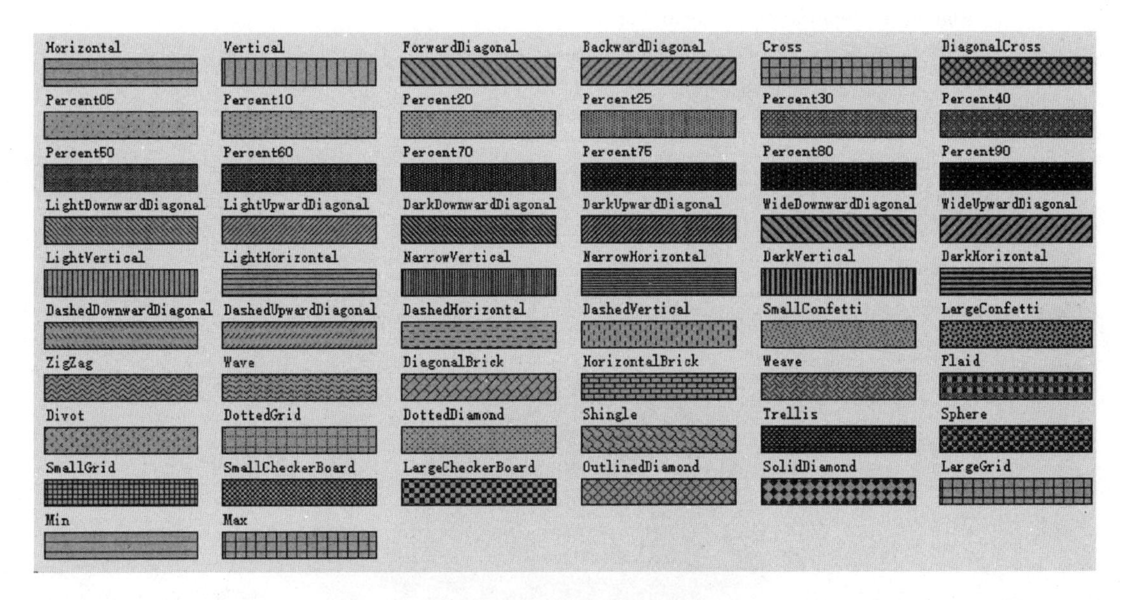


图 10.11　HatchStyle 对应表

**例 10.8**　使用前景黑色、背景白色的 WideDownwardDiagonal 指定区域，程序运行界面如图 10.12 所示。

程序代码如下：

图 10.12　HatchBrush 填充

```
Imports System.Drawing.Drawing2D
    Public Class Form1
        Private Sub Button1_Click(sender As Object, e As EventArgs) _
                                        Handles Button1.Click
        Dim g As Graphics = Me.CreateGraphics()
        Dim mypen As New Pen(Color.Blue)
        Dim myHatchBrush As New HatchBrush(HatchStyle. _
        WideDownwardDiagonal, Color.Black, Color.White)
        g.FillRectangle(myHatchBrush, 10, 10, 100, 100)'先填充图案网格刷
        g.DrawRectangle(mypen, 10, 10, 100, 100)'再勾画图形轮廓线
        g.Dispose()
    End Sub
End Class
```

(4) LinearGradientBrush。LinearGradientBrush 类使用两种或多种颜色的渐变色填充区域。其中最简单的一种是，在一个区域按指定方向从一种颜色渐变到另一种颜色。

**例 10.9**　对于一个圆形，可以从一端的黑色平滑地渐变到另一端的白色，程序运行界面如图 10.13 所示。

程序代码如下：

```
Imports System.Drawing.Drawing2D
Public Class Form1
    Private Sub Button1_Click(sender As Object, e As EventArgs) Handles Button1.Click
```

```
        Dim g As Graphics = Me. CreateGraphics
        Dim myBrush As New LinearGradientBrush( ClientRectangle, Color. Black, Color. White, _
            LinearGradientMode. Vertical)
        g. FillEllipse( myBrush,New RectangleF(20, 20, 250, 250))
        g. Dispose( )
    End Sub
End Class
```

图 10.13 LinearGradientBrush 填充

### 2. 填充方法

前面已经使用了矩形填充方法,更多填充方法见表 10.6。

**表 10.6 Brush 的各种填充方法**

| 填充方法 | 说 明 | 格 式 |
| --- | --- | --- |
| g. FillRectangle | 填充矩形 | FillRectangle (myBrush,X,Y,宽度,高度) |
| g. FillEllipse | 填充椭圆 | FillEllipse( myBrush,X,Y,宽度,高度) |
| g. FillPie | 填充扇形 | FillPie( myBrush,X,Y,宽度,高度,起始角,扫描角) |
| g. FillPolygon | 填充多边形 | FillPolygon( myBrush, Point 数组) |
| g. FillClosedCurve | 填充封闭曲线 | FillClosedCurve( myBrush, Point 数组) |

## 10.3.3 字体与书写方法

### 1. 字体

书写文本需要先定义书写的 Font(字体)对象。该对象可以定义字体名(字符串)、字号(数值)和样式(预选的文字常量),其格式如下:

```
Dim mFont As New Font("楷体", 24)
```

### 2. 书写方法

书写方法只有 DrawString，其格式如下：

```
g.DrawString("学习 VB.NET", mFont, mBrush, 10, 10)
```

**例 10.10** 在画布上输出如下文字"电话 12345678 转 888 手机 18866666666 QQ 987654"。要求：中文字体用宋体，16 号；数字字体用 Impact，12 号。程序运行界面如图 10.14 所示。

图 10.14　例 10.10 程序运行界面

程序代码如下：

```
Public Class Form1
    Private Sub Button1_Click(sender As Object, e As EventArgs) Handles Button1.Click
        Dim s As String = "电话 12345678 转 888 手机 18866666666 QQ 987654"
        Dim f1 As Font = New Font("宋体", 16)
        Dim f2 As Font = New Font("Impact", 12)
        Dim arr = Split(s, " ")
        Dim x As Integer = 20
        Dim g As Graphics = Me.CreateGraphics()
        For i As Integer = 0 To arr.Length - 1
            Dim f As Font
            If (i Mod 2 = 0) Then f = f1 Else f = f2
            g.DrawString(arr(i), f, Brushes.Black, New PointF(x, 30))
            x += g.MeasureString(arr(i), f).Width
        Next
        g.Dispose()
    End Sub
End Class
```

**例 10.11** 在画布上竖向输出"我要学编程"，蓝色、黑体、16 号。程序运行界面如图 10.15 所示。

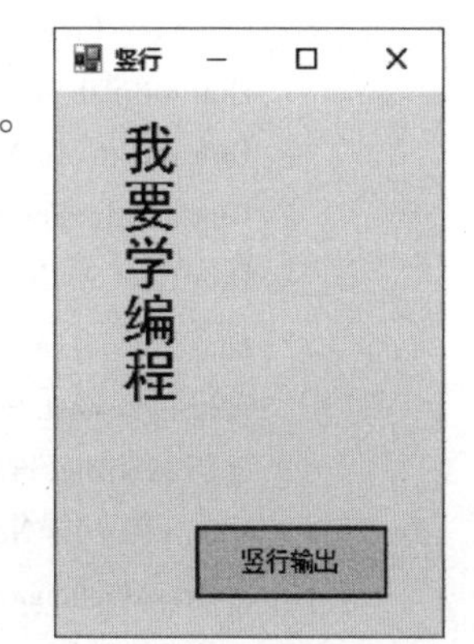


图 10.15　例 10.11 程序运行界面

程序代码如下：

```
Public Class Form1
  Private Sub Button1_Click(sender As Object, e As EventArgs) _
            Handles Button1.Click
      Dim g As Graphics = Me.CreateGraphics
      Dim mBrush As New SolidBrush(Color.Blue)
      Dim mFont As New Font("黑体", 20)
      g.DrawString("我要学编程", mFont, mBrush, New Point(30, 10), _
            New StringFormat(StringFormatFlags.DirectionVertical))
```

```
    End Sub
End Class
```

**例 10.12** 在画布上输出一个矩形框,并在矩形框内输出成绩单,用 Tab 键分隔。程序运行界面如图 10.16 所示。

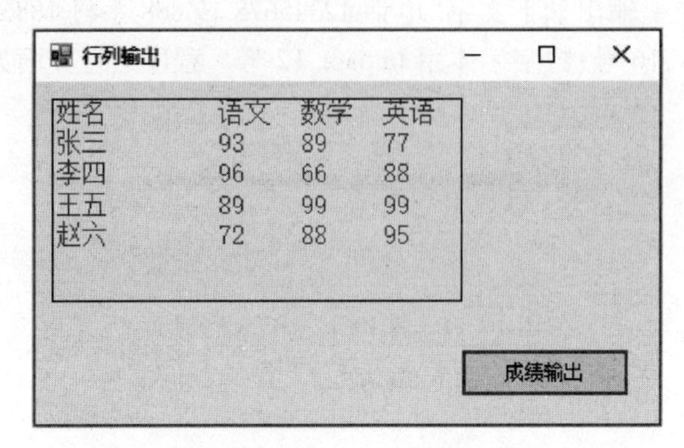


图 10.16 例 10.12 程序运行界面

程序代码如下:

```
Public Class Form1
    Private Sub Button1_Click(sender As Object, e As EventArgs) Handles Button1. Click
        Dim g As Graphics = Me. CreateGraphics
        Dim mText As String = "姓名"+ ControlChars. Tab + "语文" + ControlChars. Tab + _
                                    "数学" + ControlChars. Tab + "英语" + Chr(10)
        mText = mText +"张三" + ControlChars. Tab + "93" + ControlChars. Tab + "89" + _
                ControlChars. Tab + "77" + Chr(10)
        mText = mText +"李四" + ControlChars. Tab + "96" + ControlChars. Tab + "66" + _
                ControlChars. Tab + "88" + Chr(10)
        mText = mText +"王五" + ControlChars. Tab + "89" + ControlChars. Tab + "99" + _
                ControlChars. Tab + "99" + Chr(10)
        mText = mText +"赵六" + ControlChars. Tab + "72" + ControlChars. Tab + "88" + _
                ControlChars. Tab + "95" + Chr(10)
        Dim mBrush As New SolidBrush(Color. Red)
        Dim mFont As New Font("宋体", 12)
        Dim mStringFormat As New StringFormat
        Dim Rect As New Rectangle(10, 10, 250, 120)
        Dim Tabs() As Single = {100, 50, 50}        '设置每个 Tab 的间隔距离
        mStringFormat. SetTabStops(0, Tabs)
        g. DrawString(mText, mFont, mBrush, RectangleF. op_Implicit(Rect), mStringFormat)
        Dim mPen As New Pen(Color. Black)
        g. DrawRectangle(mPen, Rect)
        g. Dispose() : mPen. Dispose() : mBrush. Dispose() : mFont. Dispose()
    End Sub
End Class
```

# 10.4 绘制函数图形

## 10.4.1 绘制一元一次函数图形

**例 10.13** 在画布上绘制坐标系,在 $X$ 轴-100~100 范围内绘制一元一次函数 $y=2x+15$ 的图形,如图 10.17 所示。

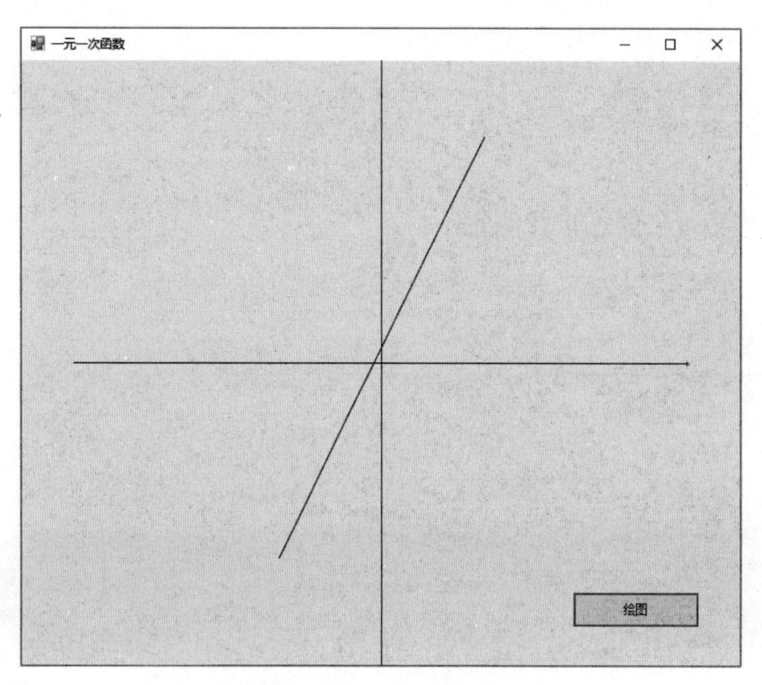


图 10.17 例 10.13 程序运行界面

程序代码如下:

```
Public Class Form1
    Private Sub Button1_Click( sender As Object, e As EventArgs) Handles Button1. Click
        Dim g As Graphics = Me. CreateGraphics
        g. SmoothingMode = Drawing2D. SmoothingMode. AntiAlias '消除锯齿
        g. TranslateTransform( 0, Me. ClientRectangle. Height)
                                        '平移变换,将 Y 坐标下移 Form 的高度
        g. ScaleTransform( 1, -1), '缩放变换,Y 坐标缩放比例为-1,以完成 Y 的反向
        g. TranslateTransform( Me. ClientSize. Width / 2, Me. ClientSize. Height / 2)
                                                    '把坐标原点放在(0,60)
        Dim pen1 As Pen
        Dim Mypen As Pen
        Dim mBrush As New SolidBrush( Color. Black)
        Dim mFont As New Font( "宋体", 10)
        pen1 =New Pen( Color. Black, 1)
        Mypen =New Pen( Color. Black, 1)
        Mypen. EndCap = Drawing2D. LineCap. ArrowAnchor
```

```
        g.DrawLine(Mypen, -300, 0, 300, 0)
        g.DrawLine(Mypen, 0, -300, 0, 300)
        Dim x1, x2, y1, y2 As Integer
        x1 = -100
        y1 = x1 * 2 + 15 '起点坐标
        x2 = 100
        y2 = x2 * 2 + 15 '终点坐标
        g.DrawLine(pen1, x1, y1, x2, y2)
        g.Dispose() : pen1.Dispose() : Mypen.Dispose() : mFont.Dispose() : mBrush.Dispose()
    End Sub
End Class
```

## 10.4.2 绘制一元二次函数图形

**例 10.14** 在画布上绘制坐标系，在 *X* 轴-15～15 范围内绘制一元二次函数 $y=x^2/5-30$ 的图形，如图 10.18 所示。

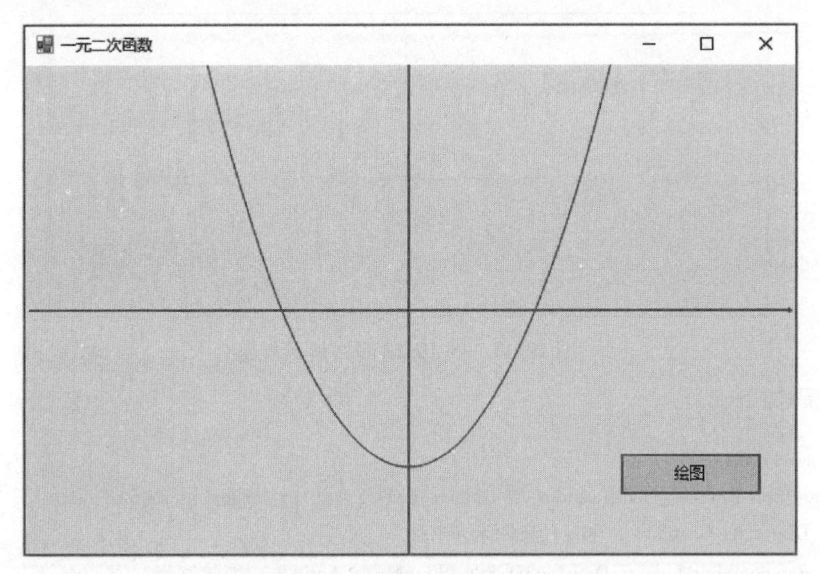


图 10.18 例 10.14 程序运行界面

程序代码如下：

```
Public Class Form1
    Private Sub Button1_Click(sender As Object, e As EventArgs) Handles Button1.Click
        Dim g As Graphics = Me.CreateGraphics
        g.SmoothingMode = Drawing2D.SmoothingMode.AntiAlias '消除锯齿
        g.TranslateTransform(0,Me.ClientRectangle.Height)
                                                '平移变换，将 Y 坐标下移 Form 的高度
        g.ScaleTransform(1, -1)       '缩放变换，Y 坐标缩放比例为-1，以完成 Y 的反向
        g.TranslateTransform(Me.ClientSize.Width / 2, Me.ClientSize.Height / 2)
                                                '把坐标原点放在(0,60)
```

```
        Dim Mypen As Pen
        Dim mBrush As New SolidBrush(Color.Black)
        Dim mFont As New Font("宋体", 10)
        Mypen =New Pen(Color.Black, 1)
        Mypen.EndCap = Drawing2D.LineCap.ArrowAnchor
        g.DrawLine(Mypen, -300, 0, 300, 0)
        g.DrawLine(Mypen, 0, -300, 0, 300)
        Dim x, y, i As Integer
        Dim PS(60) As Point
        For i = 0 To 600
            PS(i).X =9 * ( i - 300)
            PS(i).Y =( i - 300) * ( i - 300) - 120
        Next
        g.DrawCurve(Pens.Red, PS)
        g.Dispose() : Mypen.Dispose()
    End Sub
End Class
```

## 10.4.3 绘制三角函数图形

**例 10.15** 在画布上绘制坐标系，并绘制 $y=\sin(x)$ 的三角函数曲线，如图 10.19 所示。

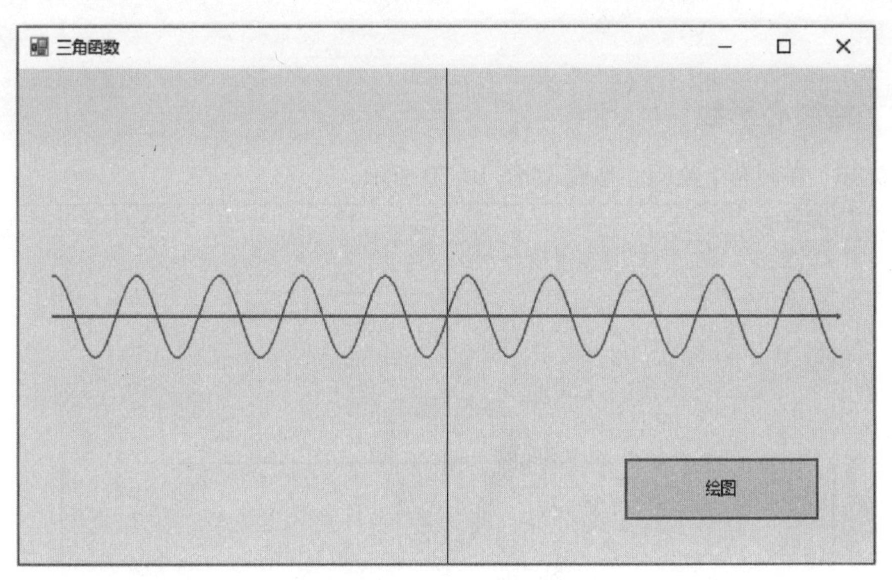


图 10.19 例 10.15 程序运行界面

程序代码如下：

```
Public Class Form1
    Private Sub Button1_Click(sender As Object, e As EventArgs) Handles Button1.Click
        Dim g As Graphics = Me.CreateGraphics
        g.SmoothingMode = Drawing2D.SmoothingMode.AntiAlias '消除锯齿
        g.TranslateTransform(0,Me.ClientRectangle.Height)
```

```
                                        '平移变换,将 Y 坐标下移 Form 的高度
        g.ScaleTransform(1, -1)        '缩放变换,Y 坐标缩放比例为-1,以完成 Y 的反向
        g.TranslateTransform(Me.ClientSize.Width / 2, Me.ClientSize.Height / 2)
                                        '把坐标原点放在(0,60)
        Dim pen1 As Pen
        Dim Mypen As Pen
        Dim mBrush As New SolidBrush(Color.Black)
        Dim mFont As New Font("宋体", 10)
        Mypen =New Pen(Color.Black, 1)
        Mypen.EndCap = Drawing2D.LineCap.ArrowAnchor
        g.DrawLine(Mypen, -300, 0, 300, 0)
        g.DrawLine(Mypen, 0, -300, 0, 300)
        Dim x, y, i As Integer
        Dim PS(600) As Point
        For i = 0 To 600
            PS(i).X = i - 300
            PS(i).Y = 30 * Math.Sin((i - 300) / 10)
        Next i
        g.DrawCurve(Pens.Red, PS)
        g.Dispose() : Mypen.Dispose()
    End Sub
End Class
```

### 10.4.4 绘制心形线

**例 10.16** 在画布上绘制心形线,如图 10.20 所示。

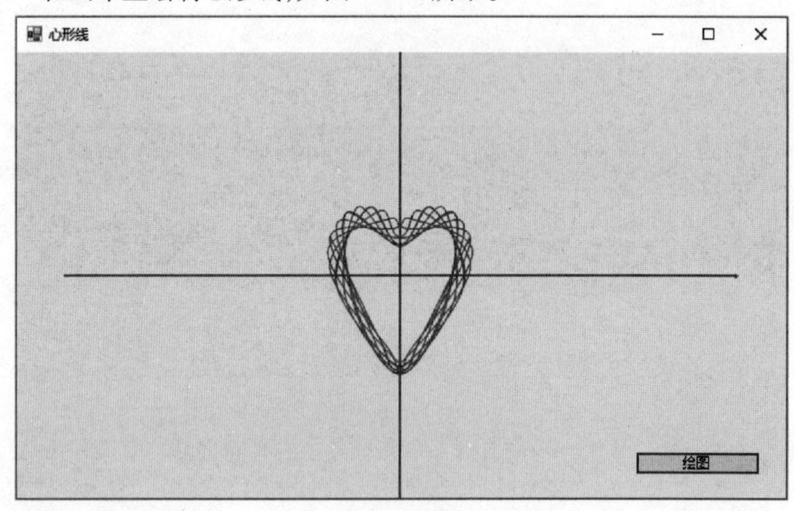


图 10.20 例 10.16 程序运行界面

程序代码:

```
Public Class Form1
    Private Sub Button1_Click(sender As Object, e As EventArgs) Handles Button1.Click
```

```
        Dim g As Graphics = Me. CreateGraphics
        g. SmoothingMode = Drawing2D. SmoothingMode. AntiAlias  '消除锯齿
        g. TranslateTransform(0,Me. ClientRectangle. Height)
                                  '平移变换,将 Y 坐标下移 Form 的高度
        g. ScaleTransform(1, -1)    '缩放变换,Y 坐标缩放比例为-1,以完成 Y 的反向
        g. TranslateTransform(Me. ClientSize. Width / 2, Me. ClientSize. Height / 2)
                                        '把坐标原点放在(0,60)
        Dim pen1 As Pen
        Dim Mypen As Pen
        Dim mBrush As New SolidBrush(Color. Black)
        Dim mFont As New Font("宋体", 10)
        Mypen =New Pen(Color. Black, 1)
        Mypen. EndCap = Drawing2D. LineCap. ArrowAnchor
        g. DrawLine(Mypen, -300, 0, 300, 0)
        g. DrawLine(Mypen, 0, -300, 0, 300)
        Dim x, y, i As Integer
        Dim PS(60) As Point
        For i = 0 To 60
            PS(i). X =64 * (Math. Sin(i - 30)) ^ 3
            PS(i). Y =5 * (13 * Math. Cos(i- 30) - 5 * Math. Cos(2 * (i - 30))- _
                                  2 * Math. Cos(3 * (i - 30)) - Math. Cos(4 * (i - 30)))
        Next i
        g. DrawCurve(Pens. Red, PS)
        g. Dispose() : Mypen. Dispose()
    End Sub
End Class
```

## 习 题

### 一、填空题

1. ________类,可用于绘制线条、勾勒形状轮廓或呈现其他几何表示形式;________类,用于填充图形区域,如实心形状、图像或文本。

2. 当使用完画布对象 g 后,应该释放该画布对象的内存空间。格式为________。

3. GDI+使用________表示一个点,使用________表示一个尺寸。

4. 坐标系从 X 正向按顺时针旋转 15°,代码为 g. ________。

5. 绘制直线的代码是 g. ________,绘制矩形的代码是 g. ________,绘制椭圆的代码是 g. ________。

6. ________使用纯色填充区域,________使用图像(通常是位图)填充区域。

7. 补全定义字体的代码:Dim mFont As New ________("楷体", 24)。

### 二、选择题

1. 要声明一个画布对象 g,应使用语句 Dim g As (　　)。

   A. Picture　　B. Image　　C. Graphics　　D. Draw

2. Dim myRect1 As New Rectangle(20, 30, 40, 50) ,下面注释正确的是(　　)。

A. 定义左上角(20, 30)、宽 40、高 50 的矩形

B. 定义左上角(40, 50)、宽 20、高 30 的矩形

C. 定义右上角(20, 30)、宽 40、高 50 的矩形

D. 定义右上角(40, 50)、宽 20、高 30 的矩形

3. 下面哪一项不是 GDI+提供的服务?(　　)。

A. 二维矢量图形　　B. 音频处理　　C. 图像处理　　D. 文字显示

4. g. DrawPie(myPen, 0, 100, 100, 100, -30, 45),下面注释正确的是(　　)。

A. 绘制起始角为-30°、逆时针扫过45°的扇形

B. 绘制起始角为 30°、逆时针扫过 45°的扇形

C. 绘制起始角为-30°、顺时针扫过45°的扇形

D. 绘制起始角为 30°、顺时针扫过 45°的扇形

5. 在 VB. NET 中,Pen 类通过使用 Drawing2D. LineJoin 枚举值来实现线段的连接形状,有 4 种不同的枚举值,下列哪个不是枚举值?(　　)

A. Miter　　B. Bevel　　C. Square　　D. MiterClipped

6. 绘制多边形应使用以下哪个绘图方法?(　　)

A. g. DrawPie　　B. g. DrawArc　　C. g. DrawPolygon　　D. g. DrawEllipse

## 三、简答题

1. 简述画图和书写步骤。

2. 构造画布的常用控件有哪些? 写出构建画布的语句。

3. 简述并举例说明画布坐标系的变换方法。

4. 简述并举例说明如何绘制箭头线段。

5. 字体对象可以定义哪几个参数?

6. 常用的画刷有哪几种? 需要引入什么命名空间?

7. 常用的填充方法有哪几种? 按方法调用格式能归成几类?

## 四、编程题

1. 用 DrawClosedCurve 方法绘制由正五边形的 5 个顶点构成的封闭曲线,如图 10.21 所示。

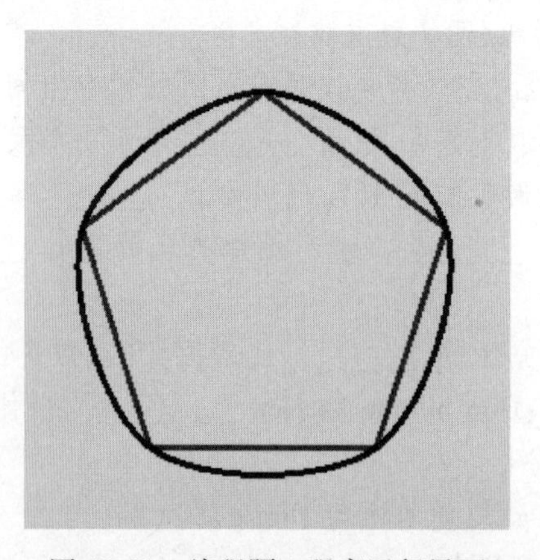

图 10.21　编程题 1 程序运行界面

2. 单击 Button1 按钮之后在窗体上显示系统图标 SystemIcons. Error，如图 10. 22 所示。

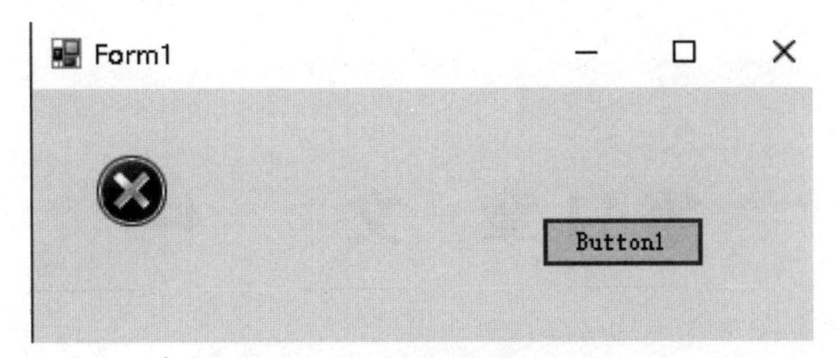


图 10. 22　编程题 2 程序运行界面

# 第11章　文　　件

传统的文件操作(选择文件、打开文件、读写文件)要占用程序员大量的时间,特别是在Windows环境下,应用程序必须为用户提供界面友好的对话框。

VB. NET的一个基本原则是尽量缩短用户编程时进行有关文件操作的时间,它给用户提供了很多应用程序所必需的访问硬盘上数据的能力。

## 11.1　概述

使用计算机离不开对文件的操作。所谓文件,一般是指存储在外部介质(如磁盘)上的数据的集合。每个文件都有一个文件名,用户和系统都通过文件名对文件进行访问。

从根本上说,文件本身除了一系列定位在磁盘上的相关字节外,并不存在其他内容。但是,我们可以从不同的角度对文件进行分类。文件从内容上区分,可分为程序文件和数据文件;从存储信息的编码方式上区分,可分为ASCII文件、二进制文件等。

本章讨论的主要是数据文件。数据文件存储的是程序运行时所用到的数据。在实际应用中,经常涉及需要重复使用的大量数据,在这种情况下,如果每次都从键盘输入,一方面造成一定的人力、物力浪费,另一方面也增加了出错的可能性。解决这种问题的常用方法是,把待输入的大量数据预先准确无误地以文件的形式存储到磁盘上,需要用到数据时,从文件中读出即可。同样,也可把程序的运行结果存到磁盘上,这样既能长期保存数据又能做到数据共享。

VB. NET为用户提供了多种处理文件的方法,具有较强的文件处理能力。在VB. NET中,文件按照存取访问方式,分为顺序文件、随机文件和二进制文件。应用程序访问一个文件时,应根据文件包含的数据类型确定合适的访问类型。

## 11.2　文件操作语句与函数

### 11.2.1　文件指针

文件被打开后,自动生成一个文件指针,文件的读写就从这个指针所指位置开始。用Append方式打开一个文件时,文件指针指向文件的末尾,用其他方式打开文件时,文件指针都指向文件的开头。完成一次读写操作后,文件指针自动移动到下一个读写操作的起始位置,移动量的大小由Open语句和读写语句中的参数共同决定。对于随机文件来说,其文件指针的最小移动单位是一个记录的长度，对于顺序文件来说，文件指针移动的长度与它所读写的字符串的长度相同。在 VB. NET 中，与文件指针有关的语句和函数是 Seek。

文件指针的定位通过 Seek 语句实现，格式为：

```
Seek #文件号, 位置
```

Seek 语句设置文件中下一个读写的位置。"文件号"可以是 1～511 范围内的任一个整数。当打开文件后，在内存中就开辟了一个文件缓冲区，可以理解为缓冲区号就是文件号。在程序中，该文件号就代表文件名，直到此文件关闭后，系统收回缓冲区，这种联系才不复存在。"位置"是一个数值表达式，用来指定下一个要读写的位置，其值在 $1 \sim 2^{31}-1$ 范围内。

与 Seek 语句配合使用的是 Seek 函数，格式为：

```
m=Seek(文件号)
```

该函数返回文件指针的当前位置。Seek 函数返回的值在 $1 \sim 2^{31}-1$ 范围内。

### 11.2.2 相关语句和函数

(1) ChDrive 语句。

格式：ChDrive drive

功能：改变当前驱动器。

说明：如果 drive 为""，则当前驱动器将不会改变；如果 drive 中有多个字符，则 ChDrive 只会使用首字母。

(2) MkDir 语句。

格式：MkDir path

功能：创建一个新的目录。

(3) ChDir 语句。

格式：ChDir path

功能：改变当前目录。

示例：ChDir "D:\TMP"

(4) RmDir 语句。

格式：RmDir path

功能：删除一个存在的目录。

说明：只能删除空目录。

(5) FreeFile 函数。

功能：得到一个在程序中没有使用的文件号。

(6) Loc 函数

格式：Loc(文件号)

功能：返回由"文件号"指定的文件的当前读写位置。

(7)EOF 函数。

格式：EOF(文件号)

功能：用于测试指定文件的当前读写位置是否位于文件结尾。位于文件结尾则函数值为

True,不位于文件结尾函数值为 False。在数据读取时经常使用该函数测试是否已经无数据可读或者是否已经读到文件结尾,以免出错。

(8)LOF 函数。

格式:LOF(文件号)

功能:返回由“文件号”指定的文件的长度(以字节为单位)。

(9)FileLen 函数。

格式:FileLen(FileName)

功能:返回一个 Long,代表一个文件的长度,单位是字节。

(10) CurDir 函数。

格式:CurDir[(drive)]

功能:利用 CurDir 函数可以确定任一个驱动器的当前目录。

说明:若 drive 为" ",则 CurDir 返回当前驱动器的当前目录。

(11) GetAttr 函数。

格式:GetAttr(FileName)

功能:返回代表一个文件、目录或文件夹的属性的整型数据。GetAttr 返回的值及代表的含义如表 11.1 所示。它可以是所列常量中的一个或者多个之和。

(12) FileDateTime 函数。

格式:FileDateTime(FileName)

功能:返回一个 Variant (Date),此值为一个文件被创建或最后修改后的日期和时间。

**表 11.1 GetAttr 返回的值及含义**

| 枚举常量 | 数值 | 描　述 |
|---|---|---|
| Normal | 0 | 常规 |
| ReadOnly | 1 | 只读 |
| Hidden | 2 | 隐藏 |
| System | 4 | 系统文件 |
| Directory | 16 | 目录或文件夹 |
| Archive | 32 | 上次备份以后文件已经改变 |
| Alias | 64 | 指定的文件名是别名 |

文件的删除、复制、移动、改名等在 VB. NET 中也可以通过相应的语句实现。

### 1. 删除文件

删除文件可使用 Kill 语句,格式为:

```
Kill 文件名
```

用该语句可以删除指定的文件,其中“文件名”可以包含路径,可以使用通配符“*”和“?”。例如:

```
Kill “*.txt”
```

### 2. 复制文件

复制文件可以使用 FileCopy 语句,格式为:

```
FileCopy 源文件名,目标文件名
```

使用 FileCopy 语句可以把源文件复制到目标文件中,复制后两个文件的内容完全一样。注意,FileCopy 语句不能复制一个已打开的文件。例如:

```
FileCopy"C:\a.doc","D:\b.doc"
```

VB.NET 没有提供移动文件的语句。要实现文件移动,可以把 Kill 语句和 FileCopy 语句结合使用:先用 FileCopy 语句复制文件,然后用 Kill 语句将源文件删除。

### 3. 文件(目录)重命名

用 Name 语句可以对文件或目录重命名,格式为:

```
Name 原文件名 As 新文件名
```

示例:Name "a.doc" As "b.doc"

需要注意的是,Name 语句不能使用通配符"*"和"?",不能对一个已打开的文件使用 Name 语句。

# 11.3 文件的打开与关闭

## 11.3.1 打开文件

使用文件里的数据之前首先要打开文件。打开顺序文件、随机文件和二进制文件三种类型的文件都使用 FileOpen 语句。格式如下:

```
FileOpen(FileNumber As Integer , FileName As String, Mode As OpenMode,[Access As OpenAccess],[Share As OpenShare],[RecordLength As Integer])
```

说明:

(1)FileNumber 用于指定文件号。该文件号代表打开的具体文件。一般为整型常量,也可以使用 FreeFile 函数返回一个没有被占用的文件号。

(2)FileName 指定要打开的文件名。为一个字符串,包括文件所在的驱动器和文件夹等路径信息。文件名也要完整的信息,包括主文件名和扩展文件名等。省略路径时表示打开当前文件夹中的文件。

(3)Mode 为 OpenMode 枚举类型常量,具体见表 11.12。

**表 11.2 OpenMode 枚举类型常量**

| 数值 | 枚举常量 | 说　明 |
| --- | --- | --- |
| 0 | Iuput | 为进行读操作而打开文件(顺序文件),如果文件不存在则会出错 |
| 1 | Output | 为进行写操作而打开文件(顺序文件),如果文件不存在则创建新文件;如果文件存在,会覆盖原有文件的内容 |

（续）

| 数值 | 枚举常量 | 说　明 |
|---|---|---|
| 4 | Random | 为进行随机访问而打开文件(随机文件) |
| 8 | Append | 默认值,为进行写操作而打开文件(顺序文件)。如果文件不存在则创建新文件;如果文件存在,写入的数据追加到文件末尾,不会覆盖原有文件的内容 |
| 32 | Binary | 为进行二进制访问而打开文件(二进制文件) |

以 Iuput、Output、Append 模式打开的是顺序文件。以 Random 模式打开的是随机文件。以 Binary 模式打开的是二进制文件。

(4)Access 是 OpenAccess 枚举类型常量,为可选参数,具体见表 11.3。

**表 11.3　OpenAccess 枚举类型常量**

| 数值 | 枚举常量 | 说　明 |
|---|---|---|
| 0 | Default | 允许读写(默认值) |
| 1 | Read | 允许读 |
| 2 | ReadWrite | 允许读写 |
| 3 | Write | 允许写 |

(5)Share 为 OpenShare 枚举类型常量,用于指定打开的文件是否允许其他进程同时进行操作,具体见表 11.4。

**表 11.4　OpenShare 枚举类型常量**

| 数值 | 枚举常量 | 说　明 |
|---|---|---|
| 1 | Default | 默认值,其他进程无法读取或写入文件 |
| 2 | Shared | 其他进程可以读取或写入文件 |
| 3 | LockRead | 其他进程无法读取文件 |
| 4 | LockReadWrite | 其他进程无法读取或写入文件 |
| 5 | LockWrite | 其他进程无法写入文件 |

(6)RecordLength 对于随机访问模式打开的文件用于指定记录的长度,对于顺序文件是指缓冲区的字节数。其为可选参数,取值不大于 32 767。

打开文件示例:

```
FileOpen(1,"c:\MyTest.txt", OpenMode.Output)          '如该文件不存在,将创建该文件
```

## 11.3.2　关闭文件

格式:FileClose(<文件号>[,<文件号>]…])

功能:用来关闭一个已打开的与“文件号”相联系的那个文件。

示例:FileClose(1)

表示关闭文件号为 1 的文件。

文件被关闭之后,释放占用的系统资源,使用的文件号会被释放,可以供再次打开其他文件时使用。

# 11.4 顺序文件

顺序文件用于处理一般的文本文件,它是标准的ASCII文件。顺序文件中各数据的写入顺序、在文件中的存放顺序和从文件中的读出顺序三者是一致的,即先写入的数据放在最前面,也将最早被读出。如果要读出第50个数据项,也必须从第一个数据读起,读完前49个数据后才能读出第50个数据,不能直接跳转到指定的位置。顺序存取是顺序文件的特点也是它的缺点,顺序文件的优点是占用空间较少。通常在存储少量数据且对访问速度要求不太高时使用顺序文件。

顺序文件按行组织信息。每行由若干项组成,行的长度不固定,每行由回车换行符号结束。

顺序文件打开和关闭的方法前已述及。这里直接介绍顺序文件的读写操作。

## 11.4.1 顺序文件的写操作

创建一个新的顺序文件或向一个已存在的顺序文件中添加数据,都是通过写操作实现的。

1. Print 语句

有两种形式,基本格式为:

```
Print(FileNumber As Integer,ParamArray Output As Object())
PrintLine(FileNumber As Integer,ParamArray Output As Object())
```

它们都可以向文件写入数据。输出项可以是常量、变量、表达式。数据项以不定参数ParamArray的形式提供给参数Output。

顺序文件是文本文件,写入文件中以后都转换成字符形式。

Print和PrintLine的区别:Print写入数据后不写入回车换行符。而PrintLine则会自动写入回车换行符。

2. Write 语句

有两种形式,基本格式为:

```
Write(FileNumber As Integer,ParamArray Output As Object())
WrtieLine(FileNumber As Integer,ParamArray Output As Object())
```

Write与WrtieLine的区别:前者不会自动换行,后者会自动换行。

Write语句与Print语句的语法除了关键字不一样外格式完全相同。区别是输出的格式也不一样。Write语句输出到文件中的数据用逗号“,”分隔,且输出到文件中的数据会加上界定符。字符串数据加上双引号,日期型、逻辑型数据加“#”,数值数据的输出与Print语句相同。

**例11.1** 创建控制台程序,用PrintLine语句写入数据到文件,文件名为TEST1.doc。

```
Module Module1
    Sub Main()
        FileOpen(1,"D:\TEST1.doc", OpenMode.Output)
        PrintLine(1, 1, 2, 3)
```

```
        PrintLine(1,"We", "Are", "Student")
        FileClose(1)
    End Sub
End Module
```

用文本编辑器打开文件,查看文件内容。比如用记事本打开 D:\TEST1.doc,内容如图 11.1 所示。

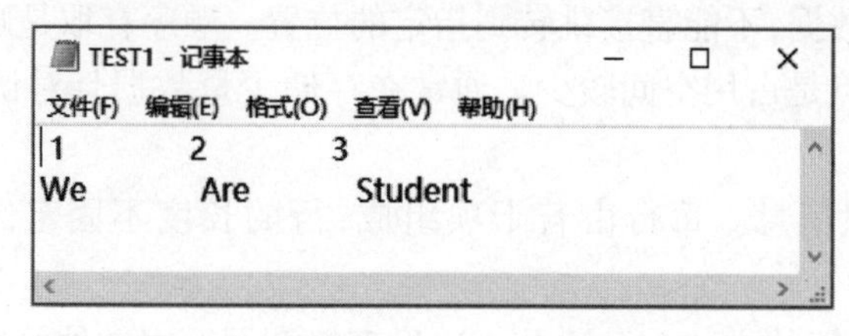


图 11.1 用 PrintLine 语句写入的文件内容

**例 11.2** 创建控制台程序,用 WriteLine 语句写入数据到文件,文件名为 TEST2.doc。

```
Module Module1
    Sub Main()
        FileOpen(1,"D:\TEST2.doc", OpenMode.Output)
        WriteLine(1, 1, 2, 3)
        WriteLine(1, "We", "Are", "Student")
        FileClose(1)
    End Sub
End Module
```

程序执行后写入的内容如图 11.2 所示。

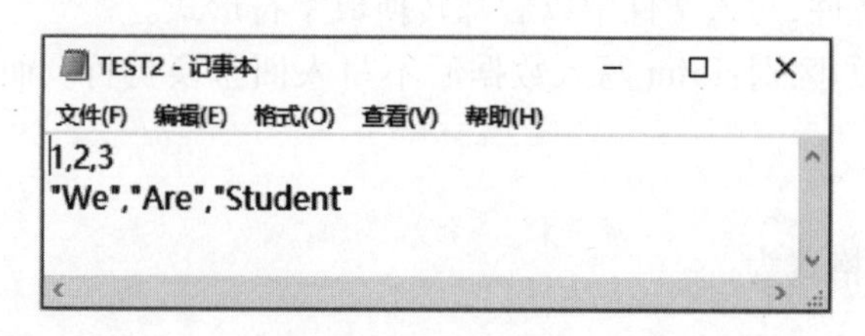


图 11.2 用 WriteLine 语句写入的文件内容

## 11.4.2 顺序文件的读操作

顺序文件的读操作,就是从已存在的顺序文件中读取数据。在读一个顺序文件时,首先要用 Input 方式将准备读的文件打开。VB.NET 提供的 Input 语句、LineInput 语句和 InputString 函数用于读取顺序文件的内容。

### 1. Input 语句

格式:Input(FileNumber As Integer,ByRef Value As Object)

说明:FileNumber 参数指定文件号,Input 从当前位置开始读入一个数据项,遇到分隔符、界定符结束。将读入的数据赋给 Value 参数。注意:Value 参数不能是数组名或者结构体名、对象名。

### 2. LineInput 语句

格式：LineInput(FileNumber As Integer) As String

说明：FileNumber 参数指定文件号，LineInput 从该文件的当前位置开始读入一行数据，遇到回车符与换行符结束。

该语句把一行中的所有的界定符、分隔符都作为字符串的组成部分，但不包括行末的回车符和换行符。

### 3. InputString 函数

格式：InputString (FileNumber As Integer,CharCount As Integer) As String

说明：FileNumber 参数指定文件号，InputString 从该文件读入 CharCount 参数指定个数的字符，函数值为一个字符串。该函数会读入所有的字符，包括行末的回车符和换行符。

**例 11.3** 创建窗体程序，添加文本框（设置多行属性）和 3 个按钮，用 3 种方法分别读文本文件 TEST1.txt 的内容到文本框中。运行程序观察结果。

```
Public Class Form1
'方法一:按数据项读
    Private Sub Button1_Click(sender As Object, e As EventArgs) Handles Button1.Click
        Dim s As String, k As Integer
        FileOpen(1,"D:\TEST1.txt", OpenMode.Input)
        Do While Not EOF(1)
            Input(1, s)
            k = k + 1
            TextBox1.Text = TextBox1.Text + s
            If k Mod 4 = 0 Then TextBox1.Text = TextBox1.Text + vbCrLf + vbCrLf
        Loop
        FileClose(1)
    End Sub
'方法二:按行读
    Private Sub Button2_Click(sender As Object, e As EventArgs) Handles Button2.Click
        FileOpen(1,"D:\TEST1.txt", OpenMode.Input)
        Do While Not EOF(1)
            TextBox1.Text = TextBox1.Text + LineInput(1) + vbCrLf + vbCrLf
        Loop
        FileClose(1)
    End Sub
'方法三:按字符读
    Private Sub Button3_Click(sender As Object, e As EventArgs) Handles Button3.Click
        FileOpen(1,"D:\TEST1.txt", OpenMode.Input)
        Do While Not EOF(1)
            TextBox1.Text = TextBox1.Text + InputString(1, 1)
        Loop
        FileClose(1)
    End Sub
End Class
```

## 11.5 随机文件

使用顺序文件有一个很大的缺点,就是它必须顺序访问,即使已知所要的数据在文件的末端,也要把前面的数据全部读完才能取得该数据。而随机文件则可直接快速访问文件中的任一条记录,它的缺点是占用空间较大。

随机文件由固定长度的记录组成,一条记录包含一个或多个字段。具有一个字段的记录对应于任意标准类型,如整数或者定长字符串。

具有多个字段的记录对应一个结构体类型。每个字段对应于结构体类型的一个数据成员。结构体类型的定义方法将在第12章讨论,这里不再赘述。

随机文件中的每个记录都有一个记录号,只要指出记录号,就可以对该文件同时进行读和写操作。如果一个新打开的文件不存在,则建立一个新文件。

随机文件的打开语句的格式:

```
FileOpen(FileNumber As Integer , FileName As String, Mode As OpenMode,[Access As OpenAccess],[Share As OpenShare], [RecordLength As Integer])
```

其中, Mode 参数应该选择 Random。RecordLength 参数也必须定义。用来指定读写操作时一条记录的长度(以字节为单位),使用结构体类型时,可以用 Len 函数计算结构体类型变量所占用的内存字节数作为记录长度。

### 11.5.1 随机文件的写操作

随机文件写操作使用 FilePut 语句。格式如下:

```
FilePut(FileNumber As Integer,Value As Object,RecordNumber As Long)
```

说明:该语句的作用是把数据作为指定记录写到文件中。其中:

(1)FileNumber 参数指定打开的文件号。

(2)RecordNumber 参数用于指定将数据写在几号记录上。记录号从1开始。如果还没有开始读写,则写在第一条记录上。如果该参数省略,则写在当前记录上。

(3)Value 参数值是要写入的数据。

**例 11.4** 建立一个随机文件,文件包含2个学生的学号、姓名和成绩信息。

首先定义结构体类型,添加一个新模块,并加入如下代码:

```
Module Module1
    Public Structure Student
        <VBFixedString(6)>Dim SNum As String
        <VBFixedString(10)>Dim Sname As String
        Dim score As Integer
    End Structure
End Module
```

然后,在窗体模块中编写数据写入随机文件代码,如下所示:

```
Public Class Form1
    Private Sub Button1_Click(sender As Object, e As EventArgs) Handles Button1.Click
        Dim st As Student
        FileOpen(1,"d:\student.dat", OpenMode.Random,,, Len(st))
        st.SNum = "100001"
        st.Sname = "李刚"
        st.score = 98
        FilePut(1, st, 1)
        st.SNum = "100002"
        st.Sname = "张然"
        st.score = 99
        FilePut(1, st, 2)
        FileClose(1)
    End Sub
End Class
```

### 11.5.2 随机文件的读操作

随机文件读操作使用 FileGet 语句。格式如下：

```
FileGet(FileNumber As Integer,ByRef Value As Object,RecordNumber As Long)
```

说明:该语句的作用是从文件中读取指定记录号的数据存到变量中。其中：

(1)FileNumber 参数指定打开的文件号。

(2)RecordNumber 参数用于指定读取几号记录的数据。记录号从 1 开始。如果该参数省略,则读取当前记录。

(3)Value 参数指定读取数据保存到哪个变量中。

**例 11.5** 读取例 11.4 中随机文件 student.dat 中的 2 号记录到文本框中显示,在窗体模块中添加如下代码：

```
Private Sub Button2_Click(sender As Object, e As EventArgs) Handles Button2.Click
    Dim st As Student
    FileOpen(1,"d:\student.dat", OpenMode.Random,,, Len(st))
    FileGet(1, st, 2)
    TextBox1.Text = st.SNum +"    " + st.Sname & "    " & st.score
    FileClose(1)
End Sub
```

## 11.6 二进制文件

二进制文件以二进制形式记录和存储任意类型的数据。与顺序文件和随机文件不同,二进制文件读写可以是任意字节数目的内容。大型软件生成的可执行文件都是二进制形式的。

二进制文件可以同时读写,如果文件不存在则创建新文件。

打开二进制文件时 Mode 参数选取 Binary。

### 11.6.1 二进制文件的写操作

与随机文件相同,二进制文件的写操作也使用 FilePut 语句。格式如下:

```
FilePut(FileNumber As Integer,Value As Object,RecordNumber As Long)
```

说明:该语句的作用是把数据作为指定记录写到文件中。其中:

(1) FileNumber 参数指定打开的文件号。

(2) RecordNumber 参数用于指定将数据写到文件的位置,从文件开头算起以字节为单位计算。如果该参数省略,则写在当前位置。

(3) Value 参数值是要写入的数据,可以是任何类型的表达式,也可以是数组、结构体类型等。

### 11.6.2 二进制文件的读操作

使用 FileGet 语句。格式如下:

```
FileGet(FileNumber As Integer,ByRef Value As Object,RecordNumber As Long)
```

说明:该语句的作用是从文件中读取数据存到变量中。其中:

(1) FileNumber 参数指定打开的文件号。

(2) RecordNumber 参数用于指定读取数据在文件中的位置。如果该参数省略,则从当前位置开始读。

(3) Value 参数是指定读取数据保存到哪个变量中。

读者可以将例 11.4 和例 11.5 中的 FileOpen(1,"d:\student.dat",OpenMode.Random,,,Len(st))修改为 FileOpen(1, "d:\student.dat", OpenMode. Binary,,, Len(st)),然后运行程序,观察运行结果。

顺序文件、随机文件、二进制文件都通过 FileOpen 打开。通过 Mode 参数的取值加以区别。关闭都是使用 FileClose 语句。顺序文件、随机文件、二进制文件是访问文件的方式或模式,而不是数据类型。只能说有的文件适合用顺序文件方式读写,有的文件适合用随机文件方式读写,有的文件适合用二进制文件方式进行读写。

此外,在 VB.NET 中与文件有关的类都集中在 VB.NET 的 System.IO 这个大类中,在此大类中我们可以看见很多以“File”开头的类名。下面简单介绍几个常用的类。

Directory:用于创建、移动、枚举目录和子目录的静态方法。

File:用于创建、复制、删除、移动和打开文件的静态方法,并协助创建 FileStream 对象。

FileInfo:提供创建、复制、删除、移动和打开文件的实例方法,并且帮助创建 FileStream 对象。

FileStream:与 Stream 对象配合,完成更多的文件操作。

## 11.7 文件示例

**例 11.6** 建立文件名为“stud1.txt”的顺序文件,内容来自文本框,每按一次回车键入一条记录,然后清除文本框中的内容,直到文本框内输入“END”字符串。

```
Public Class Form1
    Private Sub TextBox1_KeyPress(sender As Object, e As KeyPressEventArgs) Handles TextBox1.KeyPress
        Dim s As String
        If e.KeyChar = Chr(13) Then
            If TextBox1.Text = "End" Then
                FileClose(1)
                End
            Else
                s = TextBox1.Text
                Print(1, s)
                TextBox1.Clear()
            End If
        End If
    End Sub
    Private Sub Form1_Load(sender As Object, e As EventArgs) Handles Me.Load
        FileOpen(1,"d:\stud1.txt ", OpenMode.Output)
    End Sub
End Class
```

**例 11.7** 文件 file1. txt 中存放了 10 个无序的随机的两位正整数。从文件中读取数据并进行排序。排序后的数据写入 file2. txt。参考界面如图 11.3 所示。

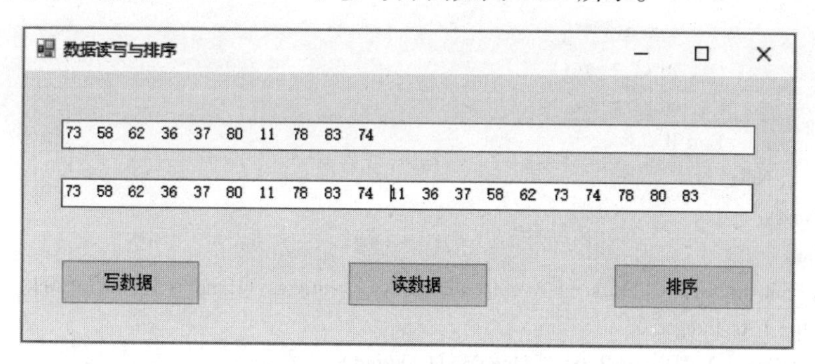


图 11.3 对文件中的数据进行排序

首先把文本文件 file1. txt 建立起来,内容为 10 个随机的两位正整数。数据在写入文件的同时在文本框 TextBox1 中显示。再从文件 file1. txt 中读取数据并进行排序。排序后的数据写入 file2. txt(同时在文本框 TextBox2 中显示,读者也可以通过记事本打开 file2. txt 进行验证)。

代码如下:

```
Public Class Form1
    Public a(9) As Integer
    Public b(9) As Integer
    Private Sub Button1_Click(sender As Object, e As EventArgs) Handles Button1.Click
        Dim i As Integer
        FileOpen(1,"D:\file1.txt", OpenMode.Output)
        For i = 0 To 9
            a(i) = Rnd() * 90 + 10
```

```
            Write(1, a(i))
            TextBox1.Text = TextBox1.Text & a(i) &"    "
        Next
        FileClose(1)
    End Sub
    Private Sub Button2_Click(sender As Object, e As EventArgs) Handles Button2.Click
        Dim i As Integer
        FileOpen(1,"D:\file1.txt", OpenMode.Input)
        Do While Not EOF(1)
            Input(1, b(i))
            TextBox2.Text = TextBox2.Text & b(i) & "    "
            i = i + 1
        Loop
        FileClose(1)
    End Sub
    Private Sub Sort1(ByRef a() As Integer)
        Dim i, j, t, n As Integer
        n = UBound(a)
        For i = 0 To n - 1
            For j = i + 1 To n
                If a(i) > a(j) Then
                    t = a(i)
                    a(i) = a(j)
                    a(j) = t
                End If
            Next
        Next
    End Sub
    Private Sub Button3_Click(sender As Object, e As EventArgs) Handles Button3.Click
        Dim I As Integer
        FileOpen(2,"D:\file2.txt", OpenMode.Output)
        Call Sort1(b)
        For I = 0 To 9
            TextBox2.Text = TextBox2.Text & b(I) &"    "
            Write(2, b(I))
        Next
        FileClose(2)
    End Sub
End Class
```

## 习　　题

### 一、选择题

1. 下面关于顺序文件的描述正确的是(　　)。

A. 每条记录的长度必须相同

B. 可通过编程对文件中的某条记录方便地修改

C. 数据只能以 ASCII 码形式存放在文件中,所以可通过文本编辑软件显示

D. 文件的组织结构复杂

2. 下面关于随机文件的描述不正确的是(　　)。

A. 每条记录的长度必须相同

B. 一个文件中记录号不必唯一

C. 可通过编程对文件中的某条记录方便地修改

D. 文件的组织结构比顺序文件复杂

3. 按文件的组织方式分有(　　)。

A. 顺序文件和随机文件　　B. ASCII 文件和二进制文件

C. 程序文件和数据文件　　D. 磁盘文件和打印文件

4. 下面关于顺序文件的描述正确的是(　　)。

A. 文件中按每条记录的记录号从小到大排序好

B. 文件中按每条记录的长度从小到大排序好

C. 文件中按记录的某关键数据项从大到小的顺序排序

D. 记录按进入的先后顺序存放,读出也是按原写入的先后顺序读

5. 下面关于随机文件的描述正确的是(　　)。

A. 文件中的内容是通过随机数产生的

B. 文件中的记录号通过随机数产生

C. 可对文件中的记录根据记录号随机读写

D. 文件的每条记录的长度是随机的

6. Kill 语句在 VB 语言中的功能是(　　)。

A. 清内存　　B. 清病毒　　C. 删除磁盘上的文件　　D. 清屏幕

7. 为了建立一个随机文件,其中每一条记录由多个不同数据类型的数据项组成,应使用(　　)。

A. 结构体类型　　B. 数组　　C. 字符串类型　　D. 变体类型

**二、填空题**

1. 根据访问模式,文件分成 ________ 、__________ 、__________ 。

2. 随机文件以 ________ 为单位读出。

3. 按文件号 1 建立一个顺序文件 SEQNEW. DAT,用于写入数据,语句为 __________ 。

4. 按文件号 2 打开顺序文件 SEQOLD. DAT,用于从该文件读出数据,语句为__________ 。

5. EOF 函数判断 ________ 是否到了文件结束标志,LOF 函数返回文件的________ 。

**三、编程题**

1. 通过键盘输入数据,将包括书名、书号、作者、出版社、价格等图书的信息输入一个顺序文件(Book. dat)中。

2. 求 1~100 范围内的所有的质数。质数的个数显示在窗体上,质数按照由小到大的顺序依次写入顺序文件。顺序文件名自定义。

3. 建立程序界面,内含一个文本框和一个按钮。在文本框中输入若干字符,单击按钮将文本框的内容保存到文件。文件名自定义。

# 第 12 章　类与结构体

VB. NET 全面支持面向对象的程序设计方法，提供了完备的类的功能。结构体是一种复杂的自定义数据类型，可以视为类的简化。在 VB. NET 中，执行的所有操作都是与对象相关联的，窗体、控件等都是对象。本章主要介绍类和对象的创建、继承、派生，以及接口与多态，也介绍结构体与类的异同。

## 12. 1　创建类和对象

### 12. 1. 1　定义类

类的定义以关键字 Class 开头，后跟类名称和类体，由 End Class 语句结束。以下是类定义的一般形式：

```
[ accessmodifier ]Class name [ ( Of typelist ) ]
    [ Inherits classname ]
    [ Implements interfacenames ]
    [ statements ]
End Class
```

**例 12. 1**　自定义一个日期类，并通过输入年月日的值进行输出。

```
Public Class mydate
    Public m_year, m_month, m_day As Integer
    Public Sub New(ByVal y As Integer, ByVal m As Integer, ByVal d As Integer)
        m_year = y
        m_month = m
        m_day = d
    End Sub
    Public Sub show()
        MsgBox(Str(m_year) +"-" + Str(m_month) + "-" + Str(m_day), _
            MsgBoxStyle.OkOnly, "日期")
    End Sub
End Class

Public Class Form1
```

```
    Private Sub Form1_Load(ByVal sender As System.Object, ByVal e As System.EventArgs) _
            Handles MyBase.Load
        Dim a As New mydate(2008, 5, 1)
        a.show()
    End Sub
End Class
```

运行结果如图 12.1 所示。

关键字 Class 前面的 accessmodifier（访问控制修饰符）指定类的作用域，即在何处可访问类中的成员。常用的访问控制修饰符包括 Public（公有）、Private（私有）和 Protected（保护），默认值为 Private。

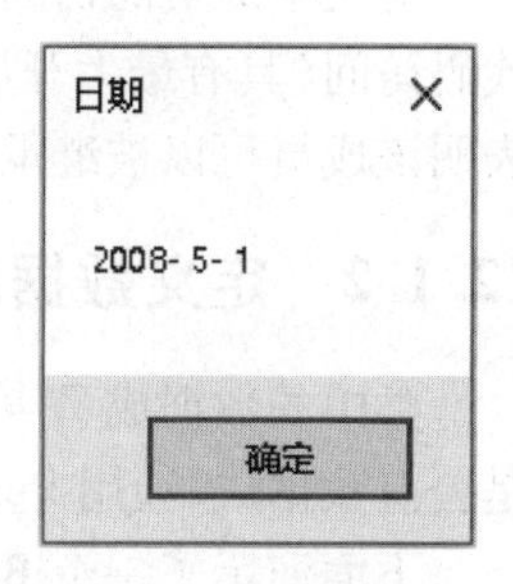

图 12.1　自定义日期类

- Public 表明同一项目中任意位置的代码都可以不受限制地存取这个类。
- Private 表明只能在此类中使用，外部无法存取。
- Protected 表明仅可以从该类内部及其派生类中访问该类。

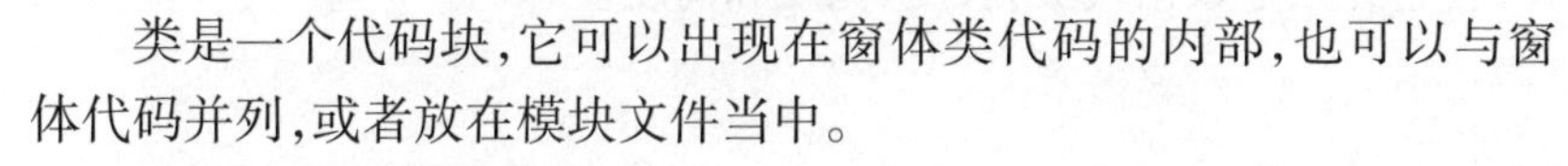

类是一个代码块，它可以出现在窗体类代码的内部，也可以与窗体代码并列，或者放在模块文件当中。

在窗体类的代码中定义类：

```
Public Class Form1
……
    Classmydate
    ……
    End Class
……
End Class
```

在模块的代码中定义类：

```
Module Module1
    Class mydate
    ……
    End Class
End Module
```

与窗体代码并列：

```
Public Class Form1
……
End Class
Class mydate
……
End Class
```

类的成员包括数据成员、属性、方法、事件以及构造函数和析构函数。

（1）数据成员。与对象或类有关联的成员变量。

(2)属性。描述对象状态的数据,具有 Get 和 Set 两个过程,分别用于获取和设置属性。

(3)方法。类和对象可执行的操作。

(4)事件。由类产生的通知,用于说明发生什么事情。

(5)构造函数。主要用来在创建对象时初始化对象,即为对象成员变量赋初始值,总与 New 运算符一起用在创建对象的语句中。

(6)析构函数。当对象所在的函数已调用完毕时,系统自动执行析构函数。

对类中成员的访问同样可以用前述访问控制修饰符指定:Public 表明该成员可以被所有代码访问(具有最大开放性),Private 表明该成员仅可以被声明它的类中的代码访问,Protected 表明该成员可以被继承类访问。

### 12.1.2 定义数据成员

类中的数据成员声明有两类:一类是私有数据成员,用 Private 或 Dim 关键字声明;另一类是公有数据成员,用 Public 关键字声明。

下面演示了一个 Box 类,它有三个数据成员:长度、宽度和高度。

```
Class Box
    Public length As Double      ' Length of a box
    Public breadth As Double     ' Breadth of a box
    Public height As Double      ' Height of a box
End Class
```

### 12.1.3 定义属性

在 VB.NET 中使用 Property 语句来创建属性,属性可以有返回值也可以赋值,分别使用 Get 语句和 Set 语句实现,格式如下:

```
[Public|Private|Protected][ReadOnly|WriteOnly]Property 属性名(参数列表)As 数据类型
    Get
    ……
    End Get
    Set(ByVal Value As 数据类型)
    ……
    End Set
End Property
```

**例 12.2** 为 student 类添加年龄属性,要求年龄在 8~18 岁之间。

程序代码:

```
Public Class Form1
    Public Class student
        Private m_Age As Integer
        Public Property Age() As Integer
            Get
                Return m_Age
```

```
            End Get
            Set(ByVal Value As Integer)
                If Value < 18 And Value > 8 Then
                    m_Age = Value
                End If
            End Set
        End Property
    End Class
End Class
```

ReadOnly 在属性声明中指示一个只读的属性(只有 Get 过程的属性),需要删除用于设置属性值的 Set 过程段代码;WriteOnly 在属性声明中指示一个只能写入的属性(只有 Set 过程的属性),需要删除用于读取属性值的 Get 过程段代码。

### 12.1.4 定义方法

自定义类中的方法就是声明 Sub 过程或 Function 过程。前者调用时无返回值,后者调用时必须返回一个值。

**例 12.3** 为 Box 类添加方法,用于计算底面积以及返回 Box 的体积。

程序代码:

```
Public Class Form1
    Class Box
        Public length As Double      '长
        Public breadth As Double     '宽
        Public height As Double      '高
        Public Sub Calculate()
            Dim Bottomarea As Double
            Bottomarea = length * breadth
            Console.WriteLine("底面积:" + CStr(Bottomarea))
        End Sub
        Public Function Volume() As Double
            Return (length * breadth * height)
        End Function
    End Class

    Private Sub Form1_Load(sender As Object, e As EventArgs) Handles MyBase.Load
        Dim box1 As New Box
        box1.length = 8
        box1.breadth = 9
        box1.height = 10
        box1.Calculate()
        Console.WriteLine("体积:" + CStr(box1.Volume))
    End Sub
End Class
```

在调试输出窗口可见运行结果,如图 12.2 所示。

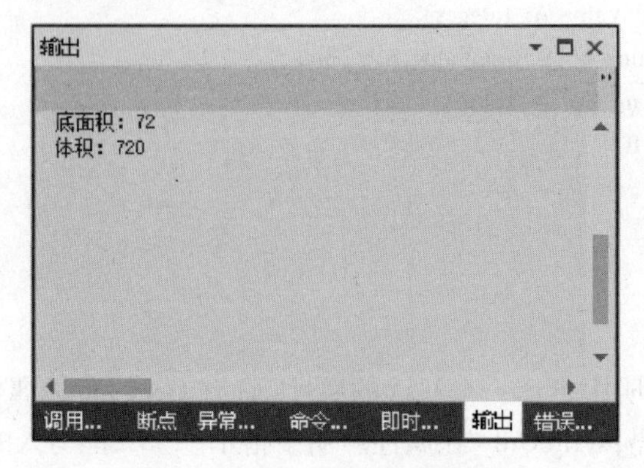


图 12.2 例 12.3 程序运行结果

### 12.1.5 定义事件

(1)事件是程序事先设定、能被对象认识和响应的动作。在类中使用 Event 语句声明类的事件,格式如下:

```
Public Event MyEvent(ByVal s As String)       '自定义事件
```

(2)声明事件后,使用 RaiseEvent 语句触发事件,格式如下:

```
RaiseEvent MyEvent(value)             '触发事件
```

(3)在使用事件的类中,首先需要声明事件对象,格式如下:

```
Private WithEvents mEvent As TestEvent       '声明事件对象
'处理事件函数。注意:函数名格式必须为“变量名_事件名”
Private Sub mEvent_MyEvent(ByVal V As Double, ByVal B As Double) Handles mEvent.MyEvent
    ......
End Sub
```

**例 12.4** 定义一个类 TestEvent,并为其添加一个事件 testEvent_Name,在窗体上放置一个按钮 Button1 和一个文本框 TextBox1,当单击按钮的时候,通过消息框和文本框中的内容,观察事件发生的过程。

程序代码:

```
Public Class Form1
    Public Class TestEvent
        Public Event testEvent_Name(ByVal testString As String)  '定义一个事件
        Public Sub testSub(ByVal testString1 As String)
            MsgBox("TestEvent 类的测试过程,传递进来的参数为: " & testString1)
            RaiseEvent testEvent_Name(testString1)   '引发事件函数
        End Sub
    End Class
```

```
    Public WithEvents testEvent1 As New TestEvent() 'WithEvents 在窗体上实例化对象
    '类的事件响应函数
    Private Sub testEvent1_testEvent_Name(testString As String) Handles testEvent1.testEvent_Name
        TextBox1.Text = ("事件发生:传递过来的参数:" & testString)
    End Sub
    '按钮的单击事件
    Private Sub Button1_Click(sender As Object, e As EventArgs) Handles Button1.Click
        testEvent1.testSub("南京农业大学")
    End Sub
End Class
```

运行结果如图 12.3 所示。

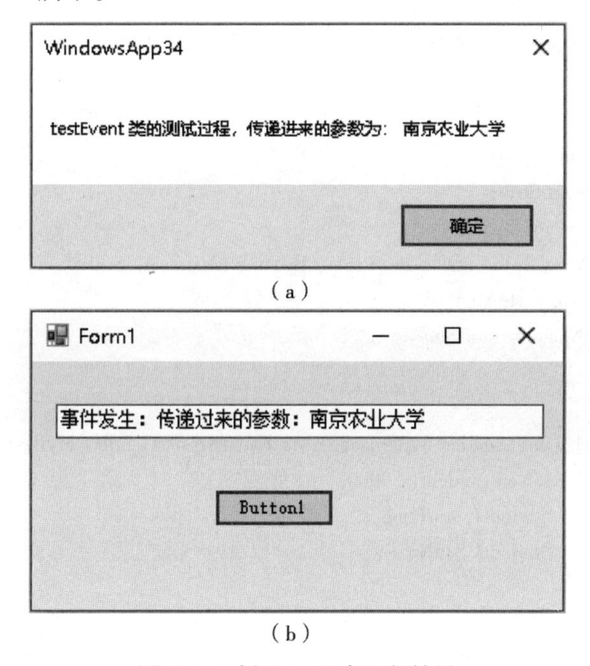


(a)

(b)

图 12.3　例 12.4 程序运行结果

## 12.1.6　定义构造函数和析构函数

### 1. 构造函数

构造函数主要用来在创建对象时完成对对象属性的一些初始化等操作，当创建对象时，对象会自动调用它的构造函数。

(1)构造函数的作用。一般来说，构造函数有以下 3 个方面的作用：

①给创建的对象建立一个标识符。

②为对象数据成员开辟内存空间。

③完成对象数据成员的初始化。

(2)构造函数的特点。构造函数有以下特点：

①在对象被创建时自动执行。

②构造函数的函数名与类名相同。

③没有返回值类型,也没有返回值。

④构造函数不能被显式调用。

**例 12.5** 声明一个 Student 类,在其实例化时,初始化学号和姓名两个数据成员,并在窗体的两个标签中输出。

程序代码:

```
'构造函数
    Public Sub New( ByVal stuNo As String, ByVal stuName As String)
        Me. StuNo = stuNo
        Me. StuName = stuName
    End Sub
'调用
Dim Student1 As New Student("00001",张三)
'类代码
Public Class Form1
    Public Class student
        Public stuNo As String
        Public stuName As String
        Public Sub New( ByVal stuNo As String, ByVal stuName As String)
            Me. StuNo = stuNo
            Me. StuName = stuName
        End Sub
    End Class
    Private Sub Form1_Load( sender As Object, e As EventArgs) Handles MyBase. Load
        Dim Student1 As New student("00001", "张三")
        Label1. Text = Student1. stuName
        Label2. Text = Student1. stuNo
    End Sub
End Class
```

运行结果如图 12.4 所示。

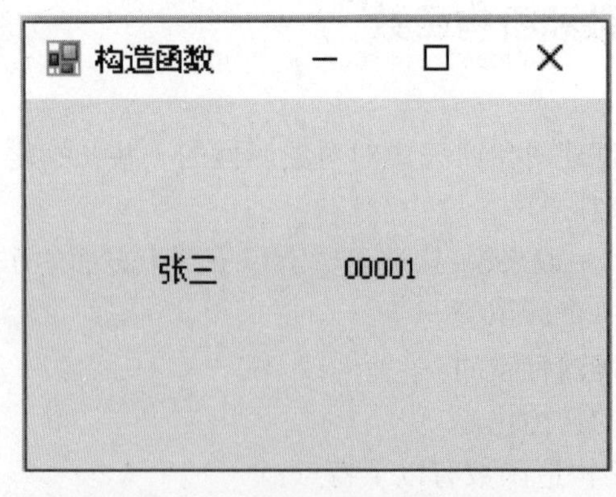


图 12.4 例 12.5 程序运行结果

在一个类中,当用户没有显式地去定义构造函数时,系统会为类生成一个默认的构造函数

（无参数的构造函数），称为默认构造函数，默认构造函数不能完成对对象数据成员的初始化，只能给对象创建一个标识符，并为对象中的数据成员开辟一定的内存空间。

```
Public Sub New( )
End Sub
```

2. 析构函数

析构函数与构造函数相反，当对象脱离其作用域时（例如对象所在的函数已调用完毕），系统自动执行析构函数。析构函数往往用来做“清理善后”的工作（例如在建立对象时用 New 关键字开辟了一片内存空间，应在退出前在析构函数中释放）。在 VB. NET 中使用名为 Finalize 的 Sub 过程作为析构函数。析构函数是一个受保护的过程，当对象的生命周期结束时，系统自动调用 Finalize 函数，并且只能调用一次。如定义 Student 类的析构函数为：

```
Sub Finalize( )
    StuNo = Nothing
    StuName = Nothing
End Sub
```

## 12.2 继承和派生

### 12.2.1 继承的概念

在代码编写时会发现，经常需要修改某个类中间的某个数据成员、属性、方法和事件，有时也会去增加一些特有的数据成员、属性、方法和事件，这个时候如果用复制粘贴的方法，会加大代码量，且使可读性降低。因此需要创建一个基于已有类的新类，原来的类称为基类或者父类，产生的新类称为派生类或者子类，派生类同样可以作为基类派生新的类，这样就可以建立一个具有共同特性的对象家族，实现代码的重用。

1. 基类

在继承关系中，被继承的类称为基类（或父类）。

2. 派生类

继承后产生的类称为派生类（或子类）。派生类继承并且可以重写基类的方法和属性，也可以向派生类增加新的成员。派生类主要有三个步骤：吸收基类的成员，调整基类的成员，添加新的成员。

### 12.2.2 继承的实现

在 VB. NET 中不允许多重继承，即派生类不能同时继承多个基类，但是允许深度地分级继承，即一个派生类可由另一个派生类继承而来。派生类的定义中要首先使用 Inherits 语句来继承父类，然后再加入子类代码，格式如下：

```
Public Class 父类名
……
End Class
Public Class 子类名
```

```
    Inherits 父类名
End Class
```

### 12.2.3 派生类的构造函数

派生类不能继承构造函数，因此，如果需要对派生类对象进行初始化，需要定义新的构造函数，且在派生类构造函数中，调用基类构造函数的语句必须放在第一行，并且只能占用一行。格式如下：

```
Public Sub New(派生类构造函数总参数列表)
    MyBase.New(基类构造函数参数列表)
    '派生类新增数据成员初始化代码
End Sub
```

如果基类构造函数不需要参数，通常调用 MyBase.New()。

**例 12.6** 设计一个 Person 类作为基类，一个 Student 类为其子类，如图 12.5 所示，在窗体 Form1 上，放置 5 个文本框，名称分别为 TextBox1 ~ TextBox5，通过运行程序在 5 个文本框中输出对应内容。

程序代码：

```
Public Class Form1
    Public Class Person '在窗体内定义 Person 类
        Public Name As String                          '声明数据成员
        Public BirthDate As Date
        Public Sub New(ByVal n As String, ByVal b As Date) '定义构造函数
            Name = n '为数据成员赋值
            BirthDate = b
        End Sub
    End Class
    Public Class Student '定义派生类 Student
        Inherits Person            '继承自 Person 类
        Public StuNo As String '增加新的数据成员
        Public StuDate As Date
        Public Sub New(ByVal n As String, ByVal b As Date, ByVal sn As String , ByVal sd As Date)
                                                                          '定义 New
            MyBase.New(n, b)  '调用基类的构造函数
            StuNo = sn           '为新成员赋值
            StuDate = sd
        End Sub
        Public Sub output() '定义方法计算入学年龄,并在文本框中输出
            Form1.TextBox1.Text = Name
            Form1.TextBox2.Text = Format(BirthDate,"yyyy/MM/dd").ToString
            Form1.TextBox3.Text = StuNo
            Form1.TextBox4.Text = Format(StuDate,"yyyy/MM/dd").ToString
```

```
            Form1. TextBox5. Text = (StuDate. Year - BirthDate. Year). ToString
        End Sub
    End Class
    Private Sub Form1_Load(sender As Object, e As EventArgs) Handles MyBase. Load
        Dim stu As New Student("张三", #12/13/2000#, "20190701011", #09/01/2019#)
                                                                    '创建 Student 类的对象
        stu. output()
    End Sub
End Class
```

运行结果如图 12. 5 所示。

图 12. 5　例 12. 6 程序运行结果

## 12. 3　接口

VB. NET 中由于不允许多重继承,所以如果要实现多个类的功能,则可以通过实现多个接口来实现。与类相似,接口可以包含方法、属性和事件。接口是一种约束形式,其中只包含成员定义,不包含成员实现的内容。

### 12. 3. 1　接口的定义

接口声明的方式与类声明的方式相似,但使用的关键字是 Interface,而不是 Class。接口可以出现在项目的不同位置。如果接口在一个类的内部定义,实现接口的类只能出现在这个类中;如果接口定义在类的外部、模块内部或模块外部,那么实现接口的类可以出现在项目的任何位置。接口定义格式如下:

```
[accessmodifier]Interface 接口名
    '成员声明部分
End Interface
```

### 12. 3. 2　接口的实现

在 VB. NET 中,调用接口用 Implements 关键字来实现,格式如下:

```
Public Class 类名
    Implements 接口名
……
End Class
```

**例 12.7** 设计一个手机总称的接口,包含颜色和内存两个成员,然后在不同类型的手机中实现它,并在窗体上放置两个文本框进行输出。

程序代码:

```
Public Class Form1
    Public Interface Mobile
        Property color( ) As String
        Property memory( ) As Long
        Sub OutputInfo( )
    End Interface
    Public Class M_Mobile
        Implements Mobile
        Dim m_color As String, m_memory As Long
        Public Property color( ) As String Implements Mobile. color
            Get
                Return m_color
            End Get
            Set( ByVal Value As String)
                m_color = Value
            End Set
        End Property
        Protected Overrides Sub Finalize( )
        End Sub
        Public Sub New( )
            m_color ="红色"
            m_memory = 128
        End Sub
        Public Property memory( ) As Long Implements Mobile. memory
            Get
                Return m_memory
            End Get
            Set( ByVal Value As Long)
                m_memory = memory
            End Set
        End Property
        Public Sub OutputInfo( ) Implements Mobile. OutputInfo
            Form1. TextBox1. Text = m_color
            Form1. TextBox2. Text = m_memory
        End Sub
    End Class
    Private Sub Form1_Load( sender As Object, e As EventArgs) Handles MyBase. Load
```

```
            Dim myMobile As New M_Mobile
            myMobile. OutputInfo( )
        End Sub
    End Class
```

运行结果如图 12. 6 所示。

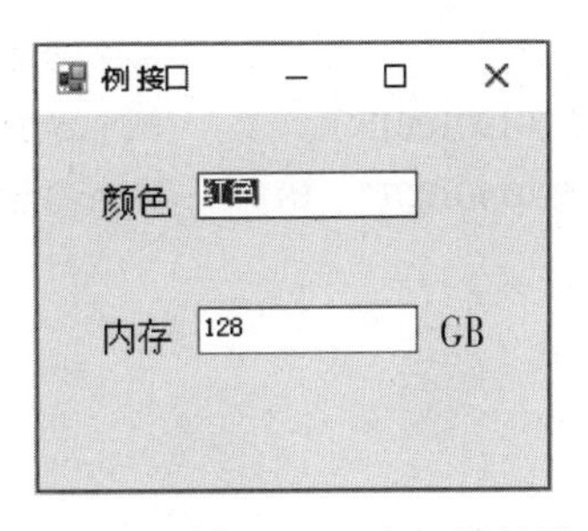

图 12. 6　例 12. 7 程序运行结果

## 12. 4　多态

多态是指同一个对象(事物),在不同时刻体现出来的不同状态。父类或接口定义的引用变量可以指向子类或具体实现类的实例对象。其优点是提高了程序的扩展性、灵活性、简化性,弊端是当父类引用指向子类对象时,虽提高了扩展性,但只能访问父类中具备的方法,不可访问子类中的方法,即访问的局限性。多态性分为两类:重载和覆盖。

### 12. 4. 1　重载

重载是在同一个类中,方法名相同,参数列表不同,即参数的类型或参数的个数不相同,与返回值类型无关。Sub 过程、Function 过程、属性过程都可以重载,使用 Overloads 关键字即可实现。

**例 12. 8**　在窗体上放置 3 个标签,命名分别为 Label1、Label2 和 Label3,设计一个 Student 类,通过改变传入参数的个数和数据类型改变标签的内容。

```
Public Class Form1
    Public Class Student
        '声明一个方法
        Public Overloads Function GetStuInfo( ByVal Name As String)  As String
            Form1. Label1. Text = "姓名:"  & Name
        End Function
        '重载之前声明的方法,增加了一个参数
        Public Overloads Function GetStuInfo( ByVal Name As String,  ByVal StuID As String)  _As String
            Form1. Label2. Text = "姓名:"  & Name & vbCrLf & "学号:"  & StuID
        End Function
        '第二次重载,再增加一个参数,且改变数据类型
        Public Overloads Function GetStuInfo( ByVal Name As String,  ByVal Stuid As String,  _
                ByVal Age As Integer)  As String
            Form 1. Label3. Text = "姓名:"  & Name & vbCrLf & "学号:"  & Stuid & vbCrLf & _
```

```
                "年龄:" & Age
        End Function
    End Class
    Private Sub Form1_Load(sender As Object, e As EventArgs) Handles MyBase.Load
        Dim stu As Student
        stu =New Student
        stu.GetStuInfo("张三")                          '一个参数
        stu.GetStuInfo("张三", "201901001")             '两个参数
        stu.GetStuInfo("张三", "201901001", 18)         '三个参数
    End Sub
End Class
```

运行结果如图 12.7 所示。

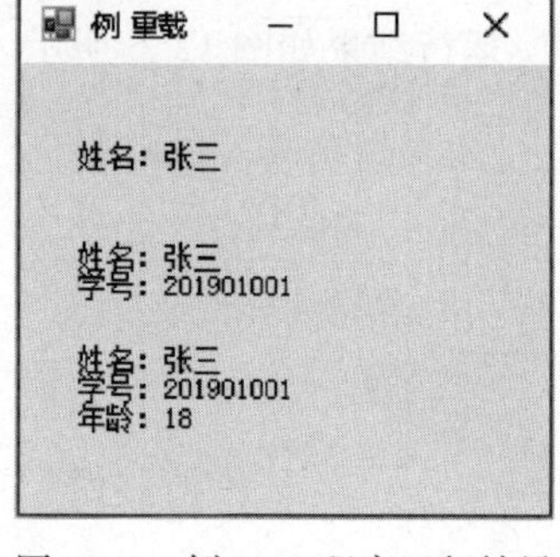


图 12.7 例 12.8 程序运行结果

### 12.4.2 覆盖

覆盖是子类继承父类后,覆盖父类中的某个方法的操作,它要求子类的方法名称及参数必须与父类完全一致。覆盖涉及的关键字:OverRidable,在父类中声明的可以在子类中重写的方法;OverRides,在子类中声明的要重写父类中可重写的方法;MustOverRide,在父类中,表示这个方法必须在子类中重写,此时该类必须声明为抽象类;NotOverridable,如果当前类还有子类,那么,在其子类中,该方法不允许被重写。

**例 12.9** 设计一个 Computer 基类,再设计一个 Notebook 类继承,通过覆盖输出不同的内容,在程序运行的输出框中观察结果。

```
Public Class Form1
    Public Class Computer
        Public Overridable Sub over()
            Debug.WriteLine("Computer")
        End Sub
    End Class
    Public Class Notebook
        Inherits Computer
        Public Overrides Sub over()
            Debug.WriteLine("Notebook")
        End Sub
    End Class
    Private Sub Form1_Load(sender As Object, e As EventArgs) Handles MyBase.Load
        Dim equipment As Computer
        equipment =New Computer
        equipment.over()
        equipment =New Notebook()
        equipment.over()
    End Sub
End Class
```

在调试输出窗口中输出结果，如图 12.8 所示。

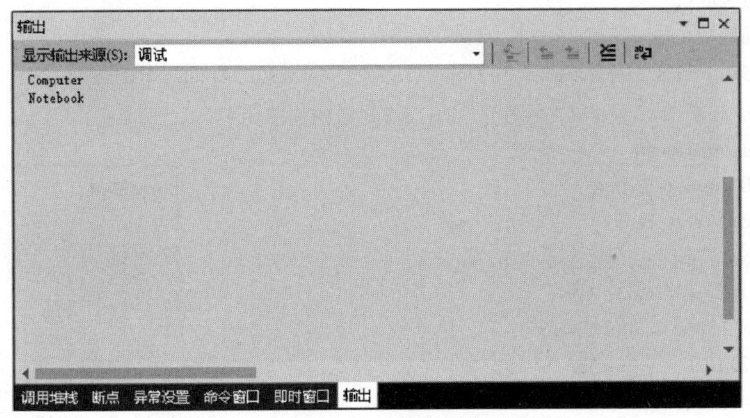


图 12.8 例 12.9 程序运行结果

## 12.5 结构体

### 12.5.1 什么是结构体

结构体(struct)是由一系列具有相同类型或不同类型的数据构成的数据集合。结构体是一个或多个变量的集合，这些变量可以是不同的类型，为了方便处理而将这些变量组织在一个名字之下。比如，要统计学生信息(包括姓名、年龄)，每个学生都需要至少 2 个变量，若学生人数较多，那需要的变量就非常多了。为了解决这样的问题，就要用到结构体这种构造类型，可以将每个学生的各项信息以不同类型的数据存放到一个结构体中，如用 string 表示姓名，用 int 表示年龄。

### 12.5.2 如何定义结构体

在 VB. NET 中定义结构体就用 Structure 关键字，格式如下：

```
[ <attrlist> ] [ { Public | Protected | Friend | Protected Friend | Private } ] [ Shadows ]
Structure name
    [ Implements interfacenames ]
    variabledeclarations
    [ proceduredeclarations ]
End Structure
```

**例 12.10** 设计一个学生的结构体，包含 2 个变量，分别是姓名和年龄，并且带有构造函数，在窗体中增加 4 个标签，名称分别是 name1、age1、name2、age2，输出两个学生的姓名和年龄。

```
Public Class Form1
    Public Structure stu
        Dim Name As String
        Dim Age As Integer
        Public Sub New(ByVal _Name As String, ByVal _Age As Integer)
            Name = _Name
```

```
            Age = _Age
        End Sub
    End Structure
    Private Sub Form1_Load(sender As Object, e As EventArgs) Handles MyBase.Load
        Dim stuA As New stu("小明", 10)   '有参数的构造函数
        Dim stuB As stu
        stuB.Name ="小张"
        stuB.Age = 11
        name1.Text = stuA.Name
        age1.Text = stuA.Age
        name2.Text = stuB.Name
        age2.Text = stuB.Age
    End Sub
End Class
```

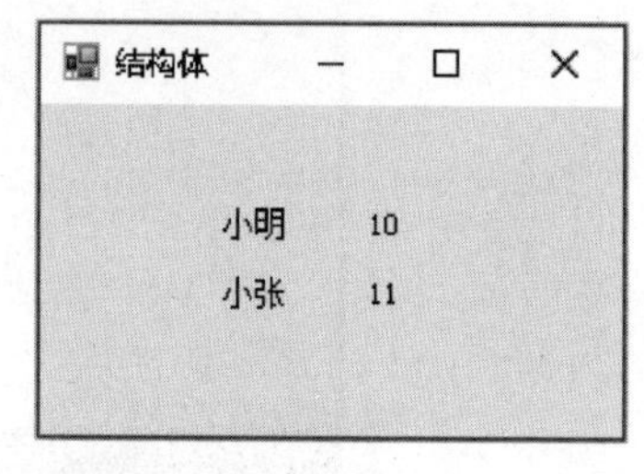

图 12.9　例 12.10 程序运行结果

运行结果如图 12.9 所示。

## 12.5.3　类和结构体的异同

### 1. 类和结构体的相同点

(1)两者都属于"容器"类型,这意味着它们包含其他以成员形式存在的类型。

(2)两者都具有成员,成员可以包括构造函数、方法、属性、字段、常数、枚举、事件和事件处理程序。但是,不要将这些成员与结构的声明"元素"混淆。

(3)两者的成员可以分别有不同的访问级别。例如,一个成员可以声明为 Public,而另一个可以声明为 Private。

(4)都可实现接口。

(5)都有共享的构造函数,有或没有参数。

(6)两者都可以公开"默认属性",前提是该属性至少带有一个参数。

(7)两者都可以声明和引发事件,而且两者都可以声明委托。

### 2. 类和结构体的不同点

(1)结构是值类型,而类是引用类型。结构类型的变量包含此结构的数据,而不是像类类型那样包含对数据的引用。

(2)结构使用堆栈分配,类使用堆分配。

(3)所有的结构元素都默认为 Public,类变量和常数默认为 Private,而其他的类成员默认为 Public。

(4)结构必须至少具有一个非共享变量或非共享的非自定义事件元素,而类可以完全是空的。

(5)结构元素不可声明为 Protected,类成员可以。

(6)结构变量声明不能指定初始值设定项或数组初始大小,而类变量声明可以。

(7)结构是不可继承的,而类可以继承。

(8)结构不需要构造函数,而类需要。

(9)结构仅当没有参数时可以有非共享的构造函数,类无论有没有参数都可以。

# 12.6 框架类

## 12.6.1 命名空间

类是面向对象设计语言中非常重要的部分,利用这些类可以实例化对象,在程序设计中可以直接使用。命名空间又称名称空间,以层次结构规定了类、各种数据类型的所属关系,可以避免这些类的名称可能会出现的冲突,命名空间也被设计成帮助组织代码的元素,使开发程序变得简单。.NET Framework 类库提供了大约 4 000 个类,如图 12.10 所示。大多数的 .NET Framework 类都处在 System 名称空间中,例如,System. Data 中的类可以访问存储在数据库中的数据,System. Xml 中的类可以读写 XML 文档,System. Windows. Forms 中的类可以在屏幕中绘图,System. Net 的类可以用于网络通信。

另外,还有前面章节提到的 My 命名空间,提供了对日常编程任务所需要的最通用类的访问。

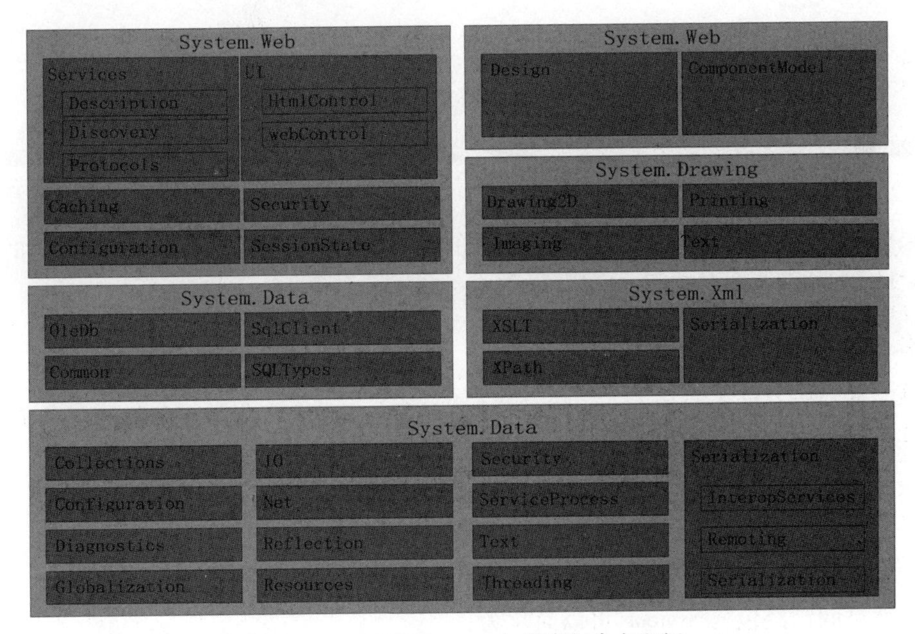


图 12.10 .NET Framework 类库与命名空间

## 12.6.2 命名空间的引用

在集成环境中打开 Visual Studio 项目,双击解决方案资源管理器中的 MyProject 选项,在项目设计器窗口的引用页上,可设置本项目引用的命名空间。

如图 12.11 所示,是 Windows 窗体应用程序项目的默认命名空间,包括:

Systems
Systems. Core
System. Data
System. Data. DataSetExtensions
System. Deployment

```
System. Drawing
System. Windows. Forms
System. Xml
System. Xml. Linq
```

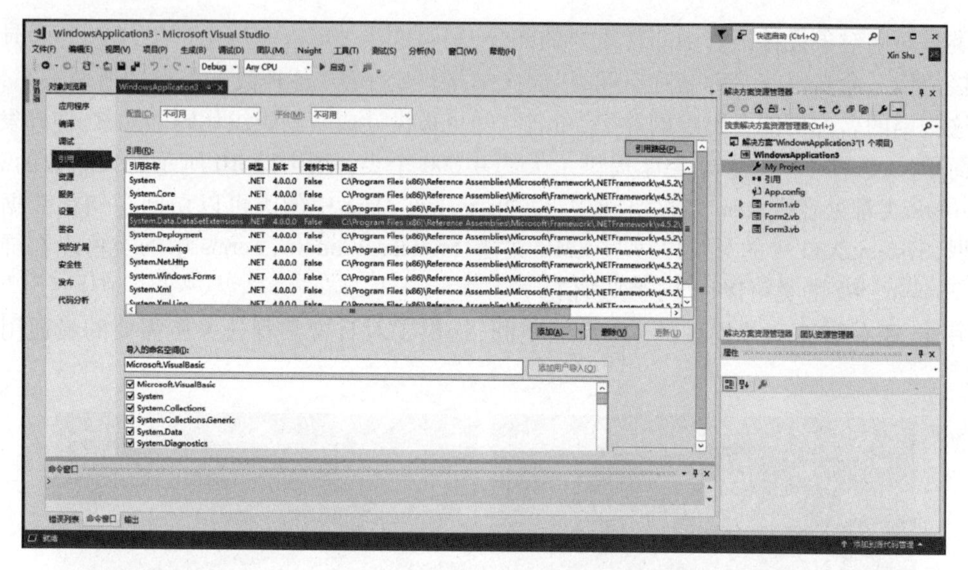

图 12.11　通过项目设计器引用命名空间

如果创建的是控制台程序，则默认引用的命名空间不包含 System. Drawing 和 System. Windows. Forms 这两个命名空间。

### 12.6.3　命名空间的导入

除了在项目设计器中引用命名空间外，可采用完全限定名和非限定名两种方式导入。

1. 使用完全限定名

需要在类的名称前添加包含该类的命名空间及点操作符。例如：

```
TextBox1. Text=System. Math. Sqrt(81)
```

因默认空间已经包含 System，可以简化为：

```
TextBox1. Text= Math. Sqrt(81)
```

导入后，命名空间的元素在不重名的情况下可直接使用，不需要指定完整的限定名称。

2. 使用非限定名

可以在程序代码中使用 Imports 语句导入命名空间中的编程元素。Imports 语句的语法格式为：

```
Imports[ Aliasname= ] Namespace
Imports[ Aliasname= ] Namespace. Element
```

Namespace 和 Element 分别是要导入的命名空间名称与编程元素名称。Imports 允许为导入的命名空间或命名空间中的编辑元素指定别名。Imports 语句需要写在程序最前面。

例如,上面的语句可改写为:

```
Imports System. Math
```

程序语句中可写为:

```
TextBox1. Text= Sqrt(81)
```

这样,在上述 Imports 语句所在文件中,可以直接使用 Math 对象的各个方法。

### 12.6.4 对象浏览器表

选择“视图”→“对象浏览器”命令(Ctrl+Alt+J)可打开“对象浏览器”窗口,包括对象窗格、成员窗格和说明窗格。对象窗格包含命名空间、类型库、接口、枚举以及类,成员窗格包含对象窗格中所选项的属性、方法、事件、变量、常量和其他项目,说明窗格显示成员窗格中选定项的详细信息。

通过在“对象浏览器”窗口顶部的搜索栏中输入关键字(图 12.12),可查询项目开发的各类编程元素。

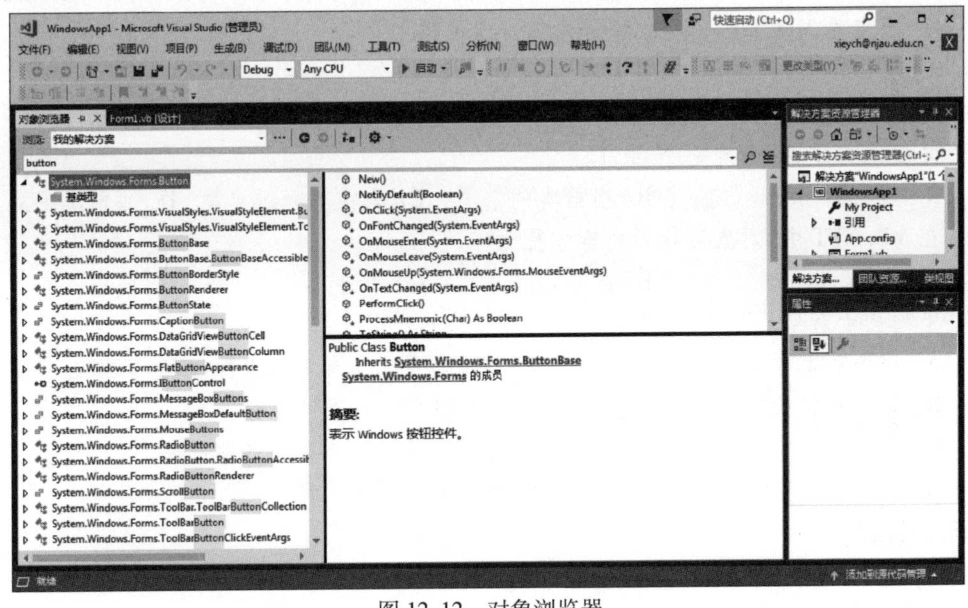


图 12.12 对象浏览器

## 习 题

**一、填空题**

1. 面向对象程序设计的三大特性是______、______和______。

2. 类的成员包括数据成员、______、______、事件以及______和析构函数。

3. 在 VB. NET 中一般使用____________关键字表示重载。

4. 在继承关系中,被继承的类称为______,通过继承关系定义出来的新类型为______。

5. 在 VB. NET 中,定义类的构造函数应使用的语句是______,而定义类的析构函数应使用的语句是__________。

## 二、选择题

1. 在 VB.NET 中定义类的关键字为(　)。

A. Class…End Class　　B. Structure…End Structure

C. Sub…End Sub　　D. Function…End Function

2. 在下列关于类的定义位置的说法中,错误的是(　　)。

A. 在标准模块中可以定义类

B. 在窗体的代码窗口中可以定义与 Form1 并列的类

C. 在类模块中可以定义类

D. 类的定义不能嵌套,即类中不能再定义类

3. 在类 MyClass 的定义中有 Private data As String 语句,则关键字 Private 在此处的作用是(　　)。

A. 限定成员变量 data,仅在本模块内部可以使用

B. 限定成员变量 data,仅在类 MyClass 的成员方法中可以访问

C. 限定成员变量 data,仅在类 MyClass 及其子类的成员方法中可以访问

D. 限定类 MyClass,仅在本模块内部可以使用

4. 要定义某个类为派生类,需要用(　　)语句来指明其基类。

A. WithEvents　　B. Event　　C. Inherits　　D. Class

5. 关键字 MyBase 指的是(　　)。

A. 当前类　　B. 当前类的基类　　C. 当前类的派生类　　D. 当前类的对象

6. 在 VB.NET 中,对象可执行的操作称为(　　)。

A. 属性　　B. 方法　　C. 事件　　D. 状态

7. 下列关于对象的陈述,正确的是(　　)。

A. 一个对象可以接受多个不同的事件,因此可以拥有多个事件过程

B. 一个对象只能接受单个事件,但是可以拥有多个事件过程

C. 一个对象可以接受多个不同的事件,但是不能拥有多个事件过程

D. 一个对象只能接受单个事件,只能拥有单个事件过程

## 三、简答题

1. 简述构造函数的特点与作用。
2. 简述析构函数的作用。
3. 什么是基类? 什么是派生类?
4. 派生类如何继承基类? 派生类能继承多个基类吗?
5. 什么是接口? 简述接口的作用。
6. 什么是多态? 简述多态的常用方法。
7. 什么是命名空间? 其作用是什么?

## 四、编程题

1. 设计一个抽象交通工具类,并由此派生大巴车、小轿车等具体交通工具类,每个派生类都有两个方法,返回最高时速和最大载客人数,在窗体上进行输出。

2. 定义一个圆柱体类,有两个数据成员:底半径、高,并为其添加方法,用于计算体积、底面积以及返回体积。

# 主要参考文献

龚沛曾,杨志强,陆慰民,等,2012. Visual Basic. NET 程序设计教程[M]. 2 版. 北京:高等教育出版社.
金莹,2015. Visual Basic 程序设计:以计算思维为导向[M]. 北京:中国铁道出版社.
金莹,2015. Visual Basic 程序设计实验教程:从案例出发的计算思维训练[M]. 北京:中国铁道出版社.
梁敬东,2013. Visual Basic 程序设计语言[M]. 北京:中国农业出版社.
唐培和,2015. 计算思维:计算机科学导论[M]. 北京:电子工业出版社.
王栋,2015. Visual Basic(.NET)程序设计[M]. 北京:清华大学出版社.
魏英,2015. Visual Basic. NET 程序设计[M]. 北京:清华大学出版社.
向珏良,2013. 可视化程序设计.NET 教程 Visual Basic. NET[M]. 上海:上海交通大学出版社.
薛红梅,2015. Visual Basic 项目教程[M]. 北京:科学出版社.
BRYAN NEWSOME,2016. Visual Basic 2015 入门经典[M]. 李周芳,石磊,译. 北京:清华大学出版社.
WILLIAM F PUNCH,RICHARD ENBODY,2012. Python 入门经典:以解决计算问题为导向的 Python 编程实践[M]. 张敏,译. 北京:机械工业出版社.

**图书在版编目(CIP)数据**

Visual Basic. NET 程序设计教程 / 梁敬东，谢元澄主编 . —北京：中国农业出版社，2019. 8

普通高等教育农业农村部“十三五”规划教材 全国高等农林院校“十三五”规划教材

ISBN 978-7-109-25742-9

Ⅰ.①V… Ⅱ.①梁… ②谢… Ⅲ.①BASIC 语言-程序设计-高等学校-教材 Ⅳ.①TP312. 8

中国版本图书馆 CIP 数据核字(2019)第 155108 号

Visual Basic. NET　CHENGXU　SHEJI　JIAOCHENG

---

中国农业出版社
地址：北京市朝阳区麦子店街 18 号楼
邮编：100125
责任编辑：李　晓　　策划编辑：朱　雷　李　晓　　文字编辑：李兴旺
版式设计：韩小丽　　责任校对：刘丽香
印刷：北京通州皇家印刷厂
版次：2019 年 8 月第 1 版
印次：2019 年 8 月北京第 1 次印刷
发行：新华书店北京发行所
开本：787mm×1092mm　1/16
印张：17. 75
字数：430 千字
定价：39. 50 元

---